11G101 图集实例精解系列丛书

平法钢筋翻样与下料
实 例 精 解

主 编 栾怀军 孙国皖

中国建材工业出版社

图书在版编目(CIP)数据

平法钢筋翻样与下料实例精解/栾怀军，孙国皖主编. —北京：
中国建材工业出版社，2015.5
(11G101 图集实例精解系列丛书)
ISBN 978-7-5160-1202-4

Ⅰ. ①平… Ⅱ. ①栾… ②孙… Ⅲ. ①建筑工程-钢
筋-工程施工②钢筋混凝土结构-结构计算
Ⅳ. ①TU755.3②TU375.01

中国版本图书馆 CIP 数据核字(2015)第 081269 号

内容简介

本书主要依据 11G101-1《混凝土结构施工图平面整体表示方法制图规则和构造详图
(现浇混凝土框架、剪力墙、梁、板)》、11G101-2《混凝土结构施工图平面整体表示方法制
图规则和构造详图（现浇混凝土板式楼梯）》、11G101-3《混凝土结构施工图平面整体表示方
法制图规则和构造详图（独立基础、条形基础、筏形基础及桩基承台）》三本最新图集编写，
内容主要包括钢筋翻样与下料基本知识、框架梁钢筋翻样与下料、框架柱钢筋翻样与下料、
剪力墙钢筋翻样与下料、楼板钢筋翻样与下料、板式楼梯钢筋翻样与下料、筏形基础钢筋翻
样与下料。

本书内容丰富、通俗易懂、实用性强，注重对"平法"制图规则的阐述，并且通过实例
精解解读"平法"，以帮助读者正确理解并应用"平法"。

本书可作为介绍平法识图的基础性、普及性图书，可供设计人员、施工技术人员、工程
监理人员、工程造价人员、钢筋工以及其他对平法技术感兴趣的人士学习参考，也可作为上
述专业人员的培训教材，供相关专业施工人员学习参考使用。

平法钢筋翻样与下料实例精解
主　编　栾怀军　孙国皖

出版发行：中国建材工业出版社
地　　址：北京市海淀区三里河路 1 号
邮　　编：100044
经　　销：全国各地新华书店
印　　刷：北京雁林吉兆印刷有限公司
开　　本：787mm×1092mm　1/16
印　　张：15.5
字　　数：382 千字
版　　次：2015 年 6 月第 1 版
印　　次：2015 年 6 月第 1 次
定　　价：46.80 元

本社网址：www.jccbs.com.cn　　微信公众号：zgjcgycbs
本书如出现印装质量问题，由我社网络直销部负责调换。联系电话：(010) 88386906

前　言

钢筋翻样是根据施工图、相关规范、图集、结构受力原理、施工工艺和计算规则计算钢筋的长度、根数、质量，并设计出钢筋图形的一项重要工作。钢筋下料是指确定制作某个钢筋构件所需的材料形状、数量或质量后，从整根钢筋中取下一定形状、数量或质量的钢筋进行加工的操作过程，是一项技术含量较高的工作。目前，平法钢筋技术不断向前发展，涌现出许多新方法，工艺也在不断改善，但是平法钢筋翻样与下料并未形成一套完整的理论体系，而从事钢筋工程的设计、施工人员，对于钢筋翻样与下料理论知识的掌握也比较有限。为了满足钢筋工程技术人员及相关工作人员的需求，我们依据11G101-1《混凝土结构施工图平面整体表示方法制图规则和构造详图（现浇混凝土框架、剪力墙、梁、板)》、11G101-2《混凝土结构施工图平面整体表示方法制图规则和构造详图（现浇混凝土板式楼梯)》、11G101-3《混凝土结构施工图平面整体表示方法制图规则和构造详图（独立基础、条形基础、筏形基础及桩基承台)》三本最新图集编写了本书。

本书通过对框架梁钢筋翻样与下料、框架柱钢筋翻样与下料、剪力墙钢筋翻样与下料、楼板钢筋翻样与下料、板式楼梯钢筋翻样与下料、筏形基础钢筋翻样与下料等章节的讲解介绍，详细地表述了平法钢筋翻样与下料的全部内容，尤其注重对"平法"制图规则的阐述，并且通过实例精解解读"平法"，以帮助读者正确理解并应用"平法"。

本书在编写过程中参阅和借鉴了许多优秀书籍、图集和有关国家标准，并得到了有关领导和专家的帮助，在此一并致谢。由于作者的学识和经验有限，虽经编者尽心尽力，但书中仍难免存在疏漏或未尽之处，敬请有关专家和读者予以批评指正。

编　者

2015 年 5 月

中国建材工业出版社
China Building Materials Press

我们提供

图书出版、图书广告宣传、企业/个人定向出版、设计业务、企业内刊等外包、代选代购图书、团体用书、会议、培训，其他深度合作等优质高效服务。

编辑部	宣传推广	出版咨询	图书销售	设计业务
010-88386119	010-68361706	010-68343948	010-88386906	010-68361706

邮箱：jccbs-zbs@163.com　　网址：www.jccbs.com.cn

发展出版传媒　　服务经济建设

传播科技进步　　满足社会需求

目　　录

1

第一章　钢筋翻样与下料基本知识

重点提示：

1. 了解钢筋翻样的基本要求

2. 了解钢筋下料的基本知识，如钢筋下料表、钢筋下料长度的概念，钢筋设计尺寸和施工下料尺寸

3. 熟悉平法钢筋计算常用数据，如钢筋的锚固长度、钢筋搭接长度等

第一节　钢筋翻样的基本要求

（1）算量全面，精通图纸，不漏项

精通图纸的表示方法，熟悉图纸中采用的标准构造详图，是熟悉钢筋算量的前提和依据。

（2）准确

即不少算、不多算、不重算。

各类构件钢筋受力性能不同，构造要求不同，长度和根数也不相同，准确计算出各类构件中的钢筋工程量，是算量的根本任务。

（3）遵从设计，符合规范要求

钢筋翻样和算量计算过程要遵从设计图纸，应符合国家现行规范、规程和标准的要求，才能保证结构中钢筋用量符合要求。

（4）指导性

钢筋的翻样结果将用于钢筋的绑扎和安装，可用于预算、结算、材料计划和成本控制等方面。同时，钢筋翻样的结果可指导施工，通过详细准确的钢筋排列图可避免钢筋下料错误，减少钢筋用量的不必要损失。

第二节　钢筋下料基本知识

一、钢筋下料表

钢筋下料表是工程施工必须用到的表格，尤其是钢筋工更需要这样的表格，因为它可指导钢筋工进行钢筋下料。

1. 钢筋下料表与工程钢筋表的异同点

钢筋下料表的内容和工程钢筋表相似，也具有下列项目：构件编号、构件数量、钢筋编号、钢筋规格、钢筋形状、钢筋根数、每根长度、构件长度、构件质量以及总质量。

其中，钢筋下料表的构件编号、构件数量、钢筋编号、钢筋规格、钢筋形状、钢筋根数

1

等项目与工程钢筋表完全一致，但在"每根长度"这个项目上，钢筋下料表和工程钢筋表有很大的不同。

工程钢筋表中某根钢筋的"每根长度"是指钢筋形状中各段细部尺寸之和。

而钢筋下料表中某根钢筋的"每根长度"是指钢筋各段细部尺寸之和减掉在钢筋弯曲加工中的弯曲伸长值。

2. 钢筋的弯曲加工操作

在弯曲钢筋的操作中，除直径较小的钢筋（通常是 6mm、8mm、10mm 直径的钢筋）采用钢筋扳子进行手工弯曲外，直径较大的钢筋均采用钢筋弯曲机进行钢筋弯曲的工作。

钢筋弯曲机的工作盘上有成型轴和芯轴，工作台上还有挡铁轴用来固定钢筋。在弯曲钢筋时，工作盘转动，靠成型轴和芯轴的力矩使钢筋弯曲。钢筋弯曲机工作盘的转动可以变速，工作盘转速快，可弯曲直径较小的钢筋；工作盘转速慢，可弯曲直径较大的钢筋。

在弯曲不同直径的钢筋时，芯轴和成型轴可以更换不同的直径。更换的原则是：考虑弯曲钢筋的内圆弧，芯轴直径应是钢筋直径的 2.5～3 倍，同时，钢筋在芯轴和成型轴之间的空隙不超过 2mm。

3. 钢筋的弯曲伸长值

钢筋弯曲之后，其长度会发生变化。一根直钢筋，弯曲几道以后，测量几个分段的长度相加起来，其总长度会大于直钢筋原来的长度，这就是"弯曲伸长"的影响。

弯曲伸长的原因有：

（1）钢筋经过弯曲后，弯角处不再是直角，而是圆弧。但在度量钢筋的时候，是从钢筋外边缘线的交点量起的，这样就会把钢筋量长了。

（2）测量钢筋长度时，是以外包尺寸作为量度标准，这样就会把一部分长度重复测量，尤其是弯曲 90°及 90°以上的钢筋。

（3）钢筋在实施弯曲操作时，在弯曲变形的外侧圆弧上会发生一定的伸长。

实际上，影响钢筋弯曲伸长的因素有很多，如钢筋种类、钢筋直径、弯曲操作时选用的钢筋弯曲机的芯轴直径等，均会影响到钢筋的弯曲伸长率。因此，应在钢筋弯曲实际操作中收集实测数据，根据施工实践的资料来确定具体的弯曲伸长率。

几种弯曲角度下的钢筋弯曲伸长率（d 为钢筋直径），见表 1-1。

表 1-1　几种弯曲角度下的钢筋弯曲伸长率

弯曲角度	30°	45°	60°	90°	135°
伸长率	0.35d	0.5d	0.85d	2d	2.5d

二、钢筋下料长度的概念

1. 外皮尺寸

结构施工图中所标注的钢筋尺寸，是钢筋的外皮尺寸。外皮尺寸是指结构施工图中钢筋外边缘至结构外边缘之间的长度，是施工中度量钢筋长度的基本依据。它和钢筋的下料尺寸是不一样的。

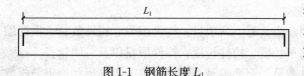

图 1-1　钢筋长度 L_1

钢筋材料明细表（表 1-2）中简图栏

的钢筋长度 L_1，如图 1-1 所示。L_1 是出于构造的需要标注的，所以钢筋材料明细表中所标注的尺寸是外皮尺寸。通常情况下，钢筋的边界线是从钢筋外皮到混凝土外表面的距离（保护层厚度）来考虑标注钢筋尺寸的。故这里所指的 L_1 是设计尺寸，不是钢筋加工下料的施工尺寸，如图 1-2 所示。

表 1-2　钢筋材料明细表

钢筋编号	简图	规格	数量
①	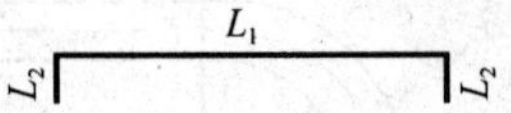 L_2┌──── L_1 ────┐L_2	$\phi22$	2

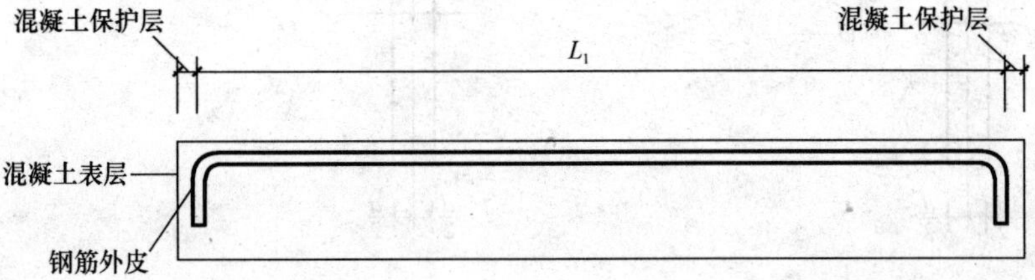

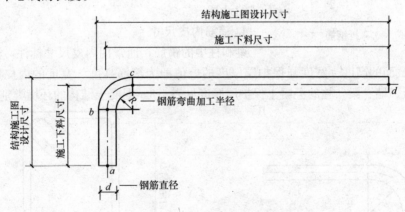

图 1-2　设计尺寸

2. 钢筋下料长度

钢筋加工前按直线下料，加工变形以后，钢筋外边缘（外皮）伸长，内边缘（内皮）缩短，但钢筋中心线的长度是不会改变的。

如图 1-3 所示，结构施工图上所示受力主筋的尺寸界限就是钢筋的外皮尺寸。钢筋加工下料的实际施工尺寸为 $(ab+bc+cd)$，其中 ab 为直线段，bc 线段为弧线，cd 为直线段。除此之外，箍筋的设计尺寸，通常采用的是内皮标注尺寸的方法。计算钢筋的下料长度，就是计算钢筋中心线的长度。

图 1-3　结构施工图上所示受力钢筋的尺寸界限

3. 差值

在钢筋材料明细表的简图中，所标注外皮尺寸之和大于钢筋中心线的长度。它所多出来的数值，就是差值，可用下式来表示：

$$钢筋外皮尺寸之和-钢筋中心线长度=差值$$

对于标注内皮尺寸的钢筋，其差值随角度的不同，有可能是正，也有可能是负。差值分为外皮差值和内皮差值两种。

（1）外皮差值

图 1-4 所示是结构施工图上 90°弯折处的钢筋，它是沿外皮（$xy+yz$）衡量尺寸的。而图 1-5 所示弯曲处的钢筋，则是沿钢筋的中和轴（钢筋被弯曲后，既不伸长也不缩短的钢筋中心线）ab 弧线的弧长。因此，折线（$xy+yz$）的长度与弧线的弧长 ab 之间的差值，称为"外皮差值"。$xy+yz>ab$。外皮差值通常用于受力主筋的弯曲加工下料计算。

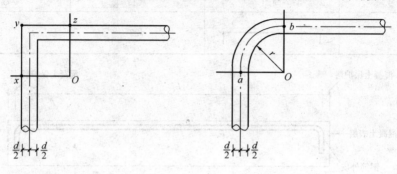

图 1-4　90°弯折钢筋　　　　　　图 1-5　90°弯曲钢筋

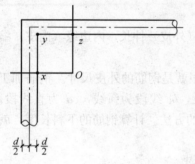

图 1-6　90°弯折钢筋

（2）内皮差值

图 1-6 所示是结构施工图上 90°弯折处的钢筋，它是沿内皮（$xy+yz$）测量尺寸的。而图 1-7 所示弯曲处的钢筋，则是沿钢筋的中和轴弧线 ab 测量尺寸的。因此，折线（$xy+yz$）的长度与弧线的弧长 ab 之间的差值，称为"内皮差值"。（$xy+yz$）$>ab$，即 90°内皮折线（$xy+yz$）仍然比弧线 ab 长。内皮差值通常用于箍筋弯曲加工下料的计算。

4. 箍筋内皮尺寸

梁和柱中的箍筋，通常用内皮尺寸标注，这样便于设计。梁、柱截面的高度、宽度与保护层厚度的差值即为箍筋高度、宽度的内皮尺寸，如图 1-8 所示。板、墙、梁、柱的混凝土保护层厚度见表 1-3，混凝土结构的环境类别见表 1-4。

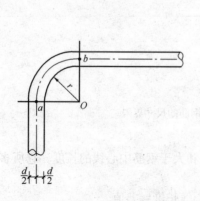

图 1-7　90°弯曲钢筋

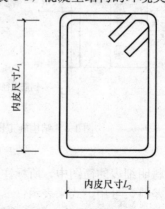

图 1-8　箍筋高度、宽度的内皮尺寸

表 1-3　板、墙、梁、柱的混凝土保护层厚度（mm）

环境类别	板、墙	梁、柱
一	15	20
二 a	20	25
二 b	25	35
三 a	30	40
三 b	40	50

注：1. 表中混凝土保护层厚度指最外层钢筋外边缘至混凝土表面的距离，适用于设计使用年限为 50 年的混凝土结构；
2. 构件中受力钢筋的保护层厚度不应小于钢筋的公称直径；
3. 设计使用年限为 100 年的混凝土结构，一类环境中，最外层钢筋的保护层厚度不应小于表中数值的 1.4 倍；二、三类环境中，应采取专门的有效措施；
4. 混凝土强度等级不大于 C25 时，表中保护层厚度数值应增加 5mm；
5. 基础地面钢筋的保护层厚度，有混凝土垫层时应从垫层顶面算起，且不应小于 40mm；无垫层时不应小于 70mm。

表 1-4　混凝土结构的环境类别

环境类别	条　件
一	室内干燥环境 无侵蚀性静水浸没环境
二 a	室内潮湿环境 非严寒和非寒冷地区的露天环境 非严寒和非寒冷地区与无侵蚀性的水或土壤直接接触的环境 严寒和寒冷地区的冰冻线以下与无侵蚀性的水或土壤直接接触的环境
二 b	干湿交替环境 水位频繁变动环境 严寒和寒冷地区的露天环境 严寒和寒冷地区冰冻线以上与无侵蚀性的水或土壤直接接触的环境
三 a	严寒和寒冷地区冬季水位变动区环境 受除冰盐影响环境 海风环境
三 b	盐渍土环境 受除冰盐作用环境 海岸环境
四	海水环境
五	受人为或自然的侵蚀性物质影响的环境

注：1. 室内潮湿环境是指构件表面经常处于结露或湿润状态的环境；
2. 严寒和寒冷地区的划分应符合国家现行标准《民用建筑热工设计规范》（GB 50176）的有关规定；
3. 海岸环境和海风环境宜根据当地情况，考虑主导风向及结构所处迎风、背风部位等因素的影响，由调查研究和工程经验确定；
4. 受除冰盐影响环境是指受到除冰盐盐雾影响的环境；受除冰盐作用环境是指被除冰盐溶液溅射的环境以及使用除冰盐地区的洗车房、停车楼等建筑；
5. 暴露的环境是指混凝土结构表面所处的环境。

三、钢筋设计尺寸和施工下料尺寸

1. 长梁中加工弯折钢筋和直形钢筋

两种钢筋形式如图 1-9、图 1-10 所示。

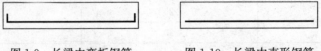

图 1-9　长梁中弯折钢筋　　　　图 1-10　长梁中直形钢筋

虽然图 1-9 中的钢筋和图 1-10 中的钢筋两端都有相同距离的保护层，但是它们的中心线的长度并不相同。现在把它们的端部放大来看就清楚了（图 1-11、图 1-12）。其中，图 1-11 中右边钢筋中心线到梁端的距离，是保护层加二分之一钢筋直径。考虑两端的时候，其中心线长度要比图 1-12 中的短了一个直径。

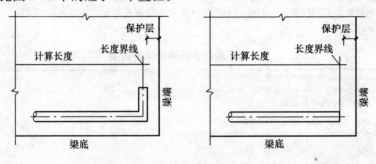

图 1-11　长梁中弯折钢筋端部　　　　图 1-12　长梁中直形钢筋端部

2. 大于90°、小于或等于180°弯钩的设计标准尺寸

大于 90°、小于或等于 180° 弯钩设计标准尺寸，如图 1-13、图 1-14 所示。

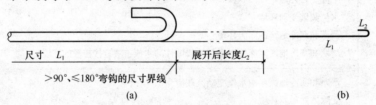

图 1-13　180°弯钩的设计标准尺寸

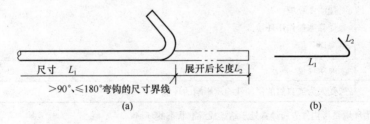

图 1-14　135°弯钩的设计标准尺寸

图 1-13 所示通常是结构设计尺寸的标注方法，也常与保护层有关；图 1-14 所示常用在拉筋的尺寸标注上。

3. 用于30°、60°、90°斜筋的辅助尺寸

遇到有弯折的斜筋，需要标注尺寸的，除了沿斜向标注它的外皮尺寸外，还要把斜向尺寸作为直角三角形的斜边，而另外标注出它的两个直角边的尺寸，如图1-15所示。

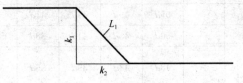

图1-15　弯折的斜筋

从图1-15看，并看不出是不是外皮尺寸。如果再看看图1-16，就可以知道它是外皮尺寸了。

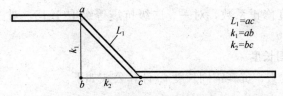

图1-16　弯折斜筋的外皮尺寸

第三节　平法钢筋计算常用数据

一、钢筋的锚固长度

1. 受拉钢筋的基本锚固长度

11G101图集提出了一个新提法，那就是"受拉钢筋基本锚固长度 l_{abE}（l_{ab}）"，见表1-5。

表1-5　受拉钢筋基本锚固长度 l_{abE}（l_{ab}）

钢筋种类	抗震等级	混凝土强度等级								
		C20	C25	C30	C35	C40	C45	C50	C55	≥C60
HPB300	一、二级（l_{abE}）	$45d$	$39d$	$35d$	$32d$	$29d$	$28d$	$26d$	$25d$	$24d$
	三级（l_{abE}）	$41d$	$36d$	$32d$	$29d$	$26d$	$25d$	$24d$	$23d$	$22d$
	四级（l_{abE}）非抗震（l_{ab}）	$39d$	$34d$	$30d$	$28d$	$25d$	$24d$	$23d$	$22d$	$21d$
HRB335 HRBF335	一、二级（l_{abE}）	$44d$	$38d$	$33d$	$31d$	$29d$	$26d$	$25d$	$24d$	$24d$
	三级（l_{abE}）	$40d$	$35d$	$31d$	$28d$	$26d$	$24d$	$23d$	$22d$	$22d$
	四级（l_{abE}）非抗震（l_{ab}）	$38d$	$33d$	$29d$	$27d$	$25d$	$23d$	$22d$	$21d$	$21d$
HRB400 HRBF400 RRB400	一、二级（l_{abE}）	—	$46d$	$40d$	$37d$	$33d$	$32d$	$31d$	$30d$	$29d$
	三级（l_{abE}）	—	$42d$	$37d$	$34d$	$30d$	$29d$	$28d$	$27d$	$26d$
	四级（l_{abE}）非抗震（l_{ab}）	—	$40d$	$35d$	$32d$	$29d$	$28d$	$27d$	$26d$	$25d$

钢筋种类	抗震等级	混凝土强度等级								
		C20	C25	C30	C35	C40	C45	C50	C55	≥C60
HRB500 HRBF500	一、二级（l_{abE}）	—	55d	49d	45d	41d	39d	37d	36d	35d
	三级（l_{abE}）	—	50d	45d	41d	38d	36d	34d	33d	32d
	四级（l_{abE}） 非抗震（l_{ab}）	—	48d	43d	39d	36d	34d	32d	31d	30d

注：d 为受拉钢筋的直径。

其中：

$$l_{abE} = \zeta_{aE} l_{ab}$$

ζ_{aE} 为抗震锚固长度修正系数，对一、二级抗震等级取 1.15，对三级抗震等级取 1.05，对四级抗震等级取 1.00。

2. 受拉钢筋的锚固长度

受拉钢筋锚固长度 l_a、抗震锚固长度 l_{aE} 计算公式如下。

非抗震：

$$l_a = \zeta_a l_{ab}$$

抗 震：

$$l_{aE} = \zeta_{aE} l_a$$

注：（1）l_a 不应小于 200mm。

（2）锚固长度修正系数 ζ_a 按表 1-6 取用，当多于一项时，可按连乘计算，但不应小于 0.6。

表 1-6 受拉钢筋锚固长度修正系数 ζ_a

锚固条件		ζ_a
带肋钢筋的公称直径大于 25mm		1.10
环氧树脂涂层带肋钢筋		1.25
施工过程中易受扰动的钢筋		1.10
锚固区保护层厚度	3d	0.80
	5d	0.70

注：中间时按内插值，d 为锚固钢筋的直径。

二、钢筋搭接长度

1. 搭接长度修正系数

11G101 系列图集给出了由锚固长度计算搭接长度的计算公式。

非抗震：

$$l_l = \zeta_l l_a$$

抗 震：

$$l_{lE} = \zeta_l l_{aE}$$

式中　l_l——纵向受拉钢筋的搭接长度；

　　　l_{lE}——纵向抗震受拉钢筋的搭接长度；

　　　l_{aE}——抗震锚固长度；

ζ_l——纵向受拉钢筋搭接长度的修正系数，按表 1-7 取用。当纵向搭接钢筋接头面积百分率为表的中间值时，修正系数可按内插取值。

表 1-7　纵向受拉钢筋搭接长度修正系数 ζ_l

纵向钢筋搭接接头面积百分率/%	≤25	50	100
ζ_l	1.2	1.4	1.6

2. 纵向钢筋搭接接头面积百分率

纵向钢筋搭接接头面积百分率按表 1-7 取用。

三、钢筋计算常用数据

（1）钢筋的公称直径、公称截面面积及理论质量见表 1-8。

表 1-8　钢筋的公称直径、公称截面面积及理论质量

公称直径 /mm	不同根数钢筋的计算截面面积/mm²									单根钢筋理论 质量/（kg/m）
	1	2	3	4	5	6	7	8	9	
6	28.3	57	85	113	142	170	198	226	255	0.222
8	50.3	101	151	201	252	302	352	402	453	0.395
10	78.5	157	236	314	393	471	550	628	707	0.617
12	113.1	226	339	452	565	678	791	904	1017	0.888
14	153.9	308	461	615	769	923	1077	1231	1381	1.21
16	201.1	402	603	804	1005	1206	1407	1608	1809	1.58
18	254.5	509	763	1017	1272	1527	1781	2036	2290	2.00 (2.11)
20	314.2	628	942	1256	1570	1884	2199	2513	2827	2.47
22	380.1	760	1140	1520	1900	2281	2661	3041	3421	2.98
25	490.9	982	1473	1964	2454	2945	3436	3927	4418	3.85 (4.10)
28	615.8	1232	1847	2463	3079	3695	4310	4926	5542	4.83
32	804.2	1609	2413	3217	4021	4826	5630	6434	7238	6.31 (6.65)
36	1017.9	2036	3054	4072	5089	6107	7125	8143	9161	7.99
40	1256.6	2513	3770	5027	6283	7540	8796	10053	11310	9.87 (10.34)
50	1963.5	3928	5892	7856	9820	11784	13748	15712	17676	15.42 (16.28)

注：括号内为预应力螺纹钢筋的数值。

（2）CRB550 冷轧带肋钢筋的公称直径、公称截面面积及理论质量见表 1-9。

表 1-9　冷轧带肋钢筋的公称直径、公称截面面积及理论质量

公称直径/mm	公称截面面积/mm²	理论质量/（kg/m）
(4)	12.6	0.099
5	19.6	0.154
6	28.3	0.222
7	38.5	0.302
8	50.3	0.395
9	63.6	0.499
10	78.5	0.617
12	113.1	0.888

（3）钢绞线的公称直径、公称截面面积及理论质量见表1-10。

表1-10　钢绞线的公称直径、公称截面面积及理论质量

种类	公称直径/mm	公称截面面积/mm²	理论质量/（kg/m）
1×3	8.6	37.7	0.296
	10.8	58.9	0.462
	12.9	84.8	0.666
1×7	9.5	54.8	0.430
	12.7	98.7	0.775
	15.2	140	1.101
	17.8	191	1.500
	21.6	285	2.237

（4）钢丝的公称直径、公称截面面积及理论质量见表1-11。

表1-11　钢丝的公称直径、公称截面面积及理论质量

公称直径/mm	公称截面面积/mm²	理论质量/（kg/m）
5.0	19.63	0.154
7.0	38.48	0.302
9.0	63.62	0.499

（5）普通钢筋的屈服强度标准值f_{yk}、极限强度标准值f_{stk}应按表1-12采用；预应力钢丝、钢绞线和预应力螺纹钢筋的屈服强度标准值f_{pyk}、极限强度标准值f_{ptk}应按表1-13采用。

表1-12　普通钢筋强度标准值（MPa）

牌　号	符号	公称直径d/mm	屈服强度标准值f_{yk}	极限强度标准值f_{stk}
HPB300	Φ	6～22	300	420
HRB335 HRBF335	Φ ΦF	6～50	335	455
HRB400 HRBF400 RRB400	Φ ΦF ΦR	6～50	400	540
HRB500 HRBF500	Φ ΦF	6～50	500	630

表1-13　预应力钢丝、钢绞线、预应力螺纹钢筋强度标准值（MPa）

种　类		符号	公称直径d/mm	屈服强度标准值f_{pyk}	极限强度标准值f_{ptk}
中强度预应力钢丝	光面 螺旋肋	$Φ^{PM}$ $Φ^{HM}$	5、7、9	620 780 980	800 970 1270

种　类		符号	公称直径 d/mm	屈服强度标准值 f_{pyk}	极限强度标准值 f_{ptk}
预应力螺纹钢筋	螺纹	Φ^T	18、25、32、40、50	785	980
				930	1080
				1080	1230
消除应力钢丝	光面 螺旋肋	Φ^P Φ^H	5、7、9	—	1570
				—	1860
				—	1570
				—	1470
				—	1570
钢绞线	1×3 (三股)	Φ^S	8.6、10.8、12.9	—	1570
				—	1860
				—	1960
	1×7 (七股)		9.5、12.7、15.2、17.8	—	1720
				—	1860
				—	1960
			21.6	—	1860

注：极限强度标准值为1960MPa的钢绞线做后张预应力配筋时，应有可靠的工程经验。

（6）普通钢筋的抗拉强度设计值 f_y、抗压强度设计值 f'_y 应按表1-14采用；预应力筋的抗拉强度设计值 f_{py}、抗压强度设计值 f'_{py} 应按表1-15采用。

表 1-14　普通钢筋抗拉强度、抗压强度设计值（MPa）

牌　号	抗拉强度设计值 f_y	抗压强度设计值 f'_y
HPB300	270	270
HRB335、HRBF335	300	300
HRB400、HRBF400、RRB400	360	360
HRB500、HRBF500	435	410

表 1-15　预应力筋抗拉强度、抗压强度设计值（MPa）

种　类	极限强度标准值 f_{ptk}	抗拉强度设计值 f_{py}	抗压强度设计值 f'_{py}
中强度预应力钢丝	800	510	
	970	650	410
	1270	810	
消除应力钢丝	1470	1040	
	1570	1110	410
	1860	1320	

种　类	极限强度标准值 f_{ptk}	抗拉强度设计值 f_{py}	抗压强度设计值 f'_{py}
钢绞线	1570	1110	390
	1720	1220	
	1860	1320	
	1960	1390	
预应力螺纹钢筋	980	650	410
	1080	770	
	1230	900	

注：当预应力筋的强度标准值不符合表中的规定时，其强度设计值应进行相应的比例换算。

当构件中配有不同种类的钢筋时，每种钢筋应采用各自的强度设计值。横向钢筋的抗拉强度设计值 f_{yv} 应按表 1-14 中 f_y 的数值采用；当用作受剪、受扭、受冲切承载力计算时，其数值大于 360MPa 时应取 360MPa。

（7）普通钢筋和预应力筋的弹性模量 E_s 应按表 1-16 采用。

表 1-16　普通钢筋和预应力钢筋的弹性模量（10^5 MPa）

牌号或种类	弹性模量 E_s
HPB300 钢筋	2.10
HRB335、HRB400、HRB500 钢筋 HRBF335、HRBF400、HRBF500 钢筋 RRB400 钢筋 预应力螺纹钢筋	2.00
消除应力钢丝、中强度预应力钢丝	2.05
钢绞线	1.95

注：必要时可采用实测的弹性模量。

第二章 框架梁钢筋翻样与下料

重点提示：

1. 了解梁平法施工图识读的基本知识，如梁平法施工图表示方法、梁平面注写方式、梁截面注写方式、梁支座上部纵筋的长度规定等

2. 了解框架梁的钢筋构造，包括抗震楼层框架梁纵向钢筋构造，抗震屋面框架梁纵向钢筋构造，框架梁水平、竖向加腋构造，屋面框架梁中间支座纵向钢筋构造等

3. 掌握框架梁钢筋翻样方法，包括上下通长筋翻样、下部非通长筋翻样、下部纵筋不伸入支座钢筋翻样等

4. 掌握框架梁钢筋下料长度计算，包括贯通筋的加工下料长度计算、边跨上部直角筋的下料长度计算等

5. 通过不同梁钢筋翻样与下料计算实例的讲解，把握不同情况下的具体计算方法

第一节 梁平法施工图识读

一、梁平法施工图表示方法

梁平法施工图设计的第一步是按梁的标准层绘制梁平面布置图。设计人员采用平面注写方式或截面注写方式，直接在梁平面布置图上表达梁的截面尺寸、配筋等相关设计信息。

梁平面布置图应分别按梁的不同结构层（标准层），将全部梁及与其相关联的柱、墙、板一起采用适当比例绘制。在梁平法施工图中，尚应注明各结构层的顶面标高及相应的结构层号。

对于轴线未居中的梁，应标注其偏心定位尺寸（贴柱边的梁可不注）。

二、梁平面注写方式

1. 平面注写方式

梁的平面注写方式是指在梁平面布置图上，分别在不同编号的梁中各选一根梁，以在其上注写截面尺寸及配筋具体数值的方式来表达的梁平法施工图，梁构件平法注写方式如图2-1所示。

平面注写包括集中标注与原位标注，集中标注表达梁的通用数值，原位标注表达梁的特殊数值。当集中标注中的某项数值不适用于梁的某部位时，则将该项数值原位标注，施工时，原位标注取值优先。下面分别介绍两种标注形式。

2. 集中标注

集中标注内容主要表达通用于梁各跨的设计数值，通常包括五项必注内容和一项选注内容。集中标注从梁中任一跨引出，将其需要集中标注的全部内容注写出来。

（1）梁编号。梁编号由梁类型代号、序号、跨数及有无悬挑代号几项组成。梁类型与相

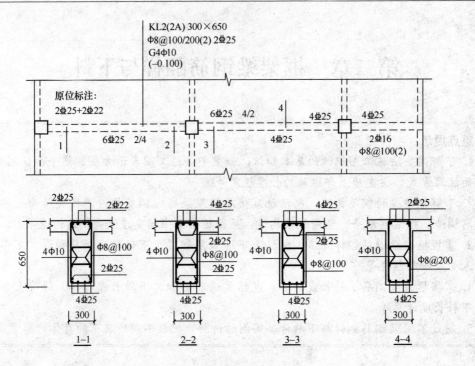

图 2-1 梁构件平面注写方式

应的编号如表 2-1 所示。该项为必注值。

表 2-1 梁编号

梁类型	代号	序号	跨数及是否带有悬挑
楼层框架梁	KL	××	(××)、(××A) 或（××B)
屋面框架梁	WKL	××	(××)、(××A) 或（××B)
非框架梁	L	××	(××)、(××A) 或（××B)
框支梁	KZL	××	(××)、(××A) 或（××B)
悬挑梁	XL	××	—
井字梁	JZL	××	(××)、(××A) 或（××B)

注：(××A) 为一端有悬挑，(××B) 为两端有悬挑，悬挑不计入跨数。

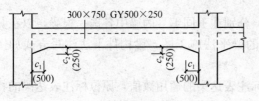

图 2-2 竖向加腋梁标注

(2) 梁截面尺寸。截面尺寸的标注方法如下：

当为等截面梁时，用 $b×h$ 表示；

当为竖向加腋梁时，用 $b×h$ GY$c_1×c_2$ 表示，其中 c_1 表示腋长，c_2 表示腋高，如图 2-2 所示。

当为水平加腋梁时，用 $b×h$ PY$c_1×c_2$ 表示，其中 c_1 表示腋长，c_2 表示腋宽，如图 2-3 所示。

当有悬挑梁且根部和端部的高度不同时，用斜线分隔根部与端部的高度值，即为 $b×h_1/h_2$，其中 h_1 为梁根部高度值，h_2 为梁端部高度值，如图 2-4 所示。

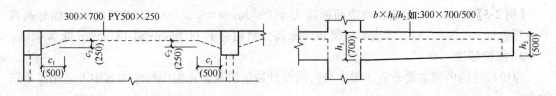

图 2-3　水平加腋梁标注　　　　　　图 2-4　悬挑梁不等高截面标注

（3）梁箍筋。梁箍筋注写包括钢筋级别、直径、加密区与非加密区间距及肢数，该项为必注值。箍筋加密区与非加密区的不同间距及肢数需用斜线"/"分隔；当梁箍筋为同一种间距及肢数时，则不需用斜线；当加密区与非加密区的箍筋肢数相同时，则将肢数注写一次；箍筋肢数应写在括号内。加密区范围见相应抗震等级的标准构造详图。

【例 2-1】　Φ 10@100/200（4），表示箍筋为 HPB300 钢筋，直径 ϕ10，加密区间距为 100，非加密区间距为 200，均为四肢箍。

当抗震设计中的非框架梁、悬挑梁、井字梁，及非抗震设计中的各类梁采用不同的箍筋间距及肢数时，也用斜线"/"将其分隔开来。注写时，先注写梁支座端部的箍筋（包括箍筋的箍数、钢筋级别、直径、间距与肢数），在斜线后注写梁跨中部分的箍筋间距及肢数。

【例 2-2】　13 Φ 10@150/200（4），表示箍筋为 HPB300 钢筋，直径 ϕ10，梁的两端各有 13 个四肢箍，间距为 150；梁跨中部分间距为 200，四肢箍。

（4）梁上部通长筋或架立筋。梁构件的上部通长筋或架立筋配置（通长筋可为相同或不通直径经采用搭接连接、机械连接或焊接的钢筋），所注规格与根数应根据结构受力要求及箍筋肢数等构造要求而定。当同排纵筋中既有通长筋又有架立筋时，应用加号"+"将通长筋和架立筋相连。注写时需将角部纵筋写在加号的前面，架立筋写在加号后面的括号内，以示不同直径及与通长筋的区别。当全部采用架立筋时，则将其写入括号内。

【例 2-3】　2 Φ 22 用于双肢箍，2 Φ 22＋（4 Φ 12）用于六肢箍，其中 2 Φ 22 为通长筋，4ϕ12 为架立筋。

（5）梁侧面纵向构造钢筋或受扭钢筋配置。当梁腹板高度 $h_w \geq 450$mm 时，需配置纵向构造钢筋，所注规格与根数应符合相关规范规定。此项注写值以大写字母 G 打头，接续注写设置在梁两个侧面的总配筋值，且对称配置。

【例 2-4】　G 4 Φ 12，表示梁的两个侧面共配置 4 Φ 12 的纵向构造钢筋，每侧各配置 2 Φ 12。

当梁侧面需配置受扭纵向钢筋时，此项注写值以大写字母 N 打头，接续注写配置在梁两个侧面的总配筋值，且对称配置。受扭纵向钢筋应满足梁侧面纵向构造钢筋的间距要求，且不再重复配置纵向构造钢筋。

注：1. 当为梁侧面构造钢筋时，其搭接与锚固长度可取为 15d；
　　2. 当为梁侧面受扭纵向钢筋时，其搭接长度为 l_l 或 l_{lE}（抗震），锚固长度为 l_a 或 l_{aE}（抗震）；其锚固方式同框架梁下部纵筋。

（6）梁顶面标高高差。梁顶面标高高差，系指相对于结构层楼面标高的高差值，对于位于结构夹层的梁，则指相对于结构夹层楼面标高的高差。有高差时，需将其写入括号内，无高差时不注。

注：当某梁的顶面高于所在结构层的楼面标高时，其标高高差为正值，反之为负值。

【例 2-5】 某结构标准层的楼面标高为 44.950m 和 48.250m，当某梁的梁顶面标高高差注写为（—0.050）时，即表明该梁顶面标高分别相对于 44.950m 和 48.250m 低 0.05m。

3. 原位标注

原位标注的内容主要是表达梁本跨内的设计数值以及修正集中标注内容中不适用于本跨的内容。

（1）梁支座上部纵筋。梁支座上部纵筋，是指标注该部位含通长筋在内的所有纵筋。

1）当上部纵筋多于一排时，用斜线"/"将各排筋自上而下分开；

2）当同排纵筋有两种直径时，用加号"＋"将两种直径的纵筋相连，注写时角筋写在前面；

3）当梁中间支座两边的上部纵筋不同时，需在支座两边分别标注；当梁中间支座两边的上部纵筋相同时，可仅在支座的一边标注配筋值，另一边省去不注，如图 2-5 所示。

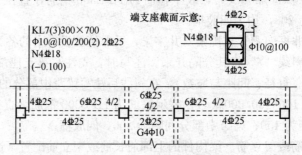

图 2-5　梁中间支座两边的上部纵筋不同时注写方式

设计时应注意：对于支座两边不同配筋值的上部纵筋，宜尽可能选用相同直径（不同根数），使其贯穿支座，避免支座两边不同直径的上部纵筋均在支座内锚固。对于以边柱、角柱为端支座的屋面框架梁，当能够满足配筋截面面积要求时，其梁的上部钢筋应尽可能只配置一层，以避免梁柱纵筋在柱顶处因层数过多、密度过大导致不方便施工和影响混凝土浇筑质量。

（2）梁下部纵筋。

1）当下部纵筋多于一排时，用斜线"/"将各排纵筋自上而下分开；

2）当同排纵筋有两种直径时，用加号"＋"将两种直径的纵筋相连，注写时角筋写在前面；

3）当梁下部纵筋不全部伸入支座时，将梁支座下部纵筋减少的数量注写在括号内；

4）当梁的集中标注中已分别注写了梁上部和下部均为通长的纵筋值时，则不需在梁下部重复做原位标注；

5）当梁设置竖向加腋时，加腋部位下部斜纵筋应在支座下部以 Y 打头注写在括号内（图 2-6），11G101-1 图集中框架梁竖向加腋结构适用于加腋部位参与框架梁计算，其他情况设计者应另行给出构造。当梁设置水平加腋时，水平加腋内上、下部斜纵筋应在加腋支座上部以 Y 打头注写在括号内，上下部斜纵筋之间用斜线"/"分隔，如图 2-7 所示。

（3）当在梁上集中标注的内容（即梁截面尺寸、箍筋、上部通长筋或架立筋，梁侧面纵向构造钢筋或受扭纵向钢筋，以及梁顶面标高高差中的某一项或几项数值）不适用于某跨或某悬挑部分时，则将其不同数值原位标注在该跨或该悬挑部位，施工时应按原位标注数值取用。

当在多跨梁的集中标注中已注明加腋，而该梁某跨的根部却不需要加腋时，则应在该跨原位标注等截面的 b×h，以修正集中标注中的加腋信息，如图 2-6 所示。

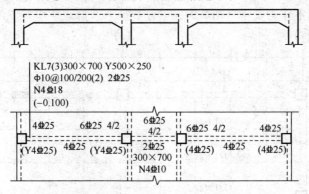

图 2-6　梁竖向加腋平面注写方式

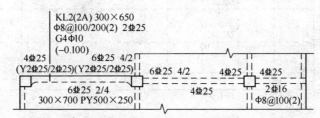

图 2-7　梁水平加腋平面注写方式

（4）附加箍筋或吊筋。平法标注是将其直接画在平面图中的主梁上，用线引注总配筋值（附加箍筋的肢数注写在括号内），如图 2-8 所示。当多数附加箍筋或吊筋相同时，可在梁平法施工图上统一注明，少数与统一注明值不同时，再原位引注。

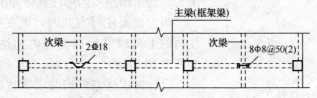

图 2-8　附加箍筋和吊筋的注写示例

施工时应注意：附加箍筋或吊筋的几何尺寸应按照标准构造详图，结合其所在位置的主梁和次梁的截面尺寸而定。

4. 井字梁注写方式

（1）井字梁通常由非框架梁构成，并以框架梁为支座（特殊情况下以专门设置的非框架大梁为支座）。在此情况下，为明确区分井字梁与作为井字梁支座的梁，井字梁用单粗虚线表示（当井字梁顶面高出板面时可用单粗实线表示），作为井字梁支座的梁用双细虚线表示（当梁顶面高出板面时可用双细实线表示）。

（2）井字梁系指在同一矩形平面内相互正交所组成的结构构件，井字梁的分布范围称为"矩形平面网格区域"（简称"网格区域"）。当在结构平面布置中仅有由四根框架梁框起的一片网格区域时，所有在该区域相互正交的井字梁均为单跨；当有多片网格区域相连时，贯通多片网格区域的井字梁为多跨，且相邻两片网格区域分界处即为该井字梁的中间支座。对某根井字梁进行编号时，其跨数为其总支座数减1；在该梁的任意两个支座之间，无论有几根同类梁与其相交，均不作为支座（图2-9）。

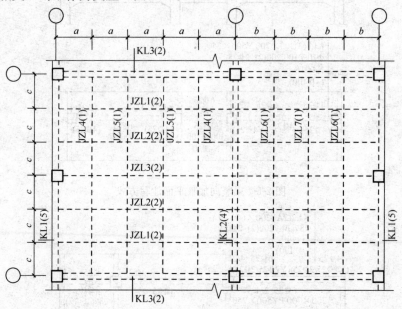

图 2-9　井字梁矩形平面网格区域

（3）井字梁的端部支座和中间支座上部纵筋的伸出长度 a_0 值，应由设计者在原位加注具体数值予以注明。

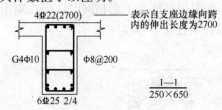

图 2-10　井字梁截面注写方式示例

当采用平面注写方式时，则在原位标注的支座上部纵筋后面括号内加注具体伸出长度值。

当为截面注写方式时，则在梁端截面配筋图上注写的上部纵筋后面括号内加注具体伸出长度值，如图2-10所示。

设计时应注意：当井字梁连续设置在两排或多排网格区域时，才具有上面提及的井字梁中间支座。当某根井字梁端支座与其所在网格区域之外的非框架梁相连时，该位置上部钢筋的连续布置方式需由设计者注明。

三、梁截面注写方式

在实际工程中，梁构件的截面注写方式应用较少，故在此只做简单介绍。

截面注写方式是在分标准层绘制的梁平面布置图上，分别在不同编号的梁中各选择一根梁用剖面符号引出配筋图，并在其上注写截面尺寸和配筋具体数值的方式来表达梁平法施工图。在截面注写的配筋图中可注写的内容有：梁截面尺寸、上部钢筋和下部钢筋、侧面构造钢筋或受扭钢筋、箍筋等，其表达方式与梁平面注写方式相同，如图2-11所示。

对所有梁进行编号，从相同编号的梁中选择一根梁，先将"单边截面号"画在该梁上，再将截面配筋详图画在本图或其他图上。当某梁的顶面标高与结构层的楼面标高不同时，尚应在其梁编号后注写梁顶面标高高差（注写规定与平面注写方式相同）。

在截面配筋详图上注写截面尺寸 $b \times h$、上部筋、下部筋、侧面构造筋或受扭筋以及箍筋的具体数值时，其表达形式与平面注写方式相同。

一般，截面注写方式既可以单独使用，也可与平面注写方式结合使用。

注：在梁平法施工图的平面图中，当局部区域的梁布置过密时，除了采用截面注写方式表达外，也可将加密区用虚线框出，适当放大比例后再用平面注写方式表示。当表达异形截面梁的尺寸与配筋时，用截面注写方式相对比较方便。

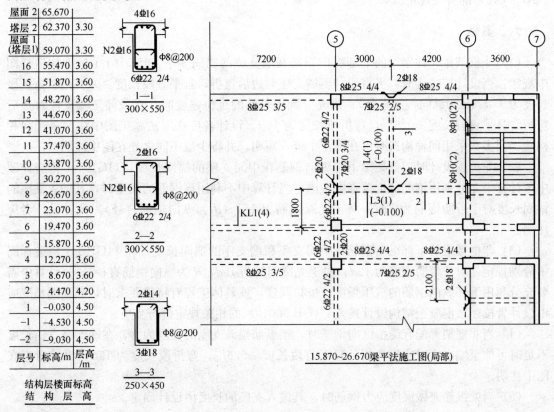

图 2-11 梁截面注写方式示例

四、梁支座上部纵筋的长度规定

（1）为方便施工，凡框架梁的所有支座和非框架梁（不包括井字梁）的中间支座上部纵筋的伸出长度 a_0 值在标准构造详图中统一取值为：第一排非通长筋从柱（梁）边起伸出至 $l_n/3$ 位置；第二排非通长筋从柱（梁）边起伸出至 $l_n/4$ 位置。l_n 的取值规定为：对于端支座，l_n 为本跨的净跨值；对于支座，l_n 为支座两边较大一跨的净跨值。

（2）悬挑梁（包括其他类型梁的悬挑部分）上部第一排纵筋伸出至梁端头并下弯，第二排伸出至 $3l/4$ 位置，l 为自柱（梁）边算起的悬挑净长。当具体工程需将悬挑梁中的部分上部筋从悬挑梁根部开始斜向弯下时，应由设计者另加注明。

（3）设计者在执行有关梁支座上部纵筋的统一取值规定时，特别是在大小跨相邻和端跨外为长悬臂的情况下，还应注意按《混凝土结构设计规范》（GB 50010）的相关规定进行校核，若不满足时应根据规范规定另行变更。

五、不伸入支座的梁下部纵筋长度规定

（1）当梁（不包括框支梁）下部纵筋不全部伸入支座时，不伸入支座的梁下部纵筋截断点距支座边的距离，在标准构造详图中统一取为 $0.1l_{ni}$。（l_{ni} 为本跨的净跨值）。

（2）当按规定确定不伸入支座的梁下部纵筋的数量时，应符合《混凝土结构设计规范》（GB 50010）的有关规定。

六、其他

（1）非框架梁、井字梁的上部纵向钢筋在端支座的锚固要求，11G101-1 标准构造详图中规定：当设计按铰接时，平直段伸至端支座对边后弯折，且平直段长度≥$0.35l_{ab}$，弯折段长度为 $15d$（d 为纵向钢筋直径）；当充分利用钢筋的抗拉强度时，直段伸至端支座对边后弯折，且平直段长度≥$0.6l_{ab}$，弯折段长度为 $15d$。设计者应在平法施工图中注明采用何种构造，当多数采用同种构造时可在图注中统一写明，并将少数不同之处在图中注明。

（2）非抗震设计时，框架梁下部纵向钢筋在中间支座的锚固长度，11G101-1 构造详图中按计算中充分利用钢筋的抗拉强度考虑。当计算中不利用该钢筋的强度时，其伸入支座的锚固长度对于带肋钢筋为 $12d$，对于光圆钢筋为 $15d$（d 为纵向钢筋直径），此时设计者应注明。

（3）非框架梁的下部纵向钢筋在中间支座和端支座的锚固长度，在 11G101-1 构造详图中分别规定：对于带肋钢筋为 $12d$；对于光圆钢筋为 $15d$（d 为纵向钢筋直径）。当计算中需要充分利用下部纵向钢筋的抗压强度或抗拉强度，或具体工程有特殊要求时，其锚固长度应由设计者按照《混凝土结构设计规范》（GB 50010）的相关规定进行变更。

（4）当非框架梁配有受扭纵向钢筋时，梁纵筋锚入支座的长度为 l_a，在端支座直锚长度不足时可伸至端支座对边后弯折，且平直段长度≥$0.6l_{ab}$，弯折段长度为 $15d$。设计者应在图中注明。

（5）当梁纵筋兼做温度应力钢筋时，其锚入支座的长度由设计确定。

（6）当两楼层之间设有层间梁时（如结构夹层位置处的梁），应将设置该部分梁的区域划出另行绘制梁结构布置图，然后在其上表达梁平法施工图。

（7）11G101-1 构造图集中 KZL 用于托墙框支梁，当托柱转换梁采用 KZL 编号并使用本图集构造时，设计者应根据实际情况进行判定，并提供相应的构造变更。

第二节　框架梁钢筋构造

一、抗震楼层框架梁纵向钢筋构造

（1）抗震楼层框架梁 KL 纵向钢筋构造，如图 2-12 所示。

（2）端支座加锚头（锚板）锚固，如图 2-13 所示。

（3）端支座直锚，如图 2-14 所示。

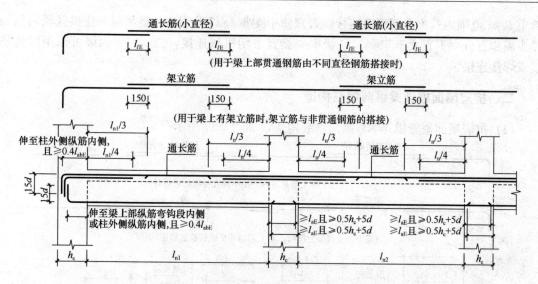

图 2-12 抗震楼层框架梁 KL 纵向钢筋构造

l_{lE}—纵向受拉钢筋抗震绑扎搭接长度；l_{abE}—纵向受拉钢筋的抗震基本锚固长度；

l_{aE}—纵向受拉钢筋抗震锚固长度；l_{n1}—左跨的净跨值；l_{n2}—右跨的净跨值；

l_n—左跨 l_{ni} 和右跨 l_{ni+1} 之较大值，其中 $i=1$，2，3…；d—纵向钢筋直径；

h_c—柱截面沿框架方向的高度

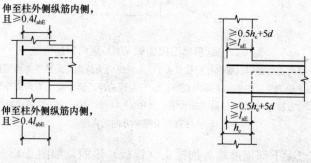

图 2-13 端支座加锚头（锚板）锚固 　　图 2-14 端支座直锚

（4）中间层中间节点梁下部筋在节点外搭接，如图 2-15 所示。梁下部钢筋不能在柱内锚固时，可在节点外搭接。相邻跨钢筋直径不同时，搭接位置位于较小直径一跨。

（5）纵向钢筋弯折要求，如图 2-16 所示。

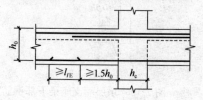

图 2-15 中间层中间节点梁下部筋在节点外搭接

h_0—梁截面高度

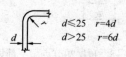

$d \leqslant 25 \quad r=4d$
$d > 25 \quad r=6d$

图 2-16 纵向钢筋弯折要求

r—钢筋弯折半径

图 2-12～图 2-16 中，跨度值 l_n 为左跨 l_{ni} 和右跨 l_{ni+1} 之较大值，其中 $i=1$，2，3…图中 h_c 为柱截面沿框架方向的高度。梁上部通长钢筋与非贯通钢筋直径相同时，连接位置宜位于

跨中 $l_{ni}/3$ 范围内；梁下部钢筋连接位置宜位于支座 $l_{ni}/3$ 范围内；且在同一连接区段内钢筋接头面积百分率不宜大于 50%。一级框架梁宜采用机械连接，二、三、四级可采用绑扎搭接或焊接连接。

二、抗震屋面框架梁纵向钢筋构造

（1）抗震屋面框架梁 WKL 纵向钢筋构造，如图 2-17 所示。

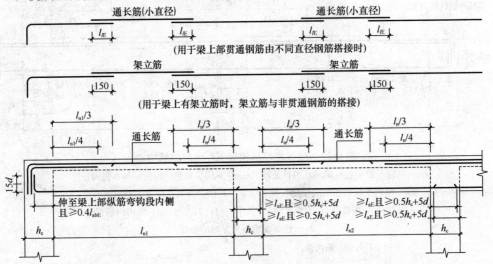

图 2-17　抗震屋面框架梁 WKL 纵向钢筋构造

l_{lE}—纵向受拉钢筋抗震绑扎搭接长度；l_{abE}—纵向受拉钢筋的抗震基本锚固长度；

l_{aE}—纵向受拉钢筋抗震锚固长度；l_{n1}—左跨的净跨值；l_{n2}—右跨的净跨值；

l_n—左跨 l_{ni} 和右跨 l_{ni+1} 之较大值，其中 $i=1, 2, 3\cdots$；d—纵向钢筋直径；

h_c—柱截面沿框架方向的高度

（2）顶层端节点梁下部钢筋端头加锚头（锚板）锚固，如图 2-18 所示。

（3）顶层端支座梁下部钢筋直锚，如图 2-19 所示。

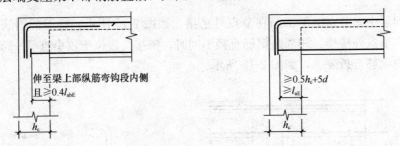

图 2-18　顶层端节点梁下部钢筋端头　　　　图 2-19　顶层端支座梁下部钢筋直锚

加锚头（锚板）锚固

（4）顶层中间节点梁下部钢筋在节点外搭接，如图 2-20 所示。梁下部钢筋不能在柱内锚固时，可在节点外搭接。相邻跨钢筋直径不同时，搭接位置位于较小直径一跨。

（5）纵向钢筋弯折要求，如图 2-21 所示。

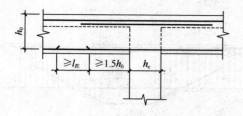

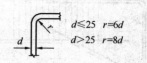

图 2-20　顶层中间节点梁下部钢筋在节点外搭接　　　　图 2-21　纵向钢筋弯折要求

h_0—梁截面高度

图 2-17～图 2-21 中，跨度值 l_n 为左跨 l_{ni} 和右跨 l_{ni+1} 之较大值，其中 $i=1$，2，3…图中 h_c 为柱截面沿框架方向的高度。梁上部通长钢筋与非贯通钢筋直径相同时，连接位置宜位于跨中 $l_{ni}/3$ 范围内；梁下部钢筋连接位置宜位于支座 $l_{ni}/3$ 范围内；且在同一连接区段内钢筋接头面积百分率不宜大于 50%。一级框架梁宜采用机械连接，二、三、四级可采用绑扎搭接或焊接连接。

三、框架梁水平、竖向加腋构造

框架梁水平加腋构造，如图 2-22 所示。

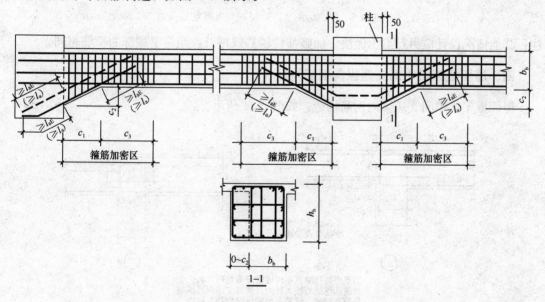

图 2-22　框架梁水平加腋构造

（图中 c_3 取值：抗震等级为一级 $\geqslant 2.0 h_b$ 且 $\geqslant 500$；抗震等级为二～四级 $\geqslant 1.5 h_b$ 且 $\geqslant 500$）

l_{aE}（l_a）—受拉钢筋锚固长度，抗震设计时锚固长度用 l_{aE} 表示，非抗震设计时用 l_a 表示；

c_1、c_2、c_3—加密区长度；h_b—框架梁的截面高度；b_b—框架梁的截面宽度

框架梁竖向加腋构造，如图 2-23 所示。

图 2-22、图 2-23 中，括号内为非抗震梁纵筋的锚固长度。当梁结构平法施工图中，水平加腋部位的配筋设计未给出时，其梁腋上下部斜纵筋（仅设置第一排）直径分别同梁内上下纵筋，水平间距不宜大于 200；水平加腋部位侧面纵向构造筋的设置及构造要求同梁内侧面纵向构造筋。图中框架梁竖向加腋构造适用于加腋部分参与框架梁计算，配筋由设计标

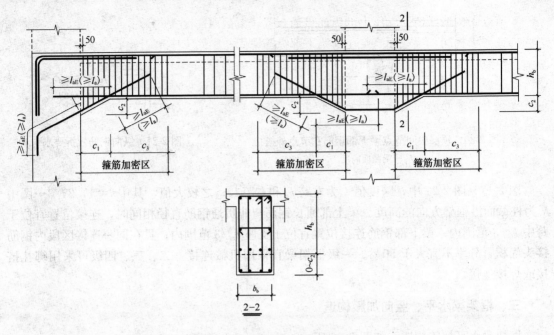

图 2-23　框架梁竖向加腋构造

（图中 c_3 取值：抗震等级为一级 $\geq 2.0h_b$ 且 ≥ 500；抗震等级为二～四级 $\geq 1.5h_b$ 且 ≥ 500）

注：其他情况设计应另行给出做法。加腋部位箍筋规格及肢距与梁端部的箍筋相同。

四、屋面框架梁中间支座纵向钢筋构造

屋面框架梁中间支座纵向钢筋构造，如图 2-24 所示。

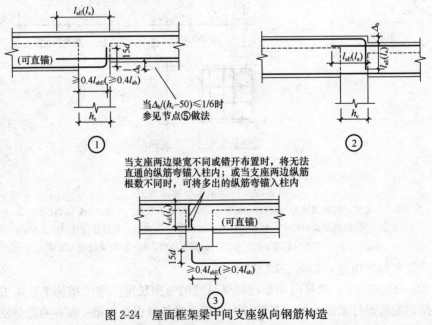

图 2-24　屋面框架梁中间支座纵向钢筋构造

l_{aE}（l_a）—受拉钢筋锚固长度，抗震设计时锚固长度用 l_{aE} 表示，非抗震设计时用 l_a 表示；

l_{abE}（l_{ab}）—受拉钢筋的基本锚固长度，抗震设计时锚固长度用 l_{abE} 表示，非抗震设计时用 l_{ab} 表示；

h_c—柱截面沿框架方向的高度；d—纵向钢筋直径；Δ_h—中间支座两端梁高差值

节点①构造详情：支座上部纵筋贯通布置，梁截面高度大的梁下部纵筋锚固与端支座锚固构造要求相同，梁截面高度小的梁下部纵筋锚固与中间支座锚固构造要求相同。

节点②构造详情：梁截面高度大的支座上部纵筋锚固要求与端支座锚固构造要求相同，需要注意的是，弯折后的竖直段长度 l_{aE}（l_a）是从截面高度小的梁顶面算起；梁截面高度小的支座上部纵筋锚固要求为伸入支座锚固，锚固长度为 l_{aE}（l_a）；下部纵筋锚固措施同梁高度不变时相同。

节点③构造详情：屋面框架梁中间支座两边框架梁梁宽不同或错开布置时，将无法直锚的纵筋弯锚入柱内；或当支座两边纵筋根数不同时，可将多出的纵筋弯锚入柱内，锚固的构造要求为平直段长度 $\geqslant 0.4 l_{abE}$（$\geqslant 0.4 l_{ab}$），弯折长度为 $15d$。

五、楼层框架梁中间支座纵向钢筋构造

楼层框架梁中间支座纵向钢筋构造，如图 2-25 所示。

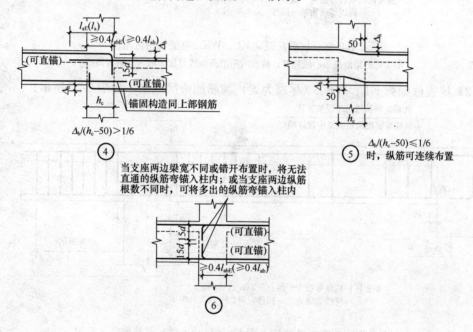

图 2-25　楼层框架梁中间支座纵向钢筋构造

l_{aE}（l_a）—受拉钢筋锚固长度，抗震设计时锚固长度用 l_{aE} 表示，非抗震设计时用 l_a 表示；

l_{abE}（l_{ab}）—受拉钢筋的基本锚固长度，抗震设计时锚固长度用 l_{abE} 表示，非抗震设计时用 l_{ab} 表示；

h_c—柱截面沿框架方向的高度；d—纵向钢筋直径；Δ_h—中间支座两端梁高差值

节点④构造详情：梁顶面标高高的梁上部纵筋锚固要求同端支座锚固构造要求；梁顶面标高低的梁的支座上部纵筋锚固要求为伸入支座锚固长度 l_{aE}（l_a）；下部纵筋锚固构造同上部纵筋。

节点⑤构造详情：$\Delta_h /（h_c - 50）\leqslant 1/6$ 时，上、下部通长筋斜弯通过。

节点⑥构造详情：楼层框架梁中间支座两边框架梁梁宽不同或错开布置时，将无法直锚的纵筋弯锚入柱内；或当支座两边纵筋根数不同时，可将多出的纵筋弯锚入柱内，锚固的构造要求为平直段长度 $\geqslant 0.4 l_{abE}$（$\geqslant 0.4 l_{ab}$），弯折长度为 $15d$。

六、抗震框架梁 KL、WKL 箍筋构造

（1）抗震框架梁 KL、WKL 箍筋加密区范围，如图 2-26 所示。

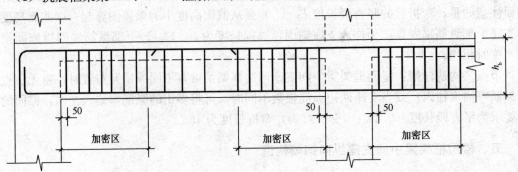

加密区：抗震等级为一级：≥2.0h_b且≥500
抗震等级为二～四级：≥1.5h_b且≥500

图 2-26　抗震框架梁 KL、WKL 箍筋加密区范围
（弧形梁沿梁中心线展开，箍筋间距沿凸面线量度。h_b为梁截面高度）

（2）抗震框架梁 KL、WKL（尽端为梁）箍筋加密区范围，如图 2-27 所示。

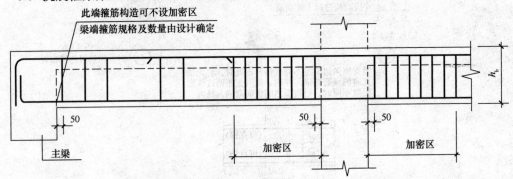

加密区：抗震等级为一级：≥2.0h_b且≥500
抗震等级为二～四级：≥1.5h_b且≥500

图 2-27　抗震框架梁 KL、WKL（尽端为梁）箍筋加密区范围
（弧形梁沿梁中心线展开，箍筋间距沿凸面线量度。h_b为梁截面高度）

图 2-26、图 2-27 中，抗震框架梁箍筋加密区范围同样适用于框架梁与剪力墙平面内连接的情况。

七、非框架 L 梁配筋构造及主次梁斜交箍筋构造

1. 非框架 L 梁配筋构造

非框架 L 梁配筋构造，如图 2-28 所示。

2. 纵向钢筋弯折要求

纵向钢筋弯折要求，如图 2-29 所示。

3. 主次梁斜交箍筋构造

主次梁斜交箍筋构造，如图 2-30 所示。

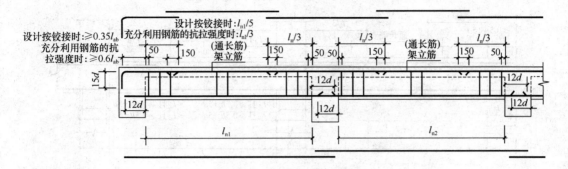

图 2-28　非框架 L 梁配筋构造

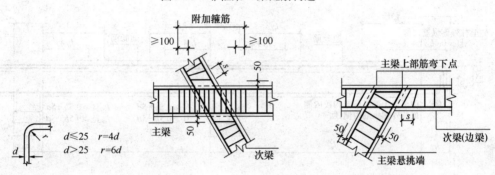

图 2-29　纵向钢筋弯折要求　　　　图 2-30　主次梁斜交箍筋构造

（s 为次梁中箍筋间距）

图 2-28～图 2-30 中，跨度值 l_n 为左跨 l_{ni} 和右跨 l_{ni+1} 之较大值，其中 $i=1$，2，3…当端支座为柱、剪力墙（平面内连接）时，梁端部应设箍筋加密区，设计应确定加密区长度。设计未确定时取该工程框架梁加密区长度。当梁上部有通长钢筋时，连接位置宜位于跨中 $l_{ni}/3$ 范围内；梁下部钢筋连接位置宜位于支座 $l_{ni}/4$ 范围内；且在同一连接区段内钢筋接头面积百分率不宜大于 50%。当梁纵筋兼做温度应力筋时，梁下部钢筋锚入支座长度由设计确定。纵筋在端支座应伸至主梁外侧纵筋内侧后弯折，当直段长度不小于 l_a 时可不弯折。当梁中纵筋采用光圆钢筋时，图 2-28 中 12d 应改为 15d。图中"设计按铰接时"、"充分利用钢筋的抗拉强度时"由设计指定。弧形非框架梁的箍筋间距沿梁凸面线度量。

第三节　框架梁钢筋翻样方法

一、框架梁上下通长筋翻样

（1）两端端支座均为直锚。两端端支座均为直锚钢筋构造，如图 2-31 所示。

上、下部通长筋长度 = 通跨净长 l_n + 左 $\max(l_{aE}, 0.5h_c+5d)$ + 右 $\max(l_{aE}, 0.5h_c+5d)$

$$(2-1)$$

（2）两端端支座均为弯锚。两端端支座均为弯锚钢筋构造，如图 2-32 所示。

上、下部通长筋长度 = 梁长 − 2×保护层厚度 + 15$d_左$ + 15$d_右$　　　　(2-2)

（3）端支座一端直锚一端弯锚。端支座一端直锚一端弯锚钢筋构造，如图 2-33 所示。

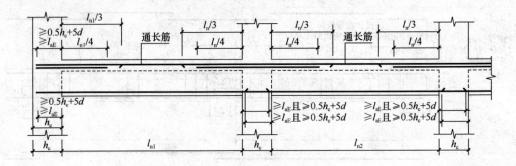

图 2-31　纵筋在端支座直锚

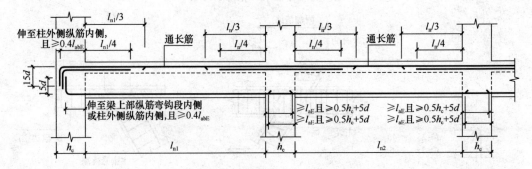

图 2-32　纵筋在端支座弯锚构造

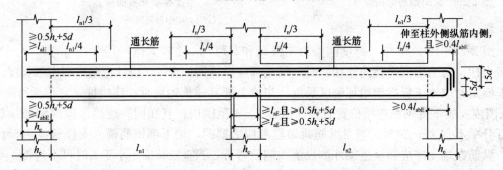

图 2-33　纵筋在端支座一端直锚和一端弯锚构造

上、下部通长筋长度＝通跨净长 l_n ＋左 $\max(l_{aE}, 0.5h_c+5d)$＋右 h_c －保护层厚度＋$15d$(2-3)

二、框架梁下部非通长筋翻样

(1)两端端支座均为直锚。两端端支座均为直锚钢筋构造，如图 2-31 所示。

边跨下部非通长筋长度＝净长 l_{n1} ＋左 $\max(l_{aE}, 0.5h_c+5d)$＋右 $\max(l_{aE}, 0.5h_c+5d)$

$$(2\text{-}4)$$

中间跨下部非通长筋长度＝净长 l_{n2} ＋左 $\max(l_{aE}, 0.5h_c+5d)$＋右 $\max(l_{aE}, 0.5h_c+5d)$

$$(2\text{-}5)$$

(2)两端端支座均为弯锚。两端端支座均为弯锚钢筋构造，如图 2-32 所示。

边跨下部非通长筋长度＝净长 l_{n1} ＋左 h_c －保护层厚度＋$15d$＋右 $\max(l_{aE}, 0.5h_c+5d)$

$$(2\text{-}6)$$

中间跨下部非通长筋长度＝净长 l_{n2}＋左 $\max(l_{aE}$，$0.5h_c+5d)$＋右 $\max(l_{aE}$，$0.5h_c+5d)$

$$(2\text{-}7)$$

三、框架梁下部纵筋不伸入支座钢筋翻样

不伸入支座梁下部纵筋构造如图 2-34 所示。

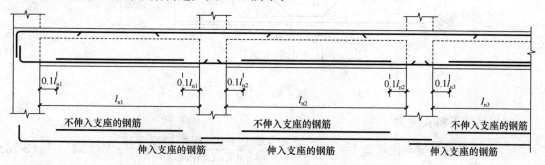

图 2-34 不伸入支座梁下部纵筋构造

框架梁下部纵筋不伸入支座长度＝净跨长 l_n－0.1×2 净跨长 l_n＝0.8 净跨长 l_n （2-8）
框支梁不可套用图 2-34。

四、框架梁支座负筋翻样

1. 框架梁端支座负筋计算

(1)当端支座截面满足直线锚固长度时：

端支座第一排负筋长度＝净长 $l_{n1}/3$＋左 $\max[l_{aE}$，$(0.5h_c+5d)]$ （2-9）

端支座第二排负筋长度＝净长 $l_{n1}/4$＋左 $\max[l_{aE}$，$(0.5h_c+5d)]$ （2-10）

(2)当端支座截面不能满足直线锚固长度时：

端支座第一排负筋长度＝净长 $l_{n1}/3$＋左 h_c－保护层厚度＋15d （2-11）

端支座第二排负筋长度＝净长 $l_{n1}/4$＋左 h_c－保护层厚度＋15d （2-12）

2. 框架梁中间支座负筋计算

中间支座第一排负筋长度＝2×$\max(l_{n1}/3$，$l_{n2}/3)+h_c$ （2-13）

中间支座第二排负筋长度＝2×$\max(l_{n2}/4$，$l_{n2}/4)+h_c$ （2-14）

3. 框架梁中间梁跨负筋(局部贯通筋)计算

中间支座第一排负筋长度＝$l_{n1}/3+h_{c1}+l_{n2}+h_{c2}+l_{n3}/3$ （2-15）

中间支座第二排负筋长度＝$l_{n1}/4+h_{c1}+l_{n2}+h_{c2}+l_{n3}/4$ （2-16）

五、框架梁腰筋、吊筋、箍筋、拉筋、架立筋翻样

1. 腰筋

腰筋的加工尺寸、下料长度计算公式为：

$$L_1(L)=L_n+2\times15d \qquad (2\text{-}17)$$

2. 吊筋

(1) 吊筋如图 2-35 所示，其底部宽出梁两端各 50mm，当梁高≤800mm 时，夹角为

45°；当梁高＞800mm 时，夹角为 60°。吊筋上端水平锚固为 20d。

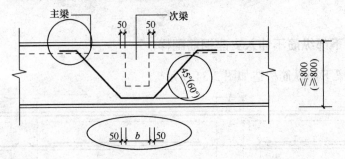

图 2-35 吊筋

(2) 吊筋下料长度为：

$$吊筋长度＝次梁宽＋2×50＋\frac{2×（梁高－2×保护层厚度）}{\sin 45°（\sin 60°）}＋2×20d \tag{2-18}$$

3. 箍筋

(1) 框架梁箍筋。平法中箍筋的弯钩均为 135°，平直段长为 10d 或 75mm，取其大值。

1）一级抗震：

$$箍筋加密区长度\ l_1＝\max(2.0h_b，500) \tag{2-19}$$

$$箍筋根数＝2×\left[\frac{(l_1-50)}{加密区间距}+1\right]+\frac{(l_n-l_1)}{非加密区间距}-1 \tag{2-20}$$

2）二～四级抗震：

$$箍筋加密区长度\ l_2＝\max(1.5h_b，500) \tag{2-21}$$

$$箍筋根数＝2×\left[\frac{(l_2-50)}{加密区间距}+1\right]+\frac{(l_n-l_2)}{非加密区间距}-1 \tag{2-22}$$

$$箍筋预算长度＝(b+h)×2-8×c+2×1.9d+\max(10d，75)×2+8d \tag{2-23}$$

$$箍筋下料长度＝(b+h)×2-8×c+2×1.9d+\max(10d，75)×2+8d-3×1.75d \tag{2-24}$$

$$内箍预算长度＝\{[(b-2×D)/n-1]×j+D\}×2+2×(h-c)+2×1.9d+\max(10d，75)×2+8d \tag{2-25}$$

$$内箍下料长度＝\{[(b-2×D)/n-1]×j+D\}×2+2×(h-c)+2×1.9d+\max(10d，75)×2+8d-3×1.75d \tag{2-26}$$

式中 b——梁宽度；

h——梁高度；

c——混凝土保护层厚度；

d——箍筋直径；

n——纵筋根数；

D——纵筋直径；

j——内箍挡数，$j＝$内箍内梁纵筋数量－1。

(2)框架梁附加箍筋。附加箍筋间距为 8d(为箍筋直径)且不大于梁正常箍筋间距。附加箍筋根数如果设计注明则按设计，设计只注明间距而未注写具体数量按平法构造。

$$附加箍筋根数＝2×\left[\frac{(主梁高－次梁高＋次梁宽－50)}{附加箍筋间距}＋1\right] \tag{2-27}$$

4. 拉筋

在平法中拉筋的弯钩往往是 135°，但在施工时，拉筋一端做 135°的弯钩，而另一端先预制成 90°，绑扎后再将 90°制成 135°，如图 2-36 所示。

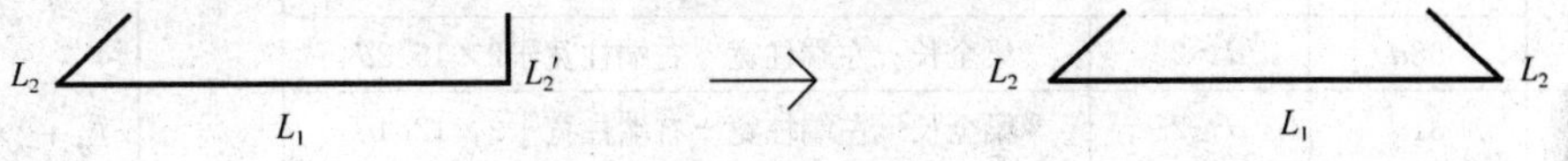

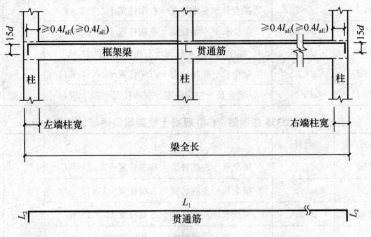

图 2-36　施工时拉筋端部弯钩角度

当梁宽≤350mm 时，拉筋直径为 6mm；当梁宽＞350mm 时，拉筋直径为 8mm。拉筋间距为非加密区箍筋间距的两倍，当设有多排拉筋时，上下两排竖向错开设置。

$$拉筋长度＝梁宽－2×保护层厚度＋2d＋2×1.9d＋2×\max(10d，75mm) \tag{2-28}$$

5. 架立筋

$$架立筋长度＝净跨长度－两边负筋净长＋150×2 \tag{2-29}$$

第四节　框架梁钢筋下料长度计算

一、贯通筋的加工下料长度计算

贯通筋的加工尺寸分为三段，如图 2-37 所示。

图 2-37　贯通筋的加工尺寸

图 2-37 中，"$\geqslant0.4l_{aE}$"表示一～四级抗震等级钢筋进入柱中水平方向的锚固长度值。"$0.4l_a$"表示非抗震等级钢筋进入柱中水平方向的锚固长度值。"$15d$"表示在柱中竖向的锚固长度值。

在框架结构的构件中，纵向受力钢筋的直角弯曲半径，单独有规定。常用的钢筋有 HRB335 级和 HRB400 级钢筋。常用的混凝土有 C30、C35 和大于 C40 几种，还要考虑结构的抗震等级等因素。

为了计算方便，计算公式见表 2-2～表 2-7。

表 2-2 HRB335 级钢筋 C30 混凝土框架梁贯通筋计算表(mm)

抗震等级	$l_{aE}(l_a)$	直径	L_1	L_2	下料长度
一级抗震	34d	$d \leqslant 25$	梁全长－左端柱宽－右端柱宽＋2×13.6d		
	38d	$d > 25$	梁全长－左端柱宽－右端柱宽＋2×15.2d		
二级抗震	34d	$d \leqslant 25$	梁全长－左端柱宽－右端柱宽＋2×13.6d		
	38d	$d > 25$	梁全长－左端柱宽－右端柱宽＋2×15.2d		
三级抗震	31d	$d \leqslant 25$	梁全长－左端柱宽－右端柱宽＋2×12.4d	15d	$L_1+2×L_2-2×$ 外皮差值
	34d	$d > 25$	梁全长－左端柱宽－右端柱宽＋2×13.6d		
四级抗震	(30d)	$d \leqslant 25$	梁全长－左端柱宽－右端柱宽＋2×12d		
	(33d)	$d > 25$	梁全长－左端柱宽－右端柱宽＋2×13.2d		
非级抗震	(30d)	$d \leqslant 25$	梁全长－左端柱宽－右端柱宽＋2×12d		
	(33d)	$d > 25$	梁全长－左端柱宽－右端柱宽＋2×13.2d		

表 2-3 HRB335 级钢筋 C35 混凝土框架梁贯通筋计算表(mm)

抗震等级	$l_{aE}(l_a)$	直径	L_1	L_2	下料长度
一级抗震	31d	$d \leqslant 25$	梁全长－左端柱宽－右端柱宽＋2×12.4d		
	34d	$d > 25$	梁全长－左端柱宽－右端柱宽＋2×13.6d		
二级抗震	31d	$d \leqslant 25$	梁全长－左端柱宽－右端柱宽＋2×12.4d		
	34d	$d > 25$	梁全长－左端柱宽－右端柱宽＋2×13.6d		
三级抗震	29d	$d \leqslant 25$	梁全长－左端柱宽－右端柱宽＋2×11.6d	15d	$L_1+2×L_2-2×$ 外皮差值
	31d	$d > 25$	梁全长－左端柱宽－右端柱宽＋2×12.4d		
四级抗震	(27d)	$d \leqslant 25$	梁全长－左端柱宽－右端柱宽＋2×10.8d		
	(30d)	$d > 25$	梁全长－左端柱宽－右端柱宽＋2×12d		
非级抗震	(27d)	$d \leqslant 25$	梁全长－左端柱宽－右端柱宽＋2×10.8d		
	(30d)	$d > 25$	梁全长－左端柱宽－右端柱宽＋2×12d		

表 2-4 HRB335 级钢筋 ≥C40 混凝土框架梁贯通筋计算表(mm)

抗震等级	$l_{aE}(l_a)$	直径	L_1	L_2	下料长度
一级抗震	29d	$d \leqslant 25$	梁全长－左端柱宽－右端柱宽＋2×11.6d		
	32d	$d > 25$	梁全长－左端柱宽－右端柱宽＋2×12.8d		
二级抗震	29d	$d \leqslant 25$	梁全长－左端柱宽－右端柱宽＋2×11.6d		
	32d	$d > 25$	梁全长－左端柱宽－右端柱宽＋2×12.8d		
三级抗震	26d	$d \leqslant 25$	梁全长－左端柱宽－右端柱宽＋2×10.4d	15d	$L_1+2×L_2-2×$ 外皮差值
	29d	$d > 25$	梁全长－左端柱宽－右端柱宽＋2×11.6d		
四级抗震	(25d)	$d \leqslant 25$	梁全长－左端柱宽－右端柱宽＋2×10d		
	(27d)	$d > 25$	梁全长－左端柱宽－右端柱宽＋2×10.8d		
非级抗震	(25d)	$d \leqslant 25$	梁全长－左端柱宽－右端柱宽＋2×10d		
	(27d)	$d > 25$	梁全长－左端柱宽－右端柱宽＋2×10.8d		

表 2-5　HRB400 级钢筋 C30 混凝土框架梁贯通筋计算表 （mm）

抗震等级	l_{aE} (l_a)	直径	L_1	L_2	下料长度
一级抗震	41d	d≤25	梁全长－左端柱宽－右端柱宽＋2×16.4d		
	45d	d＞25	梁全长－左端柱宽－右端柱宽＋2×18d		
二级抗震	41d	d≤25	梁全长－左端柱宽－右端柱宽＋2×16.4d		
	45d	d＞25	梁全长－左端柱宽－右端柱宽＋2×18d		
三级抗震	37d	d≤25	梁全长－左端柱宽－右端柱宽＋2×14.8d	15d	L_1＋2×L_2－2× 外皮差值
	41d	d＞25	梁全长－左端柱宽－右端柱宽＋2×16.4d		
四级抗震	(36d)	d≤25	梁全长－左端柱宽－右端柱宽＋2×14.4d		
	(39d)	d＞25	梁全长－左端柱宽－右端柱宽＋2×15.6d		
非抗震级	(36d)	d≤25	梁全长－左端柱宽－右端柱宽＋2×14.4d		
	(39d)	d＞25	梁全长－左端柱宽－右端柱宽＋2×15.6d		

表 2-6　HRB400 级钢筋 C35 混凝土框架梁贯通筋计算表 （mm）

抗震等级	l_{aE} (l_a)	直径	L_1	L_2	下料长度
一级抗震	37d	d≤25	梁全长－左端柱宽－右端柱宽＋2×14.8d		
	41d	d＞25	梁全长－左端柱宽－右端柱宽＋2×16.4d		
二级抗震	37d	d≤25	梁全长－左端柱宽－右端柱宽＋2×14.8d		
	41d	d＞25	梁全长－左端柱宽－右端柱宽＋2×16.4d		
三级抗震	34d	d≤25	梁全长－左端柱宽－右端柱宽＋2×13.6d	15d	L_1＋2×L_2－2× 外皮差值
	38d	d＞25	梁全长－左端柱宽－右端柱宽＋2×15.2d		
四级抗震	(33d)	d≤25	梁全长－左端柱宽－右端柱宽＋2×13.2d		
	(36d)	d＞25	梁全长－左端柱宽－右端柱宽＋2×14.4d		
非抗震级	(33d)	d≤25	梁全长－左端柱宽－右端柱宽＋2×13.2d		
	(36d)	d＞25	梁全长－左端柱宽－右端柱宽＋2×14.4d		

表 2-7　HRB400 级钢筋≥C40 混凝土框架梁贯通筋计算表 （mm）

抗震等级	l_{aE} (l_a)	直径	L_1	L_2	下料长度
一级抗震	34d	d≤25	梁全长－左端柱宽－右端柱宽＋2×13.6d		
	38d	d＞25	梁全长－左端柱宽－右端柱宽＋2×15.2d		
二级抗震	34d	d≤25	梁全长－左端柱宽－右端柱宽＋2×13.6d		
	38d	d＞25	梁全长－左端柱宽－右端柱宽＋2×15.2d		
三级抗震	31d	d≤25	梁全长－左端柱宽－右端柱宽＋2×12.4d	15d	L_1＋2×L_2－2× 外皮差值
	34d	d＞25	梁全长－左端柱宽－右端柱宽＋2×13.6d		
四级抗震	(30d)	d≤25	梁全长－左端柱宽－右端柱宽＋2×12d		
	(33d)	d＞25	梁全长－左端柱宽－右端柱宽＋2×13.2d		
非抗震级	(30d)	d≤25	梁全长－左端柱宽－右端柱宽＋2×12d		
	(33d)	d＞25	梁全长－左端柱宽－右端柱宽＋2×13.2d		

【例 2-6】 已知抗震等级为一级的某框架楼层连续梁，选用 HRB400（Ⅲ）级钢筋，直径为 24mm，混凝土强度等级为 C35，梁全长为 30.5m，两端柱宽均为 500mm。试求各钢筋的加工尺寸和下料尺寸。

【解】

$$L_1 = 梁全长 - 左端柱宽度 - 右端柱宽度 + 2 \times 14.8d$$
$$= 30500 - 500 - 500 + 2 \times 14.8 \times 24$$
$$= 30210mm$$

$$L_2 = 15d = 15 \times 24 = 360mm$$

$$下料长度 = L_1 + 2L_2 - 2 \times 外皮差值$$
$$= 30210 + 2 \times 360 - 2 \times 2.931d$$
$$= 30789mm$$

二、边跨上部直角筋的下料长度计算

1. 边跨上部一排直角筋下料尺寸计算

结合图 2-13 及图 2-38 可知，这是梁与边柱交接处，在梁的上部放置的承受负弯矩的直角形钢筋。钢筋的 L_1 部分，是由两部分组成：就是由 1/3 边净跨长度，加上 $0.4l_{aE}$。计算时参看表 2-8～表 2-13 进行。

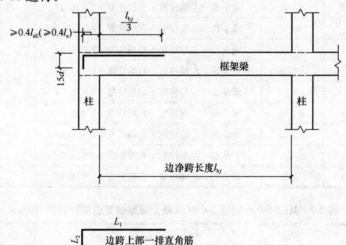

图 2-38　贯通筋的加工、下料尺寸算例

表 2-8　**HRB335 级钢筋、≥C30 混凝土框架梁边跨上部一排直角筋计算表（mm）**

抗震等级	l_{aE}（l_a）	直径	L_1	L_2	下料长度
一级抗震	34d	$d \leqslant 25$	边净跨长度/3+13.6d		
二级抗震	38d	$d > 25$	边净跨长度/3+15.2d		
三级抗震	31d	$d \leqslant 25$	边净跨长度/3+12.4d	15d	$L_1 + L_2 -$ 外皮差值
	34d	$d > 25$	边净跨长度/3+13.6d		
四级抗震	(30d)	$d \leqslant 25$	边净跨长度/3+12d		
非抗震级	(33d)	$d > 25$	边净跨长度/3+13.2d		

表 2-9 HRB335 级钢筋、≥C35 混凝土框架梁边跨上部一排直角筋计算表（mm）

抗震等级	l_{aE} (l_a)	直径	L_1	L_2	下料长度
一级抗震	31d	d≤25	边净跨长度/3+12.4d		
	34d	d>25	边净跨长度/3+13.6d		
二级抗震	31d	d≤25	边净跨长度/3+12.4d		
	34d	d>25	边净跨长度/3+13.6d		
三级抗震	29d	d≤25	边净跨长度/3+11.6d	15d	L_1+L_2-外皮差值
	31d	d>25	边净跨长度/3+12.4d		
四级抗震	(27d)	d≤25	边净跨长度/3+10.8d		
	(30d)	d>25	边净跨长度/3+12d		
非抗震级	(27d)	d≤25	边净跨长度/3+10.8d		
	(30d)	d>25	边净跨长度/3+12d		

表 2-10 HRB335 级钢筋、≥C40 混凝土框架梁边跨上部一排直角筋计算表（mm）

抗震等级	l_{aE} (l_a)	直径	L_1	L_2	下料长度
一级抗震	29d	d≤25	边净跨长度/3+11.6d		
	32d	d>25	边净跨长度/3+12.8d		
二级抗震	29d	d≤25	边净跨长度/3+11.6d		
	32d	d>25	边净跨长度/3+12.8d		
三级抗震	26d	d≤25	边净跨长度/3+10.4d	15d	L_1+L_2-外皮差值
	29d	d>25	边净跨长度/3+11.6d		
四级抗震	(25d)	d≤25	边净跨长度/3+10d		
	(27d)	d>25	边净跨长度/3+10.8d		
非抗震级	(25d)	d≤25	边净跨长度/3+10d		
	(27d)	d>25	边净跨长度/3+10.8d		

表 2-11 HRB400 级钢筋、≥C30 混凝土框架梁边跨上部一排直角筋计算表（mm）

抗震等级	l_{aE} (l_a)	直径	L_1	L_2	下料长度
一级抗震	41d	d≤25	边净跨长度/3+16.4d		
	45d	d>25	边净跨长度/3+18d		
二级抗震	41d	d≤25	边净跨长度/3+16.4d		
	45d	d>25	边净跨长度/3+18d		
三级抗震	37d	d≤25	边净跨长度/3+14.8d	15d	L_1+L_2-外皮差值
	41d	d>25	边净跨长度/3+16.4d		
四级抗震	(36d)	d≤25	边净跨长度/3+14.4d		
	(39d)	d>25	边净跨长度/3+15.6d		
非抗震级	(36d)	d≤25	边净跨长度/3+14.4d		
	(39d)	d>25	边净跨长度/3+15.6d		

表 2-12 HRB400 级钢筋、≥C35 混凝土框架梁边跨上部一排直角筋计算表（mm）

抗震等级	l_{aE} (l_a)	直径	L_1	L_2	下料长度
一级抗震	37d	d≤25	边净跨长度/3+14.8d		
	41d	d>25	边净跨长度/3+16.4d		
二级抗震	37d	d≤25	边净跨长度/3+14.8d		
	41d	d>25	边净跨长度/3+16.4d		
三级抗震	34d	d≤25	边净跨长度/3+13.6d	15d	L_1+L_2-外皮差值
	38d	d>25	边净跨长度/3+15.2d		
四级抗震	(33d)	d≤25	边净跨长度/3+13.2d		
	(36d)	d>25	边净跨长度/3+14.4d		
非抗震级	(33d)	d≤25	边净跨长度/3+13.2d		
	(36d)	d>25	边净跨长度/3+14.4d		

表 2-13 HRB400 级钢筋、≥C40 混凝土框架梁边跨上部一排直角筋计算表（mm）

抗震等级	l_{aE} (l_a)	直径	L_1	L_2	下料长度
一级抗震	34d	d≤25	边净跨长度/3+13.6d		
	38d	d>25	边净跨长度/3+15.2d		
二级抗震	34d	d≤25	边净跨长度/3+13.6d		
	38d	d>25	边净跨长度/3+15.2d		
三级抗震	31d	d≤25	边净跨长度/3+12.4d	15d	L_1+L_2-外皮差值
	34d	d>25	边净跨长度/3+13.6d		
四级抗震	(30d)	d≤25	边净跨长度/3+12d		
	(33d)	d>25	边净跨长度/3+13.2d		
非抗震级	(30d)	d≤25	边净跨长度/3+12d		
	(33d)	d>25	边净跨长度/3+13.2d		

【例 2-7】已知抗震等级为三级的框架楼层连续梁，选用Ⅱ级钢筋，直径 d 为 22mm，C30 混凝土强度等级，边净跨长度为 5.5m。求加工尺寸和下料长度尺寸。

【解】

$$L_1 = 边净跨长度/3 + 0.4l_{aE}$$
$$= 5500/3 + 12.4d$$
$$= \frac{5500}{3} + 12.4 \times 22 = 2106mm$$

注：查表 2-8，$L_{aE}=31d$

$$L_2 = 15d = 15 \times 22 = 330mm$$
$$下料长度 = L_1 + L_2 - 外皮差值$$
$$= 2106 + 330 - 2.931d$$
$$= 2106 + 330 - 2.931 \times 22 \approx 2372mm$$

2. 边跨上部二排直角筋的下料尺寸计算

边跨上部二排直角筋的下料计算和边跨上部一排直角筋下料计算方法基本相同。不同之处，仅在于这里的 L_1 是 1/4 边净跨度，而一排直角筋是 1/3 边净跨度。如图 2-39 所示。

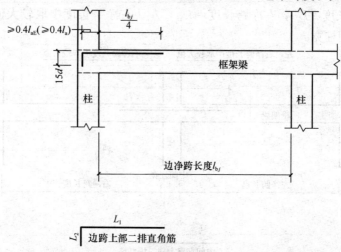

图 2-39　边跨上部二排直角筋的加工、下料尺寸计算示意

三、中间支座上部直筋的下料长度计算

1. 中间支座上部一排直筋的加工、下料尺寸计算

图 2-40 所示为中间支座上部一排直筋的示意图，此类直筋的加工、下料尺寸只需取其左、右两净跨长度大者的 1/3，再乘以 2，而后加入中间柱宽即可。

设：左净跨长度＝$L_左$，右净跨长度＝$L_右$，左、右净跨长度中取较大值＝$L_大$，则有 L_1＝$2×L_大/3$＋中间柱宽。

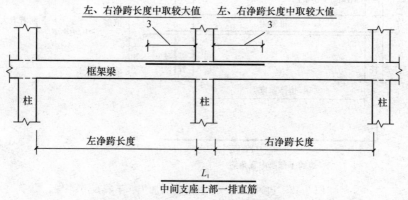

图 2-40　中间支座上部一排直筋示意图

【例 2-8】已知框架楼层连续梁，钢筋直径为 22mm，左净跨长度为 5.6m，右净跨长度为 5.3m，柱宽为 500mm。求钢筋下料长度尺寸。

【解】

$$L_1＝2×5600/3＋500≈4233mm$$

2. 中间支座上部二排直筋的加工、下料尺寸计算

如图 2-41 所示，中间支座上部二排直筋的加工、下料尺寸计算与一排直筋基本相同，只是需取左、右两跨长度中较大值的1/4进行计算。

设：左净跨长度＝$L_左$，右净跨长度＝$L_右$，左、右净跨长度中取较大值＝$L_大$，则有 L_1＝2×$L_大$/4＋中间柱宽。

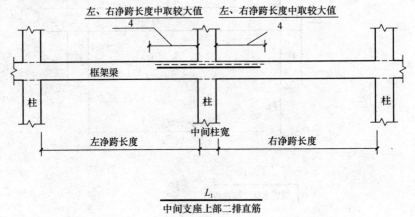

图 2-41　中间支座上部二排直筋的加工、下料尺寸

四、边跨下部跨中直角筋的下料长度计算

如图 2-42 所示，L_1是由锚入边柱部分、边净跨度部分和锚入中柱部分三部分组成。下料长度＝L_1＋L_2－外皮差值。具体计算见表 2-14～表 2-19。在表的附注中提及的 h_c 值是框架方向柱宽。

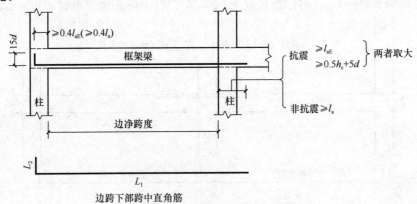

图 2-42　边跨下部跨中直角筋的加工、下料尺寸

表 2-14　HRB335 级钢筋、≥C30 混凝土框架梁边跨上部跨中直角筋计算表（mm）

抗震等级	l_{aE} (l_a)	直径	L_1	L_2	下料长度
一级抗震	34d	d≤25	13.6d＋边净跨度＋锚固值		
二级抗震	38d	d>25	15.2d＋边净跨度＋锚固值		
三级抗震	31d	d≤25	12.4d＋边净跨度＋锚固值	15d	L_1＋L_2－外皮差值
	34d	d>25	13.6d＋边净跨度＋锚固值		
四级抗震	(30d)	d≤25	12d＋边净跨度＋锚固值		
非抗震级	(33d)	d>25	13.2d＋边净跨度＋锚固值		

注：l_{aE} 与 0.5h_c＋5d，两者取大，令其等于"锚固值"。

表 2-15　HRB335 级钢筋、≥C35 混凝土框架梁边跨上部跨中直角筋计算表（mm）

抗震等级	l_{aE} (l_a)	直径	L_1	L_2	下料长度
一级抗震	31d	$d{\leqslant}25$	12.4d+边净跨度+锚固值		
二级抗震	34d	$d{>}25$	13.6d+边净跨度+锚固值		
三级抗震	29d	$d{\leqslant}25$	11.6d+边净跨度+锚固值		
	31d	$d{>}25$	12.4d+边净跨度+锚固值		
四级抗震	(27d)	$d{\leqslant}25$	10.8d+边净跨度+锚固值	15d	$L_1{+}L_2{-}$外皮差值
	(30d)	$d{>}25$	12d+边净跨度+锚固值		
非抗震级	(27d)	$d{\leqslant}25$	10.8d+边净跨度+27d		
	(33d)	$d{>}25$	12d+边净跨度+30d		

注：l_{aE} 与 $0.5h_c{+}5d$，两者取大，令其等于"锚固值"。

表 2-16　HRB335 级钢筋、≥C40 混凝土框架梁边跨上部跨中直角筋计算表（mm）

抗震等级	l_{aE} (l_a)	直径	L_1	L_2	下料长度
一级抗震	29d	$d{\leqslant}25$	11.6d+边净跨度+锚固值		
二级抗震	32d	$d{>}25$	12.8d+边净跨度+锚固值		
三级抗震	26d	$d{\leqslant}25$	10.4d+边净跨度+锚固值		
	29d	$d{>}25$	11.6d+边净跨度+锚固值		
四级抗震	(25d)	$d{\leqslant}25$	10d+边净跨度+锚固值	15d	$L_1{+}L_2{-}$外皮差值
	(27d)	$d{>}25$	10.8d+边净跨度+锚固值		
非抗震级	(25d)	$d{\leqslant}25$	10d+边净跨度+25d		
	(27d)	$d{>}25$	10.8d+边净跨度+27d		

注：l_{aE} 与 $0.5h_c{+}5d$，两者取大，令其等于"锚固值"。

表 2-17　HRB400 级钢筋、≥C30 混凝土框架梁边跨上部跨中直角筋计算表（mm）

抗震等级	l_{aE} (l_a)	直径	L_1	L_2	下料长度
一级抗震	41d	$d{\leqslant}25$	16.4d+边净跨度+锚固值		
二级抗震	45d	$d{>}25$	18d+边净跨度+锚固值		
三级抗震	37d	$d{\leqslant}25$	14.8d+边净跨度+锚固值		
	41d	$d{>}25$	16.4d+边净跨度+锚固值		
四级抗震	(36d)	$d{\leqslant}25$	14.4d+边净跨度+锚固值	15d	$L_1{+}L_2{-}$外皮差值
	(39d)	$d{>}25$	15.6d+边净跨度+锚固值		
非抗震级	(36d)	$d{\leqslant}25$	14.4d+边净跨度+36d		
	(39d)	$d{>}25$	15.6d+边净跨度+39d		

注：l_{aE} 与 $0.5h_c{+}5d$，两者取大，令其等于"锚固值"。

表 2-18　HRB400 级钢筋、≥C35 混凝土框架梁边跨上部跨中直角筋计算表（mm）

抗震等级	l_{aE} (l_a)	直径	L_1	L_2	下料长度
一级抗震	$37d$	$d \leqslant 25$	14.8d＋边净跨度＋锚固值		
二级抗震	$41d$	$d > 25$	16.4d＋边净跨度＋锚固值		
三级抗震	$34d$	$d \leqslant 25$	13.6d＋边净跨度＋锚固值		
	$38d$	$d > 25$	15.2d＋边净跨度＋锚固值	$15d$	$L_1＋L_2－$外皮差值
四级抗震	($33d$)	$d \leqslant 25$	13.2d＋边净跨度＋锚固值		
	($36d$)	$d > 25$	14.4d＋边净跨度＋锚固值		
非抗震级	($33d$)	$d \leqslant 25$	13.2d＋边净跨度＋33d		
	($36d$)	$d > 25$	14.4d＋边净跨度＋36d		

注：l_{aE} 与 $0.5h_c＋5d$，两者取大，令其等于"锚固值"。

表 2-19　HRB400 级钢筋、≥C40 混凝土框架梁边跨上部跨中直角筋计算表（mm）

抗震等级	l_{aE} (l_a)	直径	L_1	L_2	下料长度
一级抗震	$34d$	$d \leqslant 25$	13.6d＋边净跨度＋锚固值		
二级抗震	$38d$	$d > 25$	15.2d＋边净跨度＋锚固值		
三级抗震	$31d$	$d \leqslant 25$	12.4d＋边净跨度＋锚固值		
	$34d$	$d > 25$	13.6d＋边净跨度＋锚固值		$L_1＋L_2－$外皮差值
四级抗震	($30d$)	$d \leqslant 25$	12d＋边净跨度＋锚固值	$15d$	
	($33d$)	$d > 25$	13.2d＋边净跨度＋锚固值		
非抗震级	($30d$)	$d \leqslant 25$	12d＋边净跨度＋30d		
	($33d$)	$d > 25$	13.2d＋边净跨度＋33d		

注：l_{aE} 与 $0.5h_c＋5d$，两者取大，令其等于"锚固值"。

【例 2-9】已知抗震等级为四级的框架楼层连续梁，选用 HRB335（Ⅲ）级钢筋，直径为 22mm，混凝土强度等级为 C30，边净长度为 5.2m，柱宽 400mm。试求加工尺寸和下料尺寸。

【解】

$$l_{aE}＝30d＝660mm$$
$$0.5h_c＋5d＝0.5×400＋5×22＝200＋110＝310mm，取 660mm。$$
$$L_1＝12d＋5200＋660＝12×22＋5200＋660＝6124mm$$
$$L_2＝15d＝330mm$$

下料长度＝$L_1＋L_2－$外皮差值＝6124＋330－2.931d＝6389mm

五、中间跨下部筋的加工下料长度计算

由图 2-43 可知，L_1 由中间净跨长度部分、锚入左柱部分和锚入右柱部分三部分组成，即：

下料长度 L_1＝中间净跨长度＋锚入左柱部分＋锚入右柱部分

锚入左柱部分、锚入右柱部分经取较大值后，各称为"左锚固值"、"右锚固值"。注意，当左、右两柱的宽度不同时，两个"锚固值"是不相等的。具体计算见表 2-20～表 2-25。

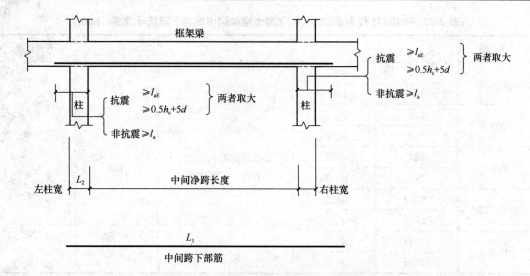

图 2-43 中间跨下部筋的加工、下料尺寸

表 2-20　HRB335 级钢筋、C30 混凝土框架梁中间跨下部筋计算表（mm）

抗震等级	l_{aE}（l_a）	直径	L_1	L_2	下料长度
一级抗震	$34d$	$d \leqslant 25$			
	$38d$	$d > 25$			
二级抗震	$34d$	$d \leqslant 25$			
	$38d$	$d > 25$			
三级抗震	$31d$	$d \leqslant 25$	左锚固值＋中间净跨	$15d$	L_1
	$34d$	$d > 25$	长度＋右锚固值		
四级抗震	（$30d$）	$d \leqslant 25$			
	（$33d$）	$d > 25$			
非抗震级	（$30d$）	$d \leqslant 25$			
	（$33d$）	$d > 25$			

表 2-21　HRB335 级钢筋、C35 混凝土框架梁中间跨下部筋计算表（mm）

抗震等级	l_{aE}（l_a）	直径	L_1	L_2	下料长度
一级抗震	$31d$	$d \leqslant 25$			
	$34d$	$d > 25$			
二级抗震	$31d$	$d \leqslant 25$			
	$34d$	$d > 25$			
三级抗震	$29d$	$d \leqslant 25$	左锚固值＋中间净跨	$15d$	L_1
	$31d$	$d > 25$	长度＋右锚固值		
四级抗震	（$27d$）	$d \leqslant 25$			
	（$30d$）	$d > 25$			
非抗震级	（$27d$）	$d \leqslant 25$			
	（$30d$）	$d > 25$			

表 2-22　HRB335 级钢筋、≥C40 混凝土框架梁中间跨下部筋计算表（mm）

抗震等级	l_{aE} (l_a)	直径	L_1	L_2	下料长度
一级抗震	29d	$d{\leqslant}25$			
	32d	$d{>}25$			
二级抗震	29d	$d{\leqslant}25$			
	32d	$d{>}25$			
三级抗震	26d	$d{\leqslant}25$	左锚固值＋中间净跨 长度＋右锚固值	15d	L_1
	29d	$d{>}25$			
四级抗震	(25d)	$d{\leqslant}25$			
	(27d)	$d{>}25$			
非抗震级	(25d)	$d{\leqslant}25$			
	(27d)	$d{>}25$			

表 2-23　HRB400 级钢筋、C30 混凝土框架梁中间跨下部筋计算表（mm）

抗震等级	l_{aE} (l_a)	直径	L_1	L_2	下料长度
一级抗震	41d	$d{\leqslant}25$			
	45d	$d{>}25$			
二级抗震	41d	$d{\leqslant}25$			
	45d	$d{>}25$			
三级抗震	37d	$d{\leqslant}25$	左锚固值＋中间净跨 长度＋右锚固值	15d	L_1
	41d	$d{>}25$			
四级抗震	(36d)	$d{\leqslant}25$			
	(39d)	$d{>}25$			
非抗震级	(36d)	$d{\leqslant}25$			
	(39d)	$d{>}25$			

表 2-24　HRB400 级钢筋、C35 混凝土框架梁中间跨下部筋计算表（mm）

抗震等级	l_{aE} (l_a)	直径	L_1	L_2	下料长度
一级抗震	37d	$d{\leqslant}25$			
	41d	$d{>}25$			
二级抗震	37d	$d{\leqslant}25$			
	41d	$d{>}25$			
三级抗震	34d	$d{\leqslant}25$	左锚固值＋中间净跨 长度＋右锚固值	15d	L_1
	38d	$d{>}25$			
四级抗震	(33d)	$d{\leqslant}25$			
	(36d)	$d{>}25$			
非抗震级	(33d)	$d{\leqslant}25$			
	(36d)	$d{>}25$			

表 2-25　HRB400 级钢筋、≥C40 混凝土框架梁中间跨下部筋计算表 （mm）

抗震等级	l_{aE} (l_a)	直径	L_1	L_2	下料长度
一级抗震	34d	$d \leqslant 25$			
	38d	$d > 25$			
二级抗震	34d	$d \leqslant 25$			
	38d	$d > 25$			
三级抗震	31d	$d \leqslant 25$	左锚固值＋中间净跨长度＋右锚固值	15d	L_1
	34d	$d > 25$			
四级抗震	(30d)	$d \leqslant 25$			
	(33d)	$d > 25$			
非抗震级	(30d)	$d \leqslant 25$			
	(33d)	$d > 25$			

【例 2-10】 已知抗震等级为三级的框架楼层连续梁，选用 HRB335（Ⅱ）级钢筋，直径为 22mm，混凝土强度等级为 C30，边净长度为 4.9m，左柱宽 400mm，右柱宽 500mm。试求此框架楼层连续梁的加工尺寸和下料尺寸。

【解】

由表 2-20，求 l_{aE}

$$l_{aE} = 31d = 31 \times 22 = 682mm$$

求左锚固值

$$0.5h_c + 5d = 0.5 \times 400 + 5 \times 22 = 200 + 110 = 310mm < 682mm$$

因此，左锚固值＝682mm。

求右锚固值

$$0.5h_c + 5d = 0.5 \times 500 + 5 \times 22 = 250 + 110 = 360mm < 682mm$$

因此，右锚固值＝682mm。

求 L_1（这里 L_1＝下料长度）

$$L_1 = 682 + 4900 + 682 = 6264mm$$

六、边跨和中跨搭接架立筋的下料长度计算

1. 边跨搭接架立筋的下料尺寸计算

图 2-44 所示为架立筋与边净跨长度、左右净跨长度以及搭接长度的关系。计算时，首先要知道和哪根筋搭接。边跨搭接架立筋是要同两根筋搭接：一端是同边跨上部一排直角筋的水平端搭接；另一端是同中间支座上部一排直筋搭接。搭接长度规定，结构为抗震时：有贯通筋时为 150mm；无贯通筋时为 l_{lE}。考虑此架立筋是构造需要，建议 l_{lE} 按 $1.2l_{aE}$ 取值。结构为非抗震时，搭接长度为 150mm。计算方法如下：

边净跨长度－（边净跨长度/3）－（左、右净跨长度中取较大值）/3＋2×（搭接长度）

【例 2-11】 已知梁已有贯通筋，边净跨长度为 6.1m。试求架立筋的长度。

【解】

因为净跨长度比左净跨长度大，因此其架立筋的长度为：

$$6100 - 6100/3 - 6100/3 + 2 \times 150 \approx 2333mm$$

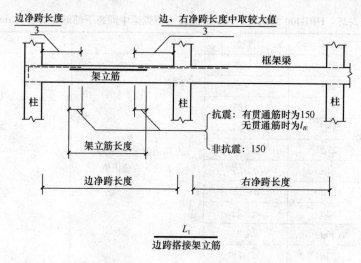

图 2-44　架立筋与边净跨长度、左右净跨长度以及搭接长度的关系

2. 中跨搭接架立筋的下料尺寸计算

如图 2-45 所示，中跨搭接架立筋的下料尺寸计算与边跨搭接架立筋的下料尺寸计算基本相同，只将边跨改为中间跨即可。

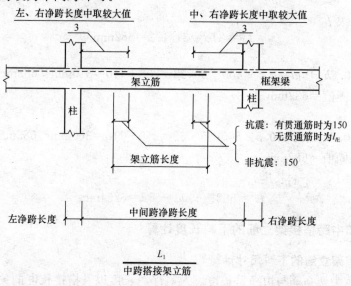

图 2-45　中跨搭接架立筋与左、右净跨长度及中间跨净跨长度的关系

七、角部附加筋以及其他钢筋的下料长度计算

1. 角部附加筋的计算

角部附加筋用在顶层屋面梁与边角柱的节点处，因此，它的加工弯曲半径 $R=6d$。设 $d=22\text{mm}$，则可知

$$下料长度＝300＋300－外皮差值$$
$$下料长度＝300＋300－3.79×22≈517\text{mm}$$

2. 其余钢筋的计算

(1) 框架柱纵筋向屋面梁中弯锚

1) 通长筋的加工尺寸、下料长度计算公式

① 加工长度

$$L_1 = 梁全长 - 2 \times 柱筋保护层厚 \qquad (式 2-30)$$

$$L_2 = 梁高 h - 梁筋保护层厚 \qquad (式 2-31)$$

② 下料长度

$$L = L_1 + 2L_2 - 90°量度差值 \qquad (式 2-32)$$

2) 边跨上部直角筋的加工长度、下料长度计算公式

① 第一排

a. 加工尺寸

$$L_1 = L_{n边}/3 + h_c - 柱筋保护层厚 \qquad (式 2-33)$$

$$L_2 = 梁高 h - 梁筋保护层厚 \qquad (式 2-34)$$

b. 下料长度

$$L = L_1 + L_2 - 90°量度差值 \qquad (式 2-35)$$

② 第二排

a. 加工尺寸

$$L_1 = L_{n边}/4 + h_c - 柱筋保护层厚 + 30d \qquad (式 2-36)$$

$$L_2 = 梁高 h - 梁筋保护层厚 + 30d \qquad (式 2-37)$$

b. 下料长度

$$L = L_1 + L_2 - 90°量度差值 \qquad (式 2-38)$$

(2) 屋面梁上部纵筋向框架柱中弯锚

1) 通长筋的加工尺寸、下料长度计算公式

① 加工尺寸

$$L_1 = 梁全长 - 2 \times 柱筋保护层厚 \qquad (式 2-39)$$

$$L_2 = 1.7 l_{aE} \quad (非抗震 \ 1.7 l_a) \qquad (式 2-40)$$

当梁上部纵筋配筋率 $\rho > 1.2\%$ 时（第二批截断）：

$$L_2 = 1.7 l_{aE} + 20d \quad (非抗震 \ 1.7 l_a + 20d) \qquad (式 2-41)$$

② 下料长度

$$L = L_1 + 2L_2 - 90°量度差值 \qquad (式 2-42)$$

2) 边跨上部直角筋的加工尺寸、下料长度计算公式

① 第一排

a. 加工尺寸

$$L_1 = L_{n边}/3 + h_c - 柱筋保护层厚 \qquad (式 2-43)$$

$$L_2 = 1.7 l_{aE} \quad (非抗震 \ 1.7 l_a) \qquad (式 2-44)$$

当梁上部纵筋配筋率 $\rho > 1.2\%$ 时（第二批截断）：

$$L_2 = 1.7 l_{aE} + 20d \qquad (式 2-45)$$

b. 下料长度

$$L = L_1 + L_2 - 90°量度差值 \qquad (式 2-46)$$

② 第二排

a. 加工尺寸

$$L_1 = L_{n边}/4 + h_c - 柱筋保护层厚 \qquad (式 2-47)$$

$$L_2 = 1.7l_{aE}（非抗震 1.7l_a） \qquad (式 2-48)$$

b. 下料长度

$$L = L_1 + L_2 - 90°量度差值 \qquad (式 2-49)$$

（3）腰筋

加工尺寸、下料长度计算公式

$$L_1（L） = L_n + 2 \times 15d \qquad (式 2-50)$$

（4）吊筋

1）加工尺寸

如图 2-46 所示，计算公式为

$$L_1 = 20d \qquad (式 2-51)$$

$$L_2 = （梁高 h - 2 \times 梁筋保护层厚）/\sin\alpha \qquad (式 2-52)$$

$$L_3 = 100 + b \qquad (式 2-53)$$

2）下料长度

$$L = L_1 + L_2 + L_3 - 4 \times 45°（60°）量度差值 \qquad (式 2-54)$$

（5）拉筋

在平法中拉筋的弯钩往往是弯成 135°，但在施工时，拉筋一端做成 135°的弯钩，而另一端先预制成 90°，绑扎后再将 90°弯成 135°，如图 2-47 所示。

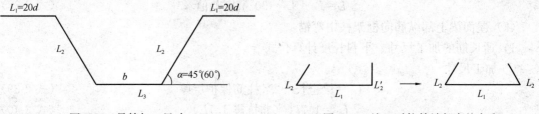

图 2-46　吊筋加工尺寸　　　　　图 2-47　施工时拉筋端部弯钩角度

1）加工尺寸

$$L_1 = 梁宽 b - 2 \times 柱筋保护层厚 \qquad (式 2-55)$$

L_2、L'_2 可由表 2-26 查得。

表 2-26　拉筋端钩由 135°预制成 90°时 L_2 改注成 L'_2 的数据　（mm）

d	平直段长	L_2	L'_2
6	75	96	110
6.5	75	98	113
8	10d	109	127
10	10d	136	159
12	10d	163	190

注：L_2 为 135°弯钩增加值，$R = 2.5d$。

2) 下料长度

$$L=L_1+2L_2 \tag{式 2-56}$$

或

$$L=L_1+L_2+L_2'-90°量度差值 \tag{式 2-57}$$

(6) 箍筋

平法中箍筋的弯钩均为 135°，平直段长 10d 或 75mm，取其大值。

如图 2-48 所示，L_1、L_2、L_3、L_4 为加工尺寸且为内包尺寸。

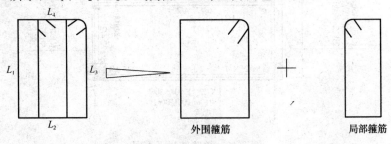

图 2-48　箍筋加工尺寸

1) 梁中外围箍筋

① 加工尺寸

$$L_1=梁高\ h-2×梁筋保护层厚 \tag{式 2-58}$$

$$L_2=梁宽\ b-2×梁筋保护层厚 \tag{式 2-59}$$

L_3 比 L_1 增加一个值，L_4 比 L_2 增加一个值，增加值是一样的，这个值可从表 2-27 中查得。

表 2-27　当 R=2.5d 时，L_3 比 L_1 和 L_4 比 L_2 各自增加值（mm）

d	平直段长	增加值
6	75	102
6.5	75	105
8	10d	117
10	10d	146
12	10d	175

② 下料长度

$$L=L_1+L_2+L_3+L_4-3×90°量度差值 \tag{式 2-60}$$

2) 梁截面中间局部箍筋

局部箍筋中对应的 L_2 长度是中间受力筋外皮间的距离，其他算法同外围箍筋，如图 2-48 所示。

第五节　梁钢筋翻样和下料计算实例

【实例一】框架梁 KL1 上部通长筋下料长度的计算

如图 2-49～图 2-51 所示，抗震等级为二级，C30 混凝土，框架梁保护层厚度为 25mm，柱的保护层厚度为 25mm。根据 KL1 的配筋要求，计算其上部通长筋的下料长度。

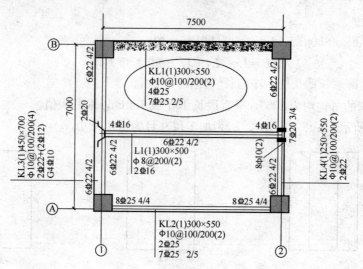

图 2-49　单跨结构平面图

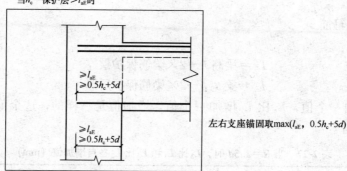

当 h_c 一保护层 > l_{aE} 时

左右支座锚固取 $max(l_{aE}, 0.5h_c+5d)$

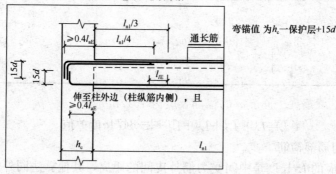

当 h_c 一保护层 ≤ l_{aE} 时，必须弯锚

弯锚值 为 h_c 一保护层 $+15d$

图 2-50　KL1 支座锚固、弯锚

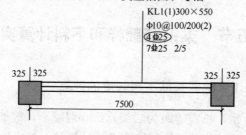

图 2-51　KL1 配筋

【解】

$l_{aE}=34×25=850\text{mm}>h_c-保护层厚度=625\text{mm}$，所以需弯锚。

$$h_c-保护层厚度+15d=625+15×25=1000\text{mm}$$

$$上部通长筋长度=净跨长+左支座锚固长度+右支座锚固长度$$

$$=7500-325-325+1000+1000=8850\text{mm}$$

【实例二】框架梁 KL1 下部纵筋下料长度的计算一

KL1 在第二跨的下部有原位标注 $7\ \phi 22\ 2/5$，混凝土强度等级为 C25，如图 2-52 所示。求第二跨下部纵筋的长度。

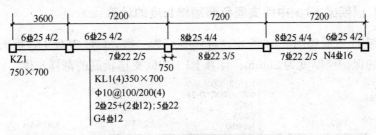

图 2-52　KL1 平法标准简图

【解】

（1）梁的净跨长度

$$KL1 第二跨的净跨长度=7200-750=6450\text{mm}$$

（2）明确下部纵筋的位置、形状和总根数

KL1 第二跨第一排下部纵筋为 $5\ \phi 22$，第二排钢筋为 $2\ \phi 22$。

钢筋形状均为"直形钢筋"，并且伸入左右两端支座同样的锚固长度。

（3）第一排下部纵筋的根数及长度

$$梁的下部纵筋在中间支座的锚固长度=\max(l_{aE}, 0.5h_c+5d)$$

$$0.5h_c+5d=0.5×750+5×22=485\text{mm}$$

$$l_{aE}=46d=46×22=1012\text{mm}$$

所以，梁下部纵筋在中间支座的锚固长度为1012mm。

第一排下部纵筋的长度＝1012＋6450＋1012＝8474mm

（4）第二排下部纵筋的长度

第二排下部纵筋的长度＝8474mm

【实例三】框架梁 KL1 下部纵筋下料长度的计算二

KL1 下部纵筋如图 2-53 所示，抗震等级为二级，C30 混凝土，框架梁保护层厚度为 25mm，柱的保护层厚度为 25mm。计算 KL1 第二跨下部纵筋长度。

【解】

$$KL1 第二跨下部纵筋长度=净跨长度+左_{\max}(L_{aE},0.5h_c+5d)+右_b-保护层厚度+15d$$

$$6500-325-325+34×22+650-25+15×22$$

$$=7553\text{mm}$$

49

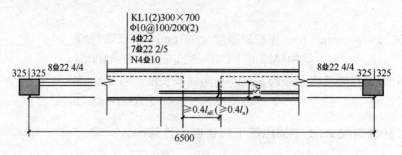

图 2-53　KL1 下部纵筋

【实例四】框架梁 KL1 中间支座负筋翻样长度的计算

KL1 中间支座负筋如图 2-54 所示，抗震等级为二级，C30 混凝土，框架梁保护层厚度为 25mm，柱的保护层厚度为 25mm。计算 KL1 中间支座负筋的翻样长度。

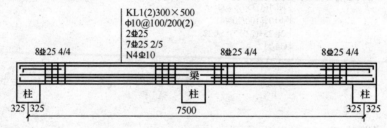

图 2-54　KL1 中间支座负筋

【解】

中间支座负筋的长度（第一排）$= 2 \times \dfrac{L_n}{3} + h_c = \dfrac{2 \times (7700 - 650)}{3} + 650 = 5350 \text{mm}$

中间支座负筋的长度（第二排）$= 2 \times \dfrac{L_n}{4} + h_c = \dfrac{2 \times (7700 - 650)}{4} + 650 = 4175 \text{mm}$

【实例五】框架梁 KL1 拉筋下料长度的计算

KL1 的截面尺寸是 300mm×700mm，箍筋为 φ10@100/200（2），集中标注的侧面纵向构造钢筋为 G4Φ10，混凝土强度等级为 C25。计算侧面纵向构造钢筋的拉筋规格和尺寸。

【解】

（1）拉筋的规格

KL1 的截面宽度为 300mm＜350mm，所以拉筋直径为 6mm。

（2）拉筋的尺寸

拉筋水平长度＝梁箍筋外围宽度＋2×拉筋直径

梁箍筋外围宽度＝梁截面宽度－2×保护层厚＝300－2×20＝260mm

拉筋水平长度＝260＋2×6＝272mm

（3）拉筋的长度计算

拉筋的两端各有一个 135° 的弯钩，弯钩平直段为 10d。

拉筋的每根长度＝拉筋水平长度＋26d

$= 272 + 26 \times 6 = 428 \text{mm}$

【实例六】框架梁 KL2 支座负筋下料长度的计算

KL2 支座负筋如图 2-55 所示，抗震等级为二级，C30 混凝土，框架梁保护层厚度为 25mm，柱的保护层厚度为 25mm。计算 KL2 支座负筋的下料长度。

【解】

$$净跨长＝7300－325－325＝6650mm$$

锚固长度 $l_{aE}＝34×25＝850mm>h_c－保护层厚度＝650－25＝625mm$，所以需弯锚。

$$h_c－保护层厚度＋15d＝650－25＋15×25＝1000mm$$

KL2 左支座负筋的长度第一排＝6650/3＋1000≈3217mm

KL2 右支座负筋的长度第一排＝6650/3＋1000≈3217mm

KL2 左支座负筋的长度第二排＝6650/4＋1000≈2663mm

KL2 右支座负筋的长度第二排＝6650/4＋1000≈2663mm

【实例七】框架梁 KL3 吊筋翻样长度的计算

吊筋 KL3 如图 2-56 所示，抗震等级为二级，C30 混凝土，框架梁保护层厚度为 25mm，柱的保护层厚度为 25mm。计算吊筋的翻样长度。

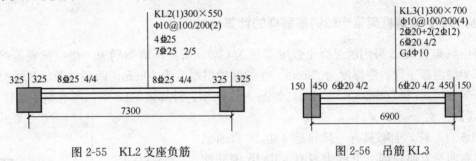

图 2-55　KL2 支座负筋　　　　　图 2-56　吊筋 KL3

【解】

$$吊筋长度＝次梁宽＋2×50＋2×\frac{梁高－2×保护层厚度}{\sin45°(60°)}＋2×20d＝300＋2×50＋2×$$
$$(700－2×25)/\sin45°(\sin60°)＋2×20×20$$
$$＝3038mm$$

【实例八】框架梁架立筋翻样长度的计算一

抗震等级为二级的抗震框架梁 KL1 为三跨梁，轴线跨度 4100mm，支座 KZ1 为 500mm×500mm，混凝土强度等级 C25，其中：

集中标注的箍筋Φ8@100/200（4）；

集中标注的上部钢筋 2Φ25＋（2Φ14）；

每跨梁左右支座的原位标注都是 4Φ25；

计算 KL1 的架立筋。

【解】

KL1 每跨的净跨长度 $l_n＝4100－500＝3600mm$

所以，每跨的架立筋长度＝$l_n/3＋150×2＝1500mm$

【实例九】框架梁架立筋翻样长度的计算二

抗震等级为二级的抗震框架梁 KL2 为两跨梁，第一跨轴线跨度为 2900mm，第二跨轴线跨度为 3800mm，支座 KZ1 为 500mm×500mm，混凝土强度等级为 C25，其中：

集中标注的箍筋Φ 10@100/200（4）；

集中标注的上部钢筋 2Φ25＋（2Φ14）；

每跨梁左右支座的原位标注都是：4Φ25；

计算 KL2 的架立筋。

【解】

KL2 的第一跨架立筋：

第一跨净跨长度 $l_{n1}=2900-500=2400$mm

第二跨净跨长度 $l_{n2}=3800-500=3300$mm

$l_n=\max(l_{n1},\ l_{n2})=\max(2400,\ 3300)=3300$mm

架立筋长度$=l_{n1}-l_{n1}/3-l_n/3+150\times2=2400-2400/3-3300/3+150\times2=800$mm

KL2 的第二跨架立筋：

架立筋长度$=l_{n2}-l_n/3-l_{n2}/3+150\times2=3300-3300/3-3300/3+150\times2=1400$mm

【实例十】楼层框架梁全部钢筋翻样的计算一

楼层框架梁 KL5 采用的混凝土强度等级为 C30，所在环境类别为一级，抗震等级为一级，框架梁混凝土保护层厚度为 25mm，柱的保护层厚度为 30mm，两侧柱截面尺寸分别为 600mm×600mm 和 500mm×500mm，如图 2-57 所示。计算该 KL5 中的所有钢筋翻样。

【解】

KL5 有一跨，上部只有一排，是 4Φ16 贯通钢筋，左右两端支座锚固。下部也只有 4Φ16 钢筋伸入端支座锚固。箍筋为双肢箍，加密区间距为 100mm，非加密区间距为 150mm，加密区间为 max（$2h_b$，500mm）。

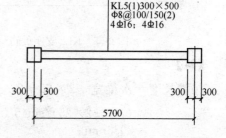

图 2-57　楼层框架梁 KL5 平法标注内容

（1）计算净跨：

$$l_n=5700-300-300=5100\text{mm}$$

（2）计算锚固长度：

因为 $d=16$mm，所以 $l_{aE}=0.14\times\dfrac{300}{1.43}\times1.15\times16\approx540$mm

因为右端支座 $h_c-c=600-30=570$mm>540mm，所以右支座处钢筋采用直锚。

因为左端支座 $h_c-c=500-30=470$mm<540mm，所以左支座处钢筋采用弯锚，弯折长度 $15d=15\times16=240$mm

（3）纵筋长度计算：

①钢筋长度$=470+5100+570+15d=6380$mm（4Φ16）

②钢筋长度$=420+5100+570+15d=6330$mm（4Φ16）

（4）箍筋计算：

$$\max(11.9d, 75+1.9d)=95.2mm$$

③单根箍筋长度＝(266＋466＋95.2)×2＝1654.4mm

一级抗震等级，箍筋加密区范围为：$\max(2h_b, 500)=1000mm$

$$箍筋根数＝\left[\frac{(1000-50)}{100}+1\right]×2+\left[\frac{(5100-2000)}{150}-1\right]＝41根$$

（5）框架梁钢筋翻样图。框架梁钢筋翻样图，如图 2-58 所示。

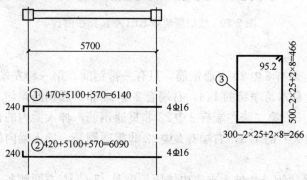

图 2-58 框架梁 KL5 钢筋翻样图

（6）钢筋列表计算。钢筋列表如表 2-28 所示。

表 2-28 钢筋列表

编号	钢筋形状	级别	直径/mm	根数	单根长/mm	总长/m	质量/kg
①	240 ⌐6140	HRB335	Φ 16	4	6380	25.52	40.64
②	240 ⌐6090	HRB335	Φ 16	4	6330	25.32	40.32
③	□	HPB300	Φ 8	41	1654.4	67.83	27.44

（7）钢筋材料汇总表。钢筋材料汇总表如表 2-29 所示。

表 2-29 钢筋材料汇总

钢筋级别	直径/mm	总长/m	总质量/kg
HRB335	Φ 16	50.84	80.96
HPB300	Φ 8	67.83	27.44
合计		118.67	108.4

【实例十一】楼层框架梁全部钢筋翻样的计算二

如图 2-59 所示，楼层框架梁 KL1 采用混凝土等级 C30，环境类别一类，抗震等为一级，框架梁混凝土保护层厚度为 25mm，柱的保护层厚度为 30mm，柱截面尺寸 600mm×600mm。计算该 KL1 中的钢筋翻样。

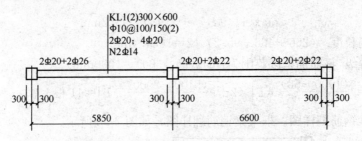

图 2-59　楼层框架梁 KL1 平法标注内容

【解】

KL1 有两跨，上部有 2Φ20 贯通钢筋，只有一排钢筋，第一跨左端有 2Φ16 非贯通钢筋，伸入梁内的长度是本跨净跨的 1/3，右端有 2Φ22 非贯通钢筋，伸入梁内的长度是相邻两跨净跨较大值的 1/3；第二跨左端有 2Φ22 非贯通钢筋，伸入梁内的长度是左右两跨净跨值的较大值（本跨较大）的 1/3，右端有 2Φ22 非贯通钢筋，伸入梁内的长度是本跨净跨的 1/3。

中部有 2Φ14 受扭钢筋，伸入支座内锚固长度是 15d。左右两侧各 1 根，端支座锚固构造要求同下部受力钢筋。

下部钢筋只有一排，4 根 HRB335 钢筋，直径 20mm 伸入端支座锚固。

箍筋为双肢箍，加密区间距为 100mm，非加密区间距为 150mm，加密区间为 max (2h_b，500)。

（1）计算净跨：

$$l_{n1}=5850-300\times 2=5250\text{mm}$$

$$l_{n1}/3=1750\text{mm}$$

$$l_{n2}=6600-300\times 2=6000\text{mm}$$

$$l_{n2}/3=2000\text{mm}$$

（2）锚固长度计算：

$$h_c-c=600-30=570\text{mm}$$

当 $d=20$ 时：

$$l_{aE}=0.14\times\frac{300}{1.43}\times 1.15\times 20\approx 676\text{mm}>570\text{mm}$$

端支座处钢筋采用弯锚形式：

$$15d=15\times 20=300\text{mm}$$

当 $d=22$ 时：

$$l_{aE}=0.14\times\frac{300}{1.43}\times 1.15\times 22\approx 743\text{mm}>570\text{mm}$$

端支座处钢筋采用弯锚形式：

$$15d=15\times 22=330\text{mm}$$

当 $d=14$ 时：

$$l_{aE}=0.14\times\frac{300}{1.43}\times 1.15\times 14\approx 473\text{mm}<570\text{mm}$$

端支座处钢筋采用直锚形式，锚固长度 $h_c-c=570\text{mm}$

当 $d=16$ 时：

$$l_{aE}=0.14\times\frac{300}{1.43}\times1.15\times16\approx540\text{mm}<570\text{mm}$$

端支座处钢筋采用直锚形式，锚固长度 $h_c-c=570\text{mm}$

（3）纵筋长度计算：

① 钢筋长度＝570＋5250＋600＋6000＋570＋600＝13590mm(2 Φ 20)

② 钢筋长度＝570＋1750＝2320mm(2 Φ 16)

③ 钢筋长度＝2000＋600＋2000＝4600mm(2 Φ 22)

④ 钢筋长度＝2000＋570＋330＝2900mm(2 Φ 22)

⑤ 钢筋长度＝570＋5250＋600＋6000＋570＝12990mm(2 Φ 14)

⑥ 钢筋长度＝520＋5250＋600＋6000＋520＋600＝13490mm(4 Φ 20)

（4）箍筋计算：

箍筋弯钩长度为：

$$\max(11.9d,75+1.9d)=\max(11.9\times10,75+1.9d)=119\text{mm}$$

⑦ 箍筋长度计算：

$$箍筋长度=(270+570)\times2+119\times2=1918\text{mm}$$

箍筋根数计算：

$$加密区长度=\max(2h_b,500)=\max(2\times600，500)=1200\text{mm}$$

$$第一跨箍筋根数=\left[\frac{(1200-50)}{100}+1\right]\times2+\left[\frac{(5850-600-2400)}{150}-1\right]=43\text{ 根}$$

$$第二跨箍筋根数=\left[\frac{(1200-50)}{100}+1\right]\times2+\left[\frac{(6600-600-2400)}{150}-1\right]=48\text{ 根}$$

箍筋总根数为：43＋48＝91 根

（5）拉筋计算。拉筋间距为箍筋非加密间距的 2 倍，拉筋直径当梁宽不大于 350mm，拉筋直径 $d=6\text{mm}$。

拉筋弯钩长度＝$\max(11.9d，75+1.9d)=(11.9\times6，75+1.9\times6)\approx86.4\text{mm}$

⑧ 拉筋长度＝282＋86.4×2＝454.8mm

拉筋根数＝[(6000－2×50)/(150×2)＋1]＋[(5250－2×50)/(150×2)＋1]≈40 根

（6）框架梁钢筋翻样图，如图 2-60 所示。

（7）钢筋列表计算。钢筋列表如表 2-30 所示。

表 2-30 钢筋列表

编号	钢筋形状	级别	直径/mm	根数	单根长/mm	总长/m	质量/kg
①	300 ⌐ 12990 ⌐ 300	HRB335	Φ 20	2	13590	27.18	67.82
②	2320	HRB335	Φ 16	2	2320	4.64	7.49
③	4600	HRB335	Φ 22	2	4600	9.20	27.47

续表

编号	钢筋形状	级别	直径/mm	根数	单根长/mm	总长/m	质量/kg
④	2570 330	HRB335	Φ22	2	2900	5.80	71.32
⑤	12990	HRB335	Φ14	2	12990	25.98	31.77
⑥	300 12890 300	HRB335	Φ20	4	13490	53.96	134.65
⑦	570 119 270	HPB300	Φ10	91	1918	174.54	111.23
⑧	282 86.4	HPB300	Φ6	40	454.8	18.192	7.19

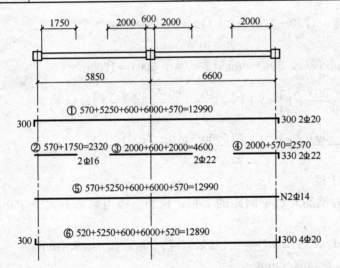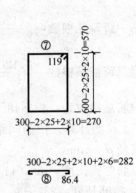

图 2-60　框架梁 KL1 钢筋翻样图

（8）钢筋材料汇总表。钢筋材料汇总表如表 2-31 所示。

表 2-31　钢筋材料汇总

钢筋级别	直径/mm	总长/m	总质量/t
HRB335	Φ20	81.14	0.202
HRB335	Φ16	4.64	0.008
HRB335	Φ22	15.00	0.045
HRB335	Φ14	25.98	0.032
HPB300	Φ10	174.54	0.111
HPB300	Φ6	18.19	0.07

【实例十二】楼层框架梁全部钢筋翻样的计算三

楼层框架梁 KL4 共 3 跨，一端带悬挑，混凝土强度等级为 C25，抗震等级为一级，环境类别一类。标注内容如图 2-61 所示。计算梁内全部钢筋。

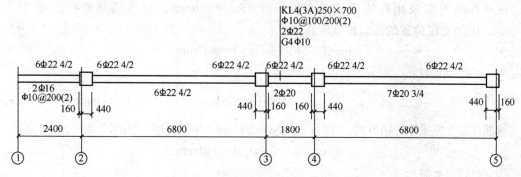

图 2-61　楼层框架梁 KL4 平法标注内容

【解】

KL4 有三跨且一端带悬挑。

上部钢筋有两排，贯通钢筋 2Φ22，是第一排钢筋的两个角筋。

上部非贯通钢筋：②轴处上部第一排非贯通钢筋 2Φ22，位于第一排中间，从②轴左侧本跨净跨值的 1/3 起，延伸至悬挑端部向下弯折 12d。②轴处上部第二排角部非贯通钢筋 2Φ22，从②轴左侧本跨净跨值的 1/4 起延伸至②轴左侧悬挑端净长的 3/4 处。

③～④轴处上部第一排非贯通钢筋 2Φ22，位于第一排中间，从③轴左侧距柱边为相邻两跨净跨较大值的 1/3 开始，延伸至④轴右侧距柱边为相邻两跨净跨较大值的 1/3 结束。③～④轴处上部第二排非贯通钢筋 2Φ22，位于第二排角部，从③轴左侧距柱边为相邻两跨净跨较大值的 1/4 开始，延伸至④轴右侧距柱边为相邻两跨净跨较大值的 1/4 结束。此处，上部非贯通钢筋不应连接或截断。

⑤轴处上部第一排非贯通钢筋 2Φ22，位于第一排中间，从⑤轴左侧柱边伸入梁内的长度为本跨净跨值的 1/3；上部第二排非贯通钢筋 2Φ22，位于第二排角部，从⑤轴左侧柱边伸入梁内的长度为本跨净跨值的 1/4。

下部钢筋有两排，全部伸入支座。伸入支座锚固长度取值为 $\max(0.5h_c + 5d, l_{aE})$，悬挑端下部构造钢筋伸入支座锚固长度取值为 $12d$。

箍筋为双肢箍，加密区间距为 100mm，非加密区间距为 200mm，加密区间为 $\max(2h_b, 500)$，悬挑端箍筋间距均为 200mm。

（1）计算净跨：

$$l_{n1} = l_{n3} = 6800 - 440 - 440 = 6000\text{mm}$$

$$l_{n1}/3 = l_{n3}/3 = 2000\text{mm}$$

$$l_{n1}/4 = l_{n3}/4 = 1500\text{mm}$$

$$l_{n悬} = 2400 - 160 = 2240\text{mm}$$

$$0.75l_{n悬} = 0.75 \times 2240\text{mm} = 1680\text{mm}$$

$$l_{n2} = 1800 - 320 = 1480\text{mm}$$

（2）计算锚固长度：

当 $d=22$mm 时：

$$l_{aE}=0.14\times\frac{300}{1.27}\times22\times1.15\approx837\text{mm}>h_c-c=600-30=570\text{mm}$$

纵筋在端支座采用弯锚形式，弯折长度 $15d=330$mm，悬挑端部弯折长度 $12d=264$mm，中间支座位置的锚固长度应满足：

$$\max(0.5h_c+5d,l_{aE})=837\text{mm}$$

当 $d=20$mm 时：

$$l_{aE}=0.14\times\frac{300}{1.27}\times20\times1.15\approx761\text{mm}>h_c-c=600-30=570\text{mm}$$

纵筋在端支座采用弯锚形式，弯折长度 $15d=300$mm，中间支座位置的锚固长度应满足：

$$\max(0.5h_c+5d,l_{aE})=761\text{mm}$$

当 $d=16$mm 时：

$$l_{aE}=0.14\times\frac{300}{1.27}\times16\times1.15\approx609\text{mm}>h_c-c=600-30=570\text{mm}$$

纵筋在端支座采用弯锚形式，弯折长度为：$15d=240$mm

当 $d=10$mm 时：

构造钢筋的锚固长度为：$15d=150$mm

（3）纵筋长度计算：

① 钢筋长度＝2240－25＋600＋6000＋600＋1480＋600＋6000＋570＋264＋330＝18659mm(2 ⊕ 22)

② 钢筋长度＝2240－25＋600＋2000＋264＝5079mm(2 ⊕ 22)

③ 钢筋长度＝2000＋600＋1480＋600＋2000＝6680mm(2 ⊕ 22)

④ 钢筋长度＝2000＋570＋330＝2900mm(2 ⊕ 22)

⑤ 钢筋长度＝1680＋600＋1500＝2780mm(2 ⊕ 22)

⑥ 钢筋长度＝1500＋600×2＋1480＋1500＝5680mm(2 ⊕ 22)

⑦ 钢筋长度＝1500＋520＋330＝2350mm(2 ⊕ 22)

⑧ 钢筋长度＝2240－25＋6000×2＋1480＋600×3＋150＝17645mm(4 ⊕ 10)

⑨ 钢筋长度＝2240－25＋240＝2455mm(2 ⊕ 16)

⑩ 钢筋长度＝837＋6000＋837＝7674(6 ⊕ 22)

⑪ 钢筋长度＝761＋1480＋600＋6000＋470＋300＝9611mm(2 ⊕ 20)

⑫ 钢筋长度＝761＋6000＋470＋300＝7531mm(5 ⊕ 20)

（4）箍筋计算：

$$\max(11.9d,75+1.9d)=(11.9\times10,75+1.9\times10)=119\text{mm}$$

⑬ 箍筋长度＝(220＋670＋119)×2＝2018mm

加密区间 $\max(2h_b,500)=1400$mm

$$根数=\left[\left(\frac{1400-500}{100}+1\right)\times2+\frac{6000-2800}{200}-1\right]\times2+\frac{1800-100}{100}+1$$
$$+\frac{2240-25-50}{200}+1\approx100\text{ 根}$$

（5）拉筋计算：

梁宽＝250mm＜350mm，拉筋直径 d＝6mm

$$\max(11.9d, 75+1.9d)=(11.9\times6, 75+1.9\times6)=86.4mm$$

⑭ 拉筋长度＝232＋86.4×2＝404.8mm

$$根数=\frac{6000-100}{200\times2}+1+\frac{1500-100}{200\times2}+1+\frac{2240-50-25}{200\times2}+1=27\ 根$$

两排拉筋根数：27×2＝54 根

（6）框架梁钢筋翻样图，如图 2-62 所示。

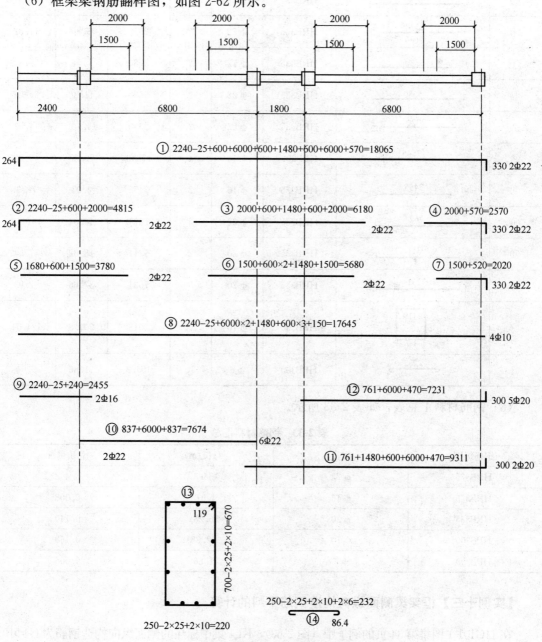

图 2-62 框架梁 KL4 钢筋翻样图

（7）钢筋列表计算如表 2-32 所示。

表 2-32　钢筋列表

编号	钢筋形状	级别	直径	根数	单根长/mm	总长/m	质量/kg
①	264　18065　330	HRB335	Φ22	2	18659	37.32	116.61
②	264　4815	HRB335	Φ22	2	5079	10.16	30.39
③	6680	HRB335	Φ22	2	6680	13.36	40.01
④	2570　330	HRB335	Φ22	2	2900	5.80	17.32
⑤	3780	HRB335	Φ22	2	3780	7.56	22.62
⑥	5680	HRB335	Φ22	2	5680	11.36	34.04
⑦	2020　330	HRB335	Φ22	2	2350	4.70	14.03
⑧	264　17645　330	HPB300	Φ10	4	17645	70.58	43.62
⑨	2455	HRB335	Φ16	2	2455	4.91	7.79
⑩	7674	HRB335	Φ22	6	7674	46.04	137.49
⑪	9311　300	HRB335	Φ20	2	9311	18.62	47.54
⑫	7231　300	HRB335	Φ20	5	7531	37.66	92.93
⑬	670　119　220	HPB300	Φ10	100	2018	201.8	124.51
⑭	232　86.4	HPB300	Φ6	54	404.8	21.86	5.04

（8）钢筋材料汇总表，如表 2-33 所示。

表 2-33　钢筋材料汇总

钢筋级别	直径	总长/m	总质量/t
HRB335	Φ22	136.3	0.408
HRB335	Φ16	4.91	0.008
HRB335	Φ20	56.28	0.140
HPB300	Φ10	272.38	0.168
HPB300	Φ6	21.86	0.006

【实例十三】框架梁侧面纵向构造钢筋下料的计算

在 11G101-1 图集第 34 页的例子中（图 2-63），KL1 集中标注的侧面纵向构造钢筋为 G4Φ10。计算第一跨和第二跨侧面纵向构造钢筋的尺寸（混凝土强度等级为 C25，二级抗震等级）。

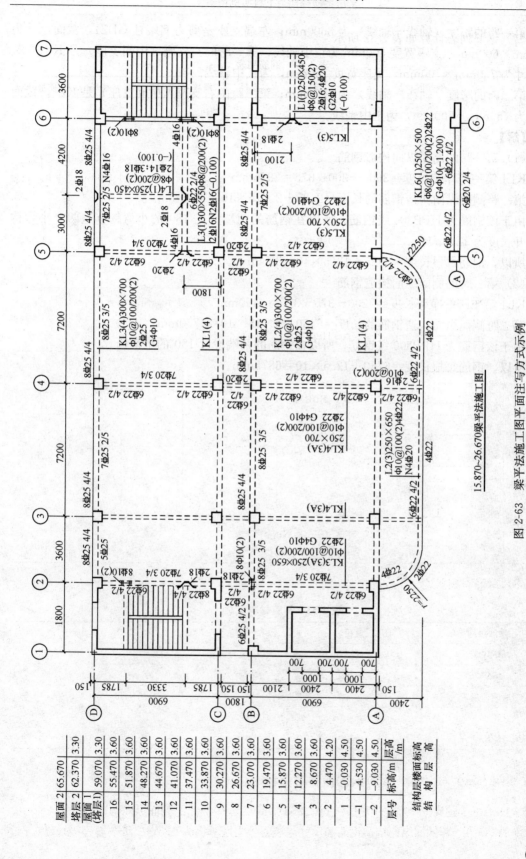

图 2-63 梁平法施工图平面注写方式示例

第一跨的跨度（轴线－轴线）为 3600mm；左端支座是剪力墙端柱 GDZ1，截面尺寸为 600mm×600mm，支座宽度 600mm 为正中轴线；第一跨的右支座（中间支座）是 KZ1，截面尺寸为 750mm×700mm，支座宽度 750mm，为正中轴线。

第二跨的跨度（轴线－轴线）为 7200mm；第二跨的右支座（中间支座）是 KZ1，截面尺寸为 750mm×700mm，为正中轴线。

【解】

（1）第一跨的侧面纵向构造钢筋

KL1 第一跨净跨长度＝3600－300－375＝2925mm

第一跨侧面纵向构造钢筋的长度＝2925＋2×15×10＝3225mm。

由于该钢筋为 HPB300 级钢筋，所以在钢筋的两端设置 180°的小弯钩（这两个小弯钩的展开长度为 12.5d）。

所以，钢筋每根长度＝3225＋12.5×10＝3350mm。

（2）第二跨的侧面纵向构造钢筋

KL1 第二跨的净跨长度＝7200－375－375＝6450mm

第二跨侧面纵向构造钢筋的长度＝6450＋2×15×10＝6750mm

由于该钢筋为 HPB300 级钢筋，所以在钢筋的两端设置 180°的小弯钩。

所以，钢筋每根长度＝6750＋12.5×10＝6875mm。

第三章　框架柱钢筋翻样与下料

重点提示：

1. 了解柱平法施工图识读的基本知识，如柱平法施工图表示方法、柱平面注写方式、柱截面注写方式

2. 了解框架柱的钢筋构造，包括框架柱插筋构造、框架柱边柱和角柱柱顶纵向钢筋构造、抗震框架柱中柱柱顶纵向钢筋构造等

3. 掌握框架柱钢筋翻样与下料方法，包括柱插筋计算、框架柱底层及伸出二层楼面纵向钢筋计算、框架柱中间层纵向钢筋计算等

4. 通过不同框架柱钢筋翻样与下料计算实例的讲解，把握不同情况下的具体计算方法

第一节　柱平法施工图识读

一、柱平法施工图表示方法

柱的平法施工图，可用列表注写或截面注写两种方式表达。

柱平面布置图的主要功能是表达竖向构件（柱或剪力墙），可采用适当比例单独绘制，当主体结构为框架-剪力墙结构时，通常与剪力墙平面布置图合并绘制。所谓"适当比例"是指一种或两种比例。两种比例是指柱轴网布置采用一种比例，柱截面轮廓在原位采用另一种比例适当放大绘制的方法，如图3-1所示。

在柱平法施工图中，应注明各结构层的楼面标高、结构层高及相应的结构层号表，便于将注写的柱段高度与该表对照，明确各柱在整个结构中的竖向定位，除此之外，尚应注明上部结构嵌固部位位置。一般情况下，柱平法施工图中标注的尺寸以毫米（mm）为单位，标高以米（m）为单位。

结构层楼面标高和结构层高表如图3-2所示。

二、柱平法施工图列表注写方式

1. 列表注写方式

列表注写方式，是指在柱平面布置图上（一般只需采用适当比例绘制一张柱平面布置图，包括框架柱、框支柱、梁上柱和剪力墙上柱），分别在同一编号的柱中选择一个（有时需要选择几个）截面标注几何参数代号；在柱表中注写柱编号、柱段起止标高、几何尺寸（含柱截面对轴线的偏心情况）与配筋的具体数值，并配以各种柱截面形状及其箍筋类型图的方式，来表达柱平法施工图。

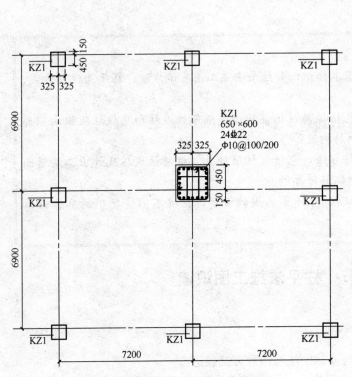

层号	标高/m	层高/m
屋面2	65.670	
塔层2	62.370	3.30
屋面1(塔层1)	59.070	3.30
16	55.470	3.60
15	51.870	3.60
14	48.270	3.60
13	44.670	3.60
12	41.070	3.60
11	37.470	3.60
10	33.870	3.60
9	30.270	3.60
8	26.670	3.60
7	23.070	3.60
6	19.470	3.60
5	15.870	3.60
4	12.270	3.60
3	8.670	3.60
2	4.470	4.20
1	-0.030	4.50
-1	-4.530	4.50
-2	-9.030	4.50

结构层楼面标高
结 构 层 高

上部结构
嵌固部位：-0.030

图 3-1　两种比例绘制的柱平面布置图　　　　图 3-2　结构层楼面标高和结构层高表

2. 柱表注写的内容

（1）注写柱编号。柱编号由类型代号和序号组成，应符合表 3-1 的规定。

表 3-1　柱编号

柱类型	代号	序号
框架柱	KZ	××
框支柱	KZZ	××
芯柱	XZ	××
梁上柱	LZ	××
剪力墙上柱	QZ	××

注：编号时，当柱的总高、分段截面尺寸和配筋均对应相同，仅截面与轴线的关系不同时，仍可将其编为同一柱号，但应在图中注明截面轴线的关系。

（2）注写各柱段的起止标高。各段柱的起止标高，自柱根部往上以变截面位置或截面未变但配筋改变处为界分段注写。柱根部标高应具体分析：框架柱和框支柱的根部标高系指基础顶面标高；芯柱的根部标高系指根据结构实际需要而定的起始位置标高；梁上柱的根部标高系指梁顶面标高；剪力墙上柱的根部标高为墙顶面标高。

（3）注写柱的截面几何尺寸。

1）矩形柱截面尺寸用 $b \times h$ 表示，通常，$b \times h$ 及与轴线关系的几何参数代号 b_1、b_2 和 h_1、h_2 的具体数值，需对应于各段柱分别注写。其中 $b = b_1 + b_2$，$h = h_1 + h_2$。当截面的某一边收缩变化至与轴线重合或偏到轴线的另一侧时，b_1、b_2、h_1、h_2 中的某项为零或为负值。

2）圆柱截面尺寸用 d 表示。为表达简单，圆柱截面与轴线的关系也用 b_1、b_2 和 h_1、h_2 表示，并使 $d = b_1 + b_2 = h_1 + h_2$。

3）对于芯柱，根据结构需要，可以在某些框架柱的一定高度范围内，在其内部的中心位置设置（分别引注其柱编号）。芯柱截面尺寸按构造确定，并按 11G101-1 图集标准构造详图施工，设计不需注写；当设计者采用与本构造详图不同的做法时，应另行注明。芯柱定位随框架柱，不需要注写其与轴线的几何关系。

（4）注写柱纵筋。当柱纵筋直径相同，各边根数也相同时（包括矩形柱、圆柱和芯柱），可将纵筋注写在"全部纵筋"一栏中；除此之外，柱纵筋分角筋、截面 b 边中部筋和 h 边中部筋三项分别注写（对于采用对称配筋的矩形截面柱，可仅注写一侧中部筋，对称边省略不注）。

（5）注写箍筋。在箍筋类型栏内注写箍筋的类型号与肢数。具体工程所设计的各种箍筋类型图以及箍筋复合的具体方式，需画在表的上部或图中的适当位置，并在其上标注与表中相对应的 b、h 和类型号。

注：当为抗震设计时，确定箍筋肢数时要满足对柱纵筋"隔一拉一"以及箍筋肢距的要求。

（6）注写柱箍筋。注写柱箍筋，包括箍筋级别、直径与间距。

1）当为抗震设计时，用斜线"/"区分柱端箍筋加密区与柱身非加密区长度范围内箍筋的不同间距。施工人员需根据标准构造详图的规定，在规定的几种长度值中取其最大者作为加密区长度。当框架节点核心区内箍筋与柱端箍筋设置不同时，应在括号中注明核心区箍筋直径及间距。

【例 3-1】Φ10@100/250，表示箍筋为 HPB300 级钢筋，直径Φ10，加密区间距为 100，非加密区间距为 250。

2）当箍筋沿柱全高为一种间距时，则不使用斜线"/"。

【例 3-2】Φ10@100，表示沿柱全高范围内箍筋均为 HPB300 级钢筋，直径Φ10，间距为 100。

3）当圆柱采用螺旋箍筋时，需在箍筋前加"L"。

【例 3-3】LΦ10@100/200，表示采用螺旋箍筋，HPB300 级钢筋，直径Φ10，加密区间距为 100，非加密区间距为 200。

3. 列表注写方式表达的柱平法施工图示例

采用列表注写方式表达的柱平法施工图示例，如图 3-3 所示。

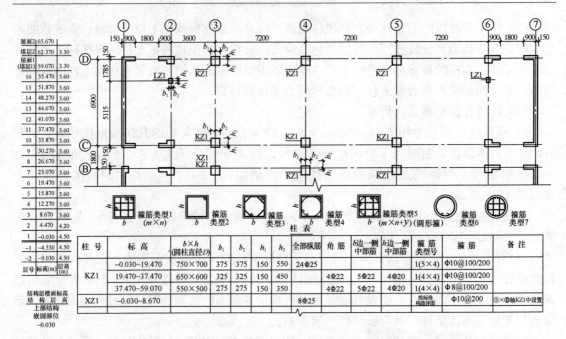

柱号	标高	b×h (圆柱直径D)	b₁	b₂	h₁	h₂	全部纵筋	角筋	b边一侧中部筋	h边一侧中部筋	箍筋类型号	箍筋	备注
KZ1	-0.030~19.470	750×700	375	375	150	550	24Φ25				1(5×4)	Φ10@100/200	
	19.470~37.470	650×600	325	325	150	450		4Φ22	5Φ22	4Φ20	1(4×4)	Φ10@100/200	
	37.470~59.070	550×500	275	275	150	350		4Φ22	5Φ22	4Φ20	1(4×4)	Φ8@100/200	
XZ1	-0.030~8.670						8Φ25				按标准构造详图	Φ10@200	③×Ⓑ轴KZ1中设置

图 3-3　柱平法施工图列表注写方式示例

三、柱平法施工图截面注写方式

（1）截面注写方式，是在柱平面布置图的柱截面上，分别在同一编号的柱中选择一个截面，以直接注写截面尺寸和配筋具体数值的方式来表达柱平法施工图。

（2）对除芯柱之外的所有柱截面进行编号，从相同编号的柱中选择一个截面，按另一种比例原位放大绘制柱截面配筋图，并在各配筋图上继其编号后再注写截面尺寸 $b×h$、角筋或全部纵筋（当纵筋采用一种直径且能够图示清楚时）、箍筋的具体数值，以及在柱截面配筋图上标注柱截面与轴线关系 b_1、b_2、h_1、h_2 的具体数值。

当纵筋采用两种直径时，需再注写截面各边中部筋的具体数值（对于采用对称配筋的矩形截面柱，可仅在一侧注写中部筋，对称边省略不注）。

当在某些框架柱的一定高度范围内，在其内部的中心位设置芯柱时，首先按照表 3-1 的规定进行编号，继其编号之后注写芯柱的起止标高、全部纵筋及箍筋的具体数值，芯柱截面尺寸按构造确定，并按标准构造详图施工，设计不注；当设计采用与本构造详图不同的做法时，应另行注明。芯柱定位随框架柱，不需要注写其与轴线的几何关系。

（3）在截面注写方式中，如柱的分段截面尺寸和配筋均相同，仅截面与轴线的关系不同时，可将其编为同一柱号。但此时应在未画配筋的柱截面上注写该柱截面与轴线关系的具体尺寸。

（4）采用截面注写方式绘制柱平法施工图，可按单根柱标准层分别绘制，也可将多个标准层合并绘制。当单根柱标准层分别绘制时，柱平法施工图的图纸数量和柱标准层的数量相等；当将多个标准层合并绘制时，柱平法施工图的图纸数量更少，也更便于施工人员对结构形成整体概念。

（5）采用截面注写方式表达的柱平法施工图示例，如图 3-4 所示。

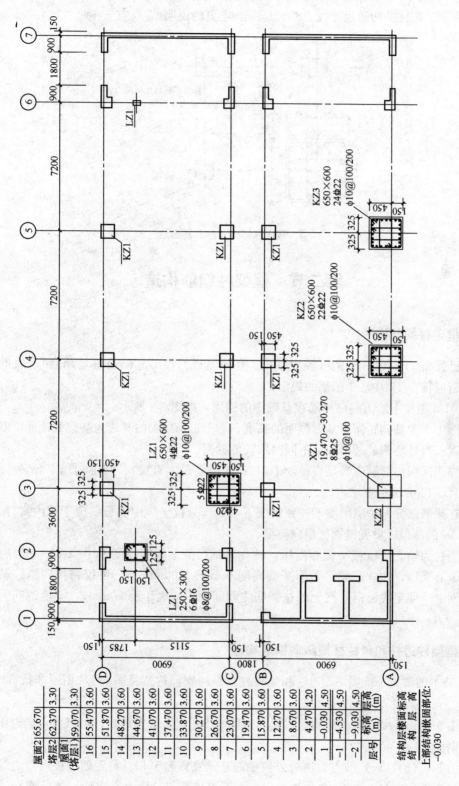

图 3-4　柱截面注写方式图示

截面注写方式中，若某柱带有芯柱，则直接注写在截面中，注写芯柱编号和起止标高，如图3-5所示。芯柱的构造尺寸按11G101-1第67页的说明。

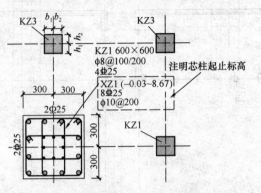

图 3-5　截面注写方式的芯柱表达

第二节　框架柱钢筋构造

一、框架柱插筋构造

目前已发布11G101-3图集（独立基础、条形基础、筏形基础及桩基承台），故框架柱插筋的构造应符合11G101-3图集的规定。

11G101-3图集中给出的柱插筋在基础中的锚固，如图3-6所示。

（1）图中 h_j 为基础底面至基础顶面的高度。对于带基础梁的基础为基础梁顶面至基础梁底面的高度。当柱两侧基础梁标高不同时取较低标高。

（2）锚固区横向箍筋应满足直径≥$d/4$（d 为插筋最大直径）、间距≤$10d$（d 为插筋最小直径）且≤100mm的要求。

（3）在插筋部分保护层厚度不一致情况下（如部分位于板中部分、位于梁内），保护层厚度小于 $5d$ 的部位应设置锚固区横向箍筋。

（4）当柱为轴心受压或小偏心受压，独立基础、条形基础高度不小于1200mm时，或当柱为大偏心受压，独立基础、条形基础高度不小于1400mm时，可仅将柱四角插筋伸至底板钢筋网上（伸至底板钢筋网上的柱插筋之间间距不应大于1000mm），其他钢筋满足锚固长度 l_{aE}（l_a）即可。

二、框架柱边柱和角柱柱顶纵向钢筋构造

11G101-1图集关于抗震KZ边柱和角柱柱顶纵向钢筋构造见图3-7（用于非抗震时 l_{abE} 改为 l_{ab}）。

（1）图3-7（a）中，节点外侧伸入梁内钢筋不小于梁上部钢筋时，可以弯入梁内作为梁上部纵向钢筋；

（2）图3-7（b）、（c）节点，区分外侧钢筋从梁底算起 $1.5l_{abE}$ 是否超过柱内侧边缘；没有超过的，弯折长度需≥$15d$，总长≥$1.5l_{abE}$。不管是否超过柱内侧边缘，当外侧配筋率＞

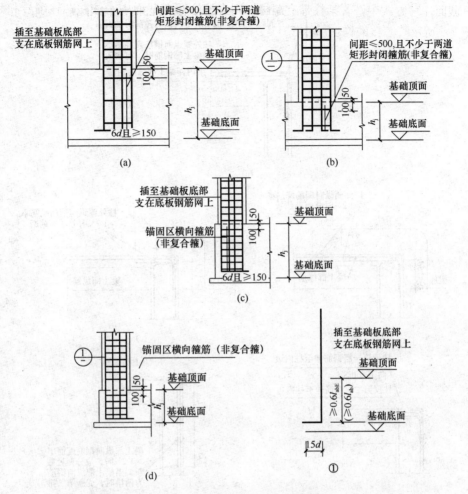

图 3-6　柱插筋在基础中的锚固

（a）插筋保护层厚度＞5d；h_j＞l_aE（l_a）；（b）插筋保护层厚度＞5d；h_j≤l_aE（l_a）；

（c）柱外侧插筋保护层厚度≤5d；h_j＞l_aE（l_a）；（d）柱外侧插筋保护层厚度≤5d；h_j≤l_aE（l_a）

其中：

h_j——基础底面至基础顶面的高度，对于带基础梁的基础为基础梁顶面至基础梁底面的高度；当柱两侧基础梁标高不同时取较低标高；

d——柱插筋直径；

l_abE（l_ab）——受拉钢筋的基本锚固长度，抗震设计时锚固长度用 l_abE 表示，非抗震设计时用 l_ab 表示；

l_aE（l_a）——受拉钢筋锚固长度，抗震设计时锚固长度用 l_aE 表示，非抗震设计时用 l_a 表示。

1.2％时分批截断，需错开 20d。（b）节点从梁底算起 1.5l_abE 超过柱内侧边缘，（c）节点从梁底算起 1.5l_abE 未超过柱内侧边缘；

（3）图 3-7（d）节点，当现浇板厚度不小于 100 时，也可按（b）节点方式伸入板内锚固，且伸入板内长度不宜小于 15d；

（4）图 3-7（e）节点，梁、柱纵向钢筋搭接接头沿节点外侧直线布置。

（5）节点（a）、（b）、（c）、（d）应配合使用，节点（d）不应单独使用（仅用于未伸入梁内的柱外侧纵筋锚固），伸入梁内的柱外侧纵筋不宜少于柱外侧全部纵筋面积的

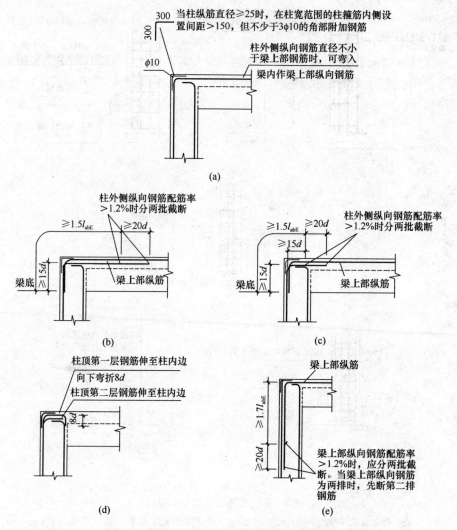

图 3-7　抗震 KZ 边柱和角柱柱顶纵向钢筋构造

（a）柱筋作为梁上部钢筋使用；（b）从梁底算起 $1.5l_{abE}$ 超过柱内侧边缘；（c）从梁底算起 $1.5l_{abE}$

未超过柱内侧边缘；（d）当现浇板厚度不小于 100 时，也可按（b）节点方式伸入板内锚固，且伸

入板内长度不宜小于 $15d$；（e）梁、柱纵向钢筋搭接接头沿节点外侧直线布置

d—框架柱纵向钢筋直径；l_{abE}—纵向受拉钢筋的抗震基本锚固长度

65%。可选择（b）＋（d）或（c）＋（d）或（a）＋（b）＋（d）或（a）＋（c）＋（d）的做法。

（6）节点（b）用于梁、柱纵向钢筋接头沿节点柱顶外侧直线布置的情况，可与节点（a）组合使用。

三、抗震框架柱中柱柱顶纵向钢筋构造

抗震框架柱中柱柱顶纵向钢筋构造如图 3-8 所示，其构造要点有：

（1）柱纵筋直锚入梁中。当顶层框架梁的高度（减去保护层厚度）能满足框架柱纵向钢筋的最小锚固长度时，框架柱纵筋伸入框架梁内，采取直锚的形式，当为非抗震设计时，其

构造如图 3-8（a）所示，当为抗震设计时，其构造如图 3-8（b）所示，直锚伸至柱顶加锚板锚固。

（2）柱纵筋弯锚入梁中。当顶层框架梁的高度（减去保护层厚度）不能满足框架柱纵向钢筋的最小锚固长度时，框架柱纵筋伸入框架梁内，采取内弯折锚固的形式，如图 3-8（c）所示；当直锚长度小于最小锚固长度，且顶层为现浇混凝土板，其混凝土强度等级不小于C20，板厚不小于 100mm 时，可采用向外弯折锚固的形式，如图 3-8（d）所示。

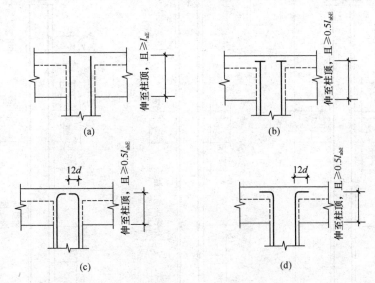

图 3-8　抗震框架柱中柱柱顶纵向钢筋构造

（a）节点 A（当直锚长度≥l_{aE}时）；（b）节点 B（柱纵向钢筋端头加锚板）；

（c）节点 C；（d）节点 D（当柱顶有不小于 100 厚的现浇板时）

四、抗震框架柱纵向钢筋连接构造

抗震框架柱纵向钢筋连接构造有三种方式：绑扎搭接、机械连接、焊接连接，如图 3-9所示。

抗震设计时，柱相邻纵向钢筋连接接头相互错开。在同一截面内钢筋接头面积百分率不宜大于 50%。轴心受拉及小偏心受拉柱内的纵向钢筋不得采用绑扎搭接接头，设计者应在柱平法结构施工图中注明其平面位置及层数。

抗震设计时，抗震框架柱纵向钢筋连接构造的主要构造要求：

（1）非连接区范围。基础顶面嵌固部位上≥$H_n/3$范围内，楼面以上和框架梁底以下 $\max(H_n/6, h_c, 500)$ 高度范围内为抗震柱非连接区。

（2）接头错开布置。搭接接头错开的距离为 $0.3l_{lE}$；采用机械连接接头错开距离≥35d，焊接连接接头错开距离 $\max(35d, 500)$。

五、地下室抗震框架柱纵向钢筋连接构造

地下室抗震 KZ 框架柱的纵向钢筋连接构造，如图 3-10 所示。

（1）图中钢筋连接构造用于嵌固部位不在基础底面情况下地下室部分（基础底面至嵌固

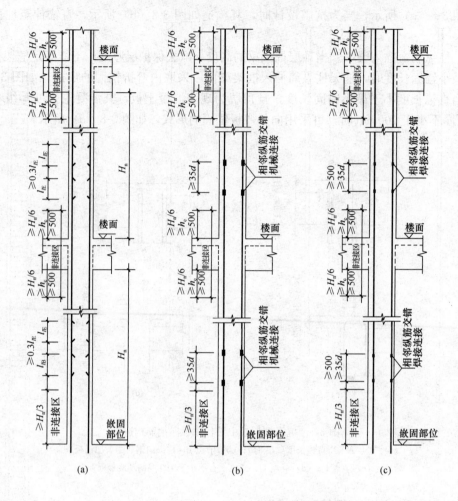

图 3-9 抗震框架柱纵向钢筋连接构造

(a) 绑扎搭接；(b) 机械连接；(c) 焊接连接

h_c—柱截面长边尺寸；H_n—所在楼层的柱净高；d—框架柱纵向钢筋直径；

l_{lE}—纵向受拉钢筋抗震绑扎搭接长度

部位）的柱。

（2）图中 h_c 为柱截面长边尺寸（圆柱为截面直径），H_n 为所在楼层的柱净高。

（3）绑扎搭接时，当某层连接区的高度小于纵筋分两批搭接所需的高度时，应改用机械连接或焊接连接。

（4）地下一层增加钢筋在嵌固部位的锚固构造仅用于按《建筑抗震设计规范》（GB 50011）相关规定在地下一层增加的10%钢筋。由设计指定，未指定时表示地下一层比上层柱多出的钢筋。

六、地下室抗震框架柱箍筋加密区范围

抗震设计时，地下室框架柱箍筋加密区与纵筋非连接区位置的要求相同，如图 3-11 所示。

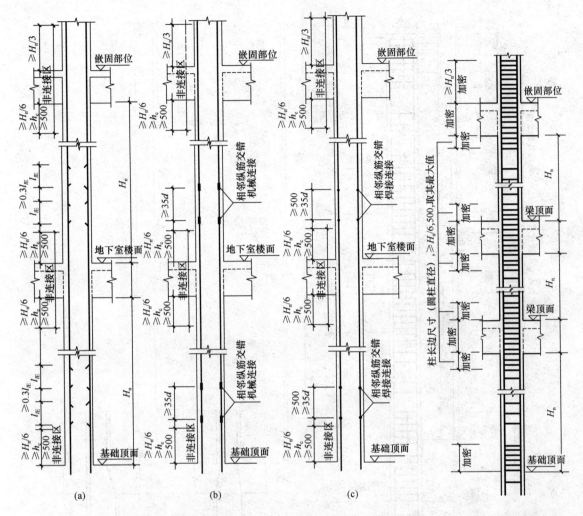

图 3-10　地下室抗震 KZ 框架柱的纵向钢筋连接构造

（a）绑扎搭接；（b）机械连接；（c）焊接连接

h_c—柱截面长边尺寸（圆柱与截面直径）；H_n—所在楼层的柱净高；

d—框架柱纵向钢筋直径；l_{lE}—纵向受拉钢筋抗震绑扎搭接长度

图 3-11　地下室抗震
框架柱的箍筋
加密区范围

七、抗震框架柱、墙上柱、梁上柱箍筋加密区范围

抗震设计时，框架柱、墙上柱、梁上柱箍筋加密区与纵筋非连接区位置的要求相同，如图 3-12 所示。

八、抗震框架柱变截面位置纵向钢筋构造

框架柱变截面位置纵向钢筋的构造要求通常是指当楼层上下柱截面发生变化时，其纵筋在节点根部的锚固方法和构造措施，纵向钢筋根据框架柱在上下楼层截面变化相对梁高数值的大小，有两种常用的锚固措施：纵筋在节点内贯通锚固（图 3-13）和非贯通锚固（图 3-14）。

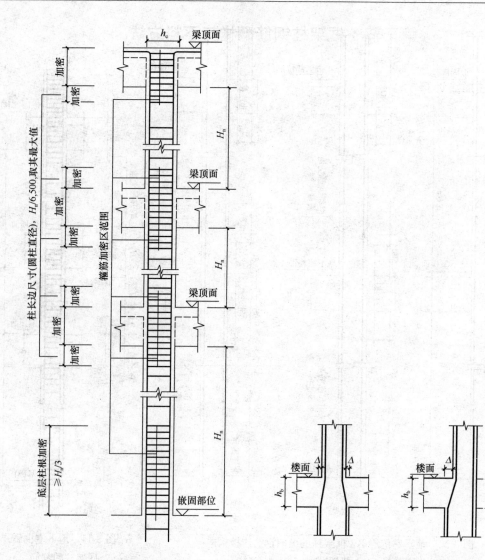

图 3-12 抗震框架柱、墙上柱、
梁上柱箍筋加密区范围

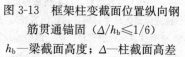

图 3-13 框架柱变截面位置纵向钢
筋贯通锚固（$\Delta/h_b \leqslant 1/6$）

h_b—梁截面高度；Δ—柱截面高差

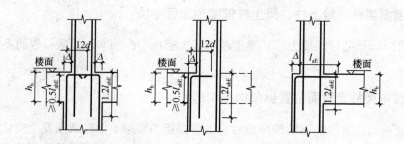

图 3-14 框架柱变截面位置纵向钢筋非贯通锚固（$\Delta/h_b > 1/6$）

第三节　框架柱钢筋翻样与下料方法

一、柱插筋计算

插筋外包尺寸 L_1＝基础顶面内长 L_{1b}＋基础顶面以上的长 L_{1a}　　　　　　(3-1)

其中 L_{1b}＝12d（或设计值）为插筋"脚"长。保护层厚：有垫层时取 40mm，无垫层时取 70mm。

1. 基础顶面内长

（1）独立基础

$$L_{1b}＝基础底板厚－保护层厚－基础底板中双向筋直径 \tag{3-2}$$

（2）桩基

$$L_{1b}＝承台厚－100×桩头伸入承台长－承台中下部双向筋直径 \tag{3-3}$$

此外，根据基础的厚度与基础的类型，L_{1b} 及 L_2 有相应组合（表 3-2），其中竖直长度≥20d 与弯钩长度为 35d 减竖直长度且≥150mm 的条件，适用于柱、墙插筋在桩基独立承台和承台梁中的锚固。

表 3-2　当 L_{1b}、L_2 的组合

序号	插筋锚固长度	
	L_{1b}	L_2
1	≥0.5L_{aE}(0.5L_a)	12d 且≥150mm
2	≥0.6L_{aE}(0.6L_a)	12d 且≥150mm
3	≥0.7L_{aE}(0.7L_a)	12d 且≥150mm
4	≥0.8L_{aE}(0.8L_a)	12d 且≥150mm
5	≥L_{aE}(L_a)（35d 独立承台中用）	—
6	≥20d	35d 减竖直长度且≥150mm

2. 基础顶面以上的长度

根据框架柱纵向钢筋连接方式的不同，即构造要求不同，基础顶面以上的插筋长度是不一样的。

（1）抗震情况

1）纵向钢筋绑扎搭接

长插筋：

$$l_{1aE} = H_n/3 + L_{lE} + 0.3L_{lE} + L_{lE} = H_n/3 + 2.3L_{lE} \tag{3-4}$$

短插筋：

$$l_{1aE} = H_n/3 + L_{lE} \tag{3-5}$$

其中，H_n 是第一层梁底至基础顶面的净高，$H_n/3$ 是非搭接区。长插筋采用绑扎时需注意钢筋的直径大小，否则直径大的可能进入楼面处的非搭接区，有这种情况时，应采用机械连接或者焊接连接。另外，构造要求中"≥0"一般取零。

2）纵向钢筋焊接连接（机械连接与其类似）

长插筋：

$$l_{1aE} = H_n/3 + \max(500, 35d) \qquad (3\text{-}6)$$

短插筋：

$$l_{1aE} = H_n/3 \qquad (3\text{-}7)$$

因此，插筋的加工尺寸 L_1 的计算方法为：

① 绑扎搭接

a. 独立基础

长插筋：

$$L_1 = 基础底板厚 - 保护层厚 - 基础底板中双向筋直径 + H_n/3 + 2.3L_{lE} \qquad (3\text{-}8)$$

短插筋：

$$L_1 = 基础底板厚 - 保护层厚 - 基础底板中双向筋直径 + H_n/3 + L_{lE} \qquad (3\text{-}9)$$

b. 桩基

长插筋：

$$L_1 = 承台厚 - 100 \times 桩头伸入承台长 - 承台中下部双向筋直径 + H_n/3 + 2.3L_{lE}$$

$$(3\text{-}10)$$

短插筋：

$$L_1 = 承台厚 - 100 \times 桩头伸入承台长 - 承台中下部双向筋直径 + H_n/3 + L_{lE} \quad (3\text{-}11)$$

② 焊接连接

a. 独立基础

长插筋：

$$L_1 = 基础底板厚 - 保护层厚 - 基础底板中双向筋直径 + H_n/3 + \max(500, 35d)$$

$$(3\text{-}12)$$

短插筋：

$$L_1 = 基础底板厚 - 保护层厚 - 基础底板中双向筋直径 + H_n/3 \qquad (3\text{-}13)$$

b. 桩基

长插筋：

$$L_1 = 承台厚 - 100 \times 桩头伸入承台长 - 承台中下部双向筋直径 + H_n/3 + \max(500, 35d)$$

$$(3\text{-}14)$$

短插筋：

$$L_1 = 承台厚 - 100 \times 桩头伸入承台长 - 承台中下部双向筋直径 + H_n/3 \qquad (3\text{-}15)$$

（2）非抗震情况

1）纵向钢筋绑扎搭接情况

长插筋：

$$L_{1a} = L_l + 0.3L_l + L_l = 2.3L_l \qquad (3\text{-}16)$$

短插筋：

$$L_{1a} = L_l \qquad (3\text{-}17)$$

2）纵向钢筋焊接连接情况（机械连接与其类似）

长插筋：

$$L_{1a} = 500 + \max(500, 35d) \qquad (3\text{-}18)$$

短插筋：

$$L_{1a} = 500 \tag{3-19}$$

因此，插筋的加工尺寸 L_1 的计算方法为：

① 绑扎搭接

a. 独立基础

长插筋：

$$L_1 = 基础底板厚 - 保护层厚 - 基础底板中双向筋直径 + 2.3L_l \tag{3-20}$$

短插筋：

$$L_1 = 基础底板厚 - 保护层厚 - 基础底板中双向筋直径 + L_l \tag{3-21}$$

b. 桩基

长插筋：

$$L_1 = 承台厚 - 100 \times 桩头伸入承台长 - 承台中下部双向筋直径 + 2.3L_l \tag{3-22}$$

短插筋：

$$L_1 = 承台厚 - 100 \times 桩头伸入承台长 - 承台中下部双向筋直径 + L_l \tag{3-23}$$

② 焊接连接

a. 独立基础

长插筋：

$$L_1 = 基础底板厚 - 保护层厚 - 基础底板中双向筋直径 + 500 + \max(500, 35d) \tag{3-24}$$

短插筋：

$$L_1 = 基础底板厚 - 保护层厚 - 基础底板中双向筋直径 + 500 \tag{3-25}$$

b. 桩基

长插筋：

$$L_1 = 承台厚 - 100 \times 桩头伸入承台长 - 承台中下部双向筋直径 + 500 + \max(500, 35d) \tag{3-26}$$

短插筋：

$$L_1 = 承台厚 - 100 \times 桩头伸入承台长 - 承台中下部双向筋直径 + 500 \tag{3-27}$$

二、框架柱底层及伸出二层楼面纵向钢筋计算

1. 抗震情况

（1）绑扎搭接

柱纵筋：

$$L_1(L) = \frac{2}{3}H_n + 梁高\,h + \max(H_n/6, h_c, 500) + L_{lE} \tag{3-28}$$

（2）焊接连接

柱纵筋：

$$L_1(L) = \frac{2}{3}H_n + 梁高\,h + \max(H_n/6, h_c, 500) \tag{3-29}$$

2. 非抗震情况

（1）绑扎搭接

柱纵筋：

$$L_1(L) = 基础顶面至第二层楼面长 + L_l \qquad (3\text{-}30)$$

（2）焊接连接

柱纵筋：

$$L_1(L) = 基础顶面至第二层楼面长 \qquad (3\text{-}31)$$

三、框架柱中间层纵向钢筋计算

1. 抗震情况

（1）绑扎搭接

1）当中间层层高不变时

$$L_1(L) = H_n + 梁高 h + L_{lE} \qquad (3\text{-}32)$$

2）当相邻中间层层高有变化时

$$L_1(L) = H_{n下} - \max(H_{n下}/6, h_c, 500) + 梁高 h + \max(H_{n上}/6, h_c, 500) + L_{lE} \qquad (3\text{-}33)$$

式中　$H_{n下}$——相邻两层下层的净高；

$\qquad H_{n上}$——相邻两层上层的净高。

（2）焊接连接

1）当中间层层高不变时

$$L_1(L) = H_n + 梁高 h（即层高）\qquad (3\text{-}34)$$

2）当相邻中间层层高有变化时

$$L_1(L) = H_{n下} - \max(H_{n下}/6, h_c, 500) + 梁高 h + \max(H_{n上}/6, h_c, 500) \qquad (3\text{-}35)$$

2. 非抗震情况

（1）绑扎搭接

$$L_1(L) = 层高 + L_l \qquad (3\text{-}36)$$

（2）焊接连接

$$L_1(L) = 层高 \qquad (3\text{-}37)$$

四、中柱顶筋的加工下料尺寸计算

1. 直锚长度 $< L_{aE}(L_a)$

（1）抗震情况（图 3-15）

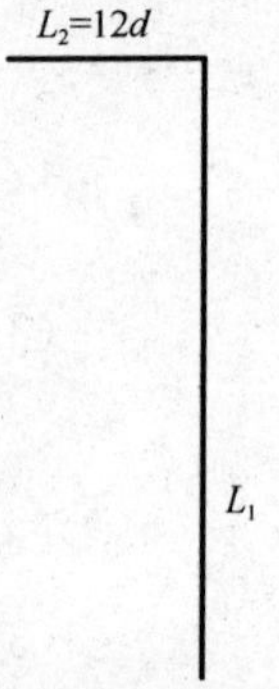

$L_2 = 12d$

1）加工尺寸

① 绑扎搭接

长筋：

$$L_1 = H_n - \max(H_n/6, h_c, 500) + 0.5L_{aE}（且伸至柱顶）\qquad (3\text{-}38)$$

短筋：

$$L_1 = H_n - \max(H_n/6, h_c, 500) - 1.3L_{lE} + 0.5L_{aE}（且伸至柱顶）$$

$$\qquad (3\text{-}39)$$

② 焊接连接（机械连接与其类似）

长筋：

$$L_1 = H_n - \max(H_n/6, h_c, 500) + 0.5L_{aE}（且伸至柱顶）\qquad (3\text{-}40)$$

图 3-15　抗震情况时的加工尺寸

短筋：

$$L_1 = H_n - \max(H_n/6, h_c, 500) - \max(500, 35d) + 0.5L_{aE}（且伸至柱顶） \tag{3-41}$$

2）下料长度

$$L = L_1 + L_2 - 90° 量度差值 \tag{3-42}$$

（2）非抗震情况

1）绑扎搭接加工尺寸

长筋：

$$L_1 = H_n + 0.5L_a（且伸至柱顶） \tag{3-43}$$

短筋：

$$L_1 = H_n - 1.3L_l + 0.5L_a（且伸至柱顶） \tag{3-44}$$

2）焊接连接加工尺寸（机械连接与其类似）

长筋：

$$L_1 = H_n - 500 + 0.5L_a（且伸至柱顶） \tag{3-45}$$

短筋：

$$L_1 = H_n - 500 - \max(500, 35d) + 0.5L_a（且伸至柱顶） \tag{3-46}$$

$$L_2 = 12d \tag{3-47}$$

2. 直锚长度$\geqslant L_{aE}$（L_a）

（1）抗震情况

1）绑扎搭接加工尺寸

长筋：

$$L = H_n - \max(H_n/6, h_c, 500) + L_{aE}（且伸至柱顶） \tag{3-48}$$

短筋：

$$L = H_n - \max(H_n/6, h_c, 500) - 1.3L_{lE} + L_{aE}（且伸至柱顶） \tag{3-49}$$

2）焊接连接加工尺寸（机械连接与其类似）

长筋：

$$L = H_n - \max(H_n/6, h_c, 500) + L_{aE}（且伸至柱顶） \tag{3-50}$$

短筋：

$$L = H_n - \max(H_n/6, h_c, 500) - \max(500, 35d) + L_{aE}（且伸至柱顶） \tag{3-51}$$

（2）非抗震情况

1）加工尺寸

① 绑扎搭接

长筋：

$$L = H_n + L_a（且伸至柱顶） \tag{3-52}$$

短筋：

$$L = H_n - 1.3L_l + L_a（且伸至柱顶） \tag{3-53}$$

② 焊接连接（机械连接与其类似）

长筋：

$$L = H_n - 500 + L_a（且伸至柱顶） \tag{3-54}$$

短筋：

$$L = H_n - 500 - \max(500, 35d) + L_a（且伸至柱顶）\qquad(3\text{-}55)$$

2）下料长度

$$L = L_1 + L_2 - 90° 量度差值 \qquad(3\text{-}56)$$

五、边柱顶筋的加工下料尺寸计算

1. 边柱顶筋加工尺寸

（1）A 节点形式

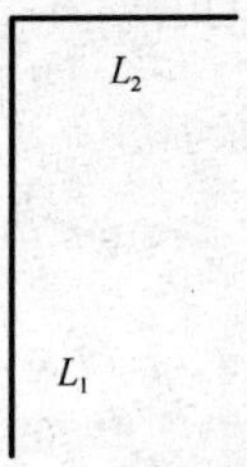

柱外侧筋，如图 3-16 所示。

1）不少于柱外侧筋面积的 65% 伸入梁内

① 抗震情况

a. 绑扎搭接

长筋：

$$L_1 = H_n - \max(H_n/6, h_c, 500) + 梁高 h - 梁筋保护层厚 \qquad(3\text{-}57)$$

图 3-16　柱外侧筋　　短筋：

$$L_1 = H_n - \max(H_n/6, h_c, 500) - 1.3L_{lE} + 梁高 h - 梁筋保护层厚 \qquad(3\text{-}58)$$

b. 焊接连接（机械连接与其类似）

长筋：

$$L_1 = H_n - \max(H_n/6, h_c, 500) + 梁高 h - 梁筋保护层厚 \qquad(3\text{-}59)$$

短筋：

$$L_1 = H_n - \max(H_n/6, h_c, 500) - \max(500, 35d) + 梁高 h - 梁筋保护层厚 \qquad(3\text{-}60)$$

绑扎搭接与焊接连接的 L_2 相同，即

$$L_2 = 1.5L_{aE} - 梁高 h + 梁筋保护层厚 \qquad(3\text{-}61)$$

② 非抗震情况

a. 绑扎搭接

长筋：

$$L_1 = H_n + 梁高 h - 梁筋保护层厚 \qquad(3\text{-}62)$$

短筋：

$$L_1 = H_n - 1.3L_{lE} + 梁高 h - 梁筋保护层厚 \qquad(3\text{-}63)$$

b. 焊接连接（机械连接与其类似）

长筋：

$$L_1 = H_n - 500 + 梁高 h - 梁筋保护层厚 \qquad(3\text{-}64)$$

短筋：

$$L_1 = H_n - 500 - \max(500, 35d) + 梁高 h - 梁筋保护层厚 \qquad(3\text{-}65)$$

绑扎搭接与焊接连接的 L_2 相同，即，

$$L_2 = 1.5L_a - 梁高 h + 梁筋保护层厚 \qquad(3\text{-}66)$$

2）其余（<35%）柱外侧纵筋伸至柱内侧弯下（图 3-17）

① 抗震情况

a. 绑扎搭接

长筋：

$$L_1 = H_n - \max(H_n/6, h_c, 500) + 梁高\, h - 梁筋保护层厚$$

（3-67）

短筋：

$$L_1 = H_n - \max(H_n/6, h_c, 500) - 1.3L_{lE} + 梁高\, h - 梁筋保护层厚$$

（3-68）

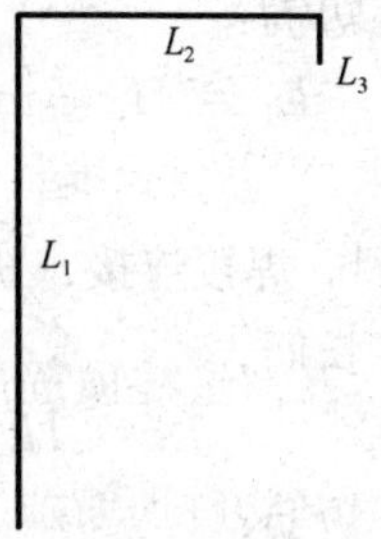

图 3-17　柱外侧纵筋伸
至柱内侧弯下

b. 焊接连接（机械连接与其类似）

长筋：

$$L_1 = H_n - \max(H_n/6, h_c, 500) + 梁高\, h - 梁筋保护层厚 \qquad (3\text{-}69)$$

短筋：

$$L_1 = H_n - \max(H_n/6, h_c, 500) - \max(500, 35d) + 梁高\, h - 梁筋保护层厚 \quad (3\text{-}70)$$

绑扎搭接与焊接连接的 L_2 相同，即

$$L_2 = h_c - 2 \times 柱保护层厚 \qquad (3\text{-}71)$$

$$L_3 = 8d \qquad (3\text{-}72)$$

② 非抗震情况

a. 绑扎搭接

长筋：

$$L_1 = H_n + 梁高\, h - 梁筋保护层厚 \qquad (3\text{-}73)$$

短筋：

$$L_1 = H_n - 1.3L_{lE} + 梁高\, h - 梁筋保护层厚 \qquad (3\text{-}74)$$

b. 焊接连接（机械连接与其类似）

长筋：

$$L_1 = H_n - 500 + 梁高\, h - 梁筋保护层厚 \qquad (3\text{-}75)$$

短筋：

$$L_1 = H_n - 500 - \max(500, 35d) + 梁高\, h - 梁筋保护层厚 \qquad (3\text{-}76)$$

绑扎搭接与焊接连接的 L_2 相同，即

$$L_2 = h_c - 2 \times 柱保护层厚 \qquad (3\text{-}77)$$

$$L_3 = 8d \qquad (3\text{-}78)$$

如果有第二层筋，L_1 取值为上述 "L_1" 减去（30+d）；L_2 不变；无 L_3，即 $L_3 = 0$。

柱内侧筋，如图 3-18 所示。

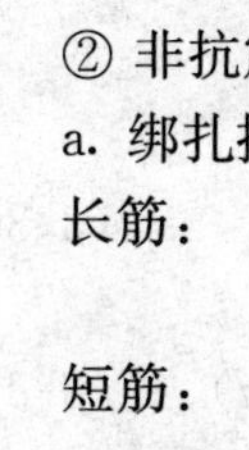

3）直锚长度<L_{aE}（L_a）

① 抗震情况

a. 绑扎搭接

长筋：

$$L_1 = H_n - \max(H_n/6, h_c, 500) + 梁高\, h - 梁筋保护层厚 - (30+d)$$

图 3-18　柱内侧筋

（3-79）

短筋：

$$L_1 = H_n - \max(H_n/6, h_c, 500) - 1.3L_{lE} + 梁高 h - 梁筋保护层厚 - (30+d) \tag{3-80}$$

b. 焊接连接（机械连接与其类似）

长筋：

$$L_1 = H_n - \max(H_n/6, h_c, 500) + 梁高 h - 梁筋保护层厚 - (30+d) \tag{3-81}$$

短筋：

$$L_1 = H_n - \max(H_n/6, h_c, 500) - \max(500, 35d) + 梁高 h - 梁筋保护层厚 - (30+d) \tag{3-82}$$

绑扎搭接与焊接连接的 L_2 相同，即

$$L_2 = 12d \tag{3-83}$$

② 非抗震情况

a. 绑扎搭接

长筋：

$$L_1 = H_n + 梁高 h - 梁筋保护层厚 - (30+d) \tag{3-84}$$

短筋：

$$L_1 = H_n - 1.3L_{lE} + 梁高 h - 梁筋保护层厚 - (30+d) \tag{3-85}$$

b. 焊接连接（机械连接与其类似）

长筋：

$$L_1 = H_n - 500 + 梁高 h - 梁筋保护层厚 - (30+d) \tag{3-86}$$

短筋：

$$L_1 = H_n - 500 - \max(500, 35d) + 梁高 h - 梁筋保护层厚 - (30+d) \tag{3-87}$$

绑扎搭接与焊接连接的 L_2 相同，即

$$L_2 = 12d \tag{3-88}$$

4）直锚长度 $\geqslant L_{aE}$（L_a）（此时的 $L_2 = 0$）

① 抗震情况

a. 绑扎搭接

长筋：

$$L_1 = H_n - \max(H_n/6, h_c, 500) + L_{aE} \tag{3-89}$$

短筋：

$$L_1 = H_n - \max(H_n/6, h_c, 500) - 1.3L_{lE} + L_{aE} \tag{3-90}$$

b. 焊接连接（机械连接与其类似）

长筋：

$$L_1 = H_n - \max(H_n/6, h_c, 500) + L_{aE} \tag{3-91}$$

短筋：

$$L_1 = H_n - \max(H_n/6, h_c, 500) - \max(500, 35d) + L_{aE} \tag{3-92}$$

② 非抗震情况

a. 绑扎搭接

长筋：

$$L_1 = H_n + L_a \tag{3-93}$$

短筋：

$$L_1 = H_n - 1.3L_l + L_a \tag{3-94}$$

b. 焊接连接（机械连接与其类似）

长筋：

$$L_1 = H_n - 500 + L_a \tag{3-95}$$

短筋：

$$L_1 = H_n - 500 - \max(500, 35d) + L_a \tag{3-96}$$

柱另外两边中部筋的计算方法同柱内侧筋计算。

（2）B 节点形式

当顶层为现浇板，其混凝土强度等级≥C20，板厚≥8mm 时采用该节点形式，其顶筋的加工尺寸计算公式与 A 节点形式对应钢筋的计算公式相同。

（3）C 节点形式

当柱外侧纵向钢筋配料率大于 1.2％时，柱外侧纵筋分两次截断，那么柱外侧纵向钢筋长、短筋的 L_1 同 A 节点形式的柱外侧纵向钢筋长、短筋 L_1 计算。L_2 的计算方法为：

第一次截断：

$$L_2 = 1.5L_{aE}(L_a) - 梁高 h + 梁筋保护层厚 \tag{3-97}$$

第二次截断：

$$L_2 = 1.5L_{aE}(L_a) - 梁高 h + 梁筋保护层厚 + 20d \tag{3-98}$$

B、C 节点形式其他柱内纵筋加工长度计算同 A 节点形式的对应筋。

（4）D、E 节点形式

柱外侧纵筋加工尺寸计算（图 3-19）如下：

1）抗震情况

① 绑扎搭接

长筋：

$$L_1 = H_n - \max(H_n/6, h_c, 500) + 梁高 h - 梁筋保护层厚 \tag{3-99}$$

短筋：

$$L_1 = H_n - \max(H_n/6, h_c, 500) - 1.3L_{lE} + 梁高 h - 梁筋保护层厚 \tag{3-100}$$

② 焊接连接（机械连接与其类似）

长筋：

$$L_1 = H_n - \max(H_n/6, h_c, 500) + 梁高 h - 梁筋保护层厚 \tag{3-101}$$

短筋：

$$L_1 = H_n - \max(H_n/6, h_c, 500) - \max(500, 35d) + 梁高 h - 梁筋保护层厚 \tag{3-102}$$

绑扎搭接与焊接连接的 L_2 相同，即

$$L_2 = 12d \tag{3-103}$$

2）非抗震情况

① 绑扎搭接

长筋：

图 3-19 柱外侧纵筋加工长度

$$L_1 = H_n + 梁高\ h - 梁筋保护层厚 \qquad (3\text{-}104)$$

短筋：

$$L_1 = H_n - 1.3L_{lE} + 梁高\ h - 梁筋保护层厚 \qquad (3\text{-}105)$$

② 焊接连接（机械连接与其类似）

长筋：

$$L_1 = H_n - 500 + 梁高\ h - 梁筋保护层厚 \qquad (3\text{-}106)$$

短筋：

$$L_1 = H_n - 500 - \max(500, 35d) + 梁高\ h - 梁筋保护层厚 \qquad (3\text{-}107)$$

绑扎搭接与焊接连接的 L_2 相同，即

$$L_2 = 12d \qquad (3\text{-}108)$$

D、E 节点形式其他柱内侧纵筋加工尺寸计算同 A 节点形式柱内侧对应筋计算。

2. 边柱顶筋下料长度

A 节点形式中，小于 35% 柱外侧纵筋伸至柱内弯下的纵筋下料长度公式为：

$$L = L_1 + L_2 + L_3 - 2 \times 90°量度差值 \qquad (3\text{-}109)$$

其他纵筋均为：

$$L = L_1 + L_2 - 90°量度差值 \qquad (3\text{-}110)$$

六、角柱顶筋的加工下料尺寸计算

（1）角柱顶筋中的第一排筋

角柱顶筋中的第一排筋可以利用边柱柱外侧筋的公式来计算。

（2）角柱顶筋中的第二排筋

1）抗震情况

① 绑扎搭接

长筋：

$$L_1 = H_n - \max(H_n/6, h_c, 500) + 梁高\ h - 梁筋保护层厚 - (30 + d) \qquad (3\text{-}111)$$

短筋：

$$L_1 = H_n - \max(H_n/6, h_c, 500) - 1.3L_{lE} + 梁高\ h - 梁筋保护层厚 - (30 + d)$$
$$(3\text{-}112)$$

② 焊接连接（机械连接与其类似）

长筋：

$$L_1 = H_n - \max(H_n/6, h_c, 500) + 梁高\ h - 梁筋保护层厚 - (30 + d) \qquad (3\text{-}113)$$

短筋：

$$L_1 = H_n - \max(H_n/6, h_c, 500) - \max(500, 35d) + 梁高\ h - 梁筋保护层厚 - (30 + d)$$
$$(3\text{-}114)$$

绑扎搭接与焊接连接的 L_2 相同，即

$$L_2 = 1.5L_{aE} - 梁高\ h + 梁筋保护层厚 + (30 + d) \qquad (3\text{-}115)$$

2）非抗震情况

① 绑扎搭接

长筋：

$$L_1 = H_n + 梁高 h - 梁筋保护层厚 - (30 + d) \tag{3-116}$$

短筋：

$$L_1 = H_n - 1.3L_l + 梁高 h - 梁筋保护层厚 - (30 + d) \tag{3-117}$$

② 焊接连接（机械连接与其类似）

长筋：

$$L_1 = H_n - 500 + 梁高 h - 梁筋保护层厚 - (30 + d) \tag{3-118}$$

短筋：

$$L_1 = H_n - 500 - \max(500, 35d) + 梁高 h - 梁筋保护层厚 - (30 + d) \tag{3-119}$$

绑扎搭接与焊接连接的 L_2 相同，即

$$L_2 = 1.5L_{aE} - 梁高 h + 梁筋保护层厚 + (30 + d) \tag{3-120}$$

（3）角柱顶筋中的第三排筋 [直锚长度 $<L_{aE}$（L_a），即有水平筋]

1）抗震情况

① 绑扎搭接

长筋：

$$L_1 = H_n - \max(H_n/6, h_c, 500) + 梁高 h - 梁筋保护层厚 - 2 \times (30 + d) \tag{3-121}$$

短筋：

$$L_1 = H_n - \max(H_n/6, h_c, 500) - 1.3L_{lE} + 梁高 h - 梁筋保护层厚 - 2 \times (30 + d) \tag{3-122}$$

② 焊接连接（机械连接与其类似）

长筋：

$$L_1 = H_n - \max(H_n/6, h_c, 500) + 梁高 h - 梁筋保护层厚 - 2 \times (30 + d) \tag{3-123}$$

短筋：

$$L_1 = H_n - \max(H_n/6, h_c, 500) - \max(500, 35d) + 梁高 h - 梁筋保护层厚 - 2 \times (30 + d) \tag{3-124}$$

绑扎搭接与焊接连接的 L_2 相同，即

$$L_2 = 12d \tag{3-125}$$

若此时直锚长度 $\geqslant L_{aE}$，即无水平筋，那么其筋计算与边柱柱内侧筋在直锚长度 $\geqslant L_{aE}$ 时的情况一样。

2）非抗震情况

① 绑扎搭接

长筋：

$$L_1 = H_n + 梁高 h - 梁筋保护层厚 - 2 \times (30 + d) \tag{3-126}$$

短筋：

$$L_1 = H_n - 1.3L_l + 梁高 h - 梁筋保护层厚 - 2 \times (30 + d) \tag{3-127}$$

② 焊接连接（机械连接与其类似）

长筋：

$$L_1 = H_n - 500 + 梁高 h - 梁筋保护层厚 - 2 \times (30 + d) \tag{3-128}$$

短筋：

$$L_1 = H_n - 500 - \max(500, 35d) + 梁高 h - 梁筋保护层厚 - 2 \times (30 + d) \tag{3-129}$$

绑扎搭接与焊接连接的 L_2 相同，即

$$L_2 = 12d \tag{3-130}$$

若此时直锚长度 $\geqslant L_a$，即无水平筋，那么其筋计算与边柱柱内侧筋在直锚长度 $\geqslant L_a$ 时的情况一样。

(4) 角柱顶筋中的第四排筋 [直锚长度 $< L_{aE}$（L_a），即有水平筋]

1) 抗震情况

①绑扎搭接

长筋：

$$L_1 = H_n - \max(H_n/6, h_c, 500) + 梁高 h - 梁筋保护层厚 - 3 \times (30 + d) \tag{3-131}$$

短筋：

$$L_1 = H_n - \max(H_n/6, h_c, 500) - 1.3L_{lE} + 梁高 h - 梁筋保护层厚 - 3 \times (30 + d) \tag{3-132}$$

②焊接连接（机械连接与其类似）

长筋：

$$L_1 = H_n - \max(H_n/6, h_c, 500) + 梁高 h - 梁筋保护层厚 - 3 \times (30 + d) \tag{3-133}$$

短筋：

$$L_1 = H_n - \max(H_n/6, h_c, 500) - \max(500, 35d) +$$
$$梁高 h - 梁筋保护层厚 - 3 \times (30 + d) \tag{3-134}$$

绑扎搭接与焊接连接的 L_2 相同，即

$$L_2 = 12d \tag{3-135}$$

若此时直锚长度 $\geqslant L_{aE}$，即无水平筋，那么其筋计算与边柱柱内侧筋在直锚长度 $\geqslant L_{aE}$ 时的情况一样。

2) 非抗震情况

① 绑扎搭接

长筋：

$$L_1 = H_n + 梁高 h - 梁筋保护层厚 - 3 \times (30 + d) \tag{3-136}$$

短筋：

$$L_1 = H_n - 1.3L_l + 梁高 h - 梁筋保护层厚 - 3 \times (30 + d) \tag{3-137}$$

② 焊接连接（机械连接与其类似）

长筋：

$$L_1 = H_n - 500 + 梁高 h - 梁筋保护层厚 - 3 \times (30 + d) \tag{3-138}$$

短筋：

$$L_1 = H_n - 500 - \max(500, 35d) + 梁高 h - 梁筋保护层厚 - 3 \times (30 + d) \tag{3-139}$$

绑扎搭接与焊接连接的 L_2 相同，即

$$L_2 = 12d \tag{3-140}$$

若此时直锚长度≥L_a，即无水平筋，那么其筋计算与边柱柱内侧筋在直锚长度≥L_a时的情况一样。

第四节 框架柱钢筋翻样和下料计算实例

【实例一】框架柱基础插筋翻样长度的计算

KZ1 的截面尺寸为 750mm×700mm，柱纵筋为 22 Φ 22，混凝土强度等级为 C30，二级抗震等级。假设该建筑物具有层高为 4.10m 的地下室。地下室下面是"正筏板"基础（即"低板位"的有梁式筏形基础，基础梁底和基础板底一平）。地下室顶板的框架梁仍然采用 KL1（300mm ×700mm）。基础主梁的截面尺寸为 700mm × 800mm，下部纵筋为 8 Φ 22。筏板的厚度为 500mm，筏板的纵向钢筋都是 Φ 18@200，如图 3-20 所示。请计算框架柱基础插筋伸出基础梁顶面以上的长度、框架柱基础插筋的直锚长度及框架柱基础插筋的总长度。

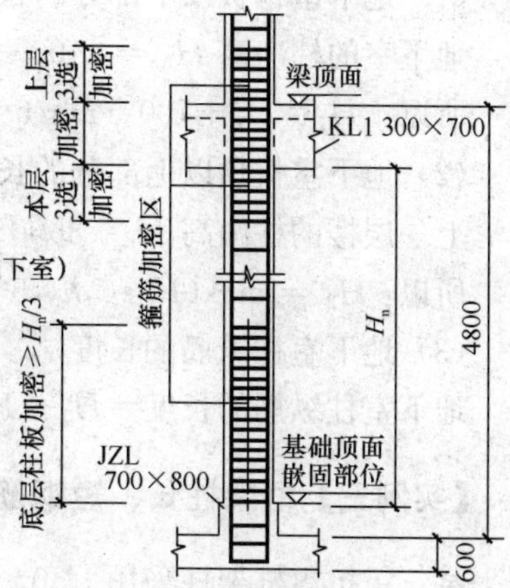

【解】

（1）计算框架柱基础插筋伸出基础梁顶面以上的长度

已知：地下室层高＝4100mm，地下室顶框架梁高＝700mm，基础主梁高＝800mm，筏板厚度＝500mm，所以：

地下室框架柱净高 H_n = 4100－700－（800－500）＝3100mm

框架柱基础插筋（短筋）伸出长度 $H_n/3$＝3100/3＝1033mm，则：

框架柱基础插筋（长筋）伸出长度＝1033＋35×22＝1803mm

（2）计算框架柱基础插筋的直锚长度

已知：基础主梁高度＝800mm，基础主梁下部纵筋直径＝22mm，筏板下层纵筋直径＝16mm，基础保护层＝40mm，所以：

框架柱基础插筋直锚长度＝800－22－16－40＝722mm

（3）框架柱基础插筋的总长度

框架柱基础插筋的垂直段长度（短筋）＝1033＋722＝1755mm

框架柱基础插筋的垂直段长度（长筋）＝1803＋722＝2525mm

因为 l_{aE}＝34d＝34×22＝748mm

而现在的直锚长度＝722＜l_{aE}，所以：

框架柱基础插筋的弯钩长度＝15d＝15×22＝330mm

框架柱基础插筋（短筋）的总长度＝1755＋330＝2085mm

框架柱基础插筋（长筋）的总长度＝2525＋330＝2855mm

图 3-20 框架柱示意

【实例二】地下室框架柱纵筋翻样长度的计算

地下室层高为 4.10m，地下室下面是"正筏板"基础，基础主梁的截面尺寸为 700mm×900mm，下部纵筋为 8 Φ 22。筏板的厚度为 500mm，筏板的纵向钢筋都是Φ 18@200。地下室的抗震框架柱 KZ1 的截面尺寸为 750mm×700mm，柱纵筋为 22 Φ 22，混凝土强度等级为 C30，二级抗震等级。地下室顶板的框架梁截面尺寸为 300mm×700mm。地下室上一层的层高为 4.10m，地下室上一层的框架梁截面尺寸为 300mm×700mm。请计算该地下室的框架柱纵筋尺寸。

【解】

分别计算地下室柱纵筋的两部分长度。

(1) 地下室顶板以下部分的长度 H_1

地下室的柱净高 $H_n = 4100 - 700 - (900 - 500) = 3000$mm

所以：$H_1 = H_n + 700 - H_n/3 = 3000 + 700 - 1000 = 2700$mm

(2) 地下室板顶以上部分的长度 H_2

上一层楼的柱净高 $H_n = 3600 - 700 = 2900$mm

所以：$H_2 = \max(H_n/6, h_c, 500) = \max(2900/6, 750, 500) = 750$mm

(3) 地下室柱纵筋的长度

地下室柱纵筋的长度 $= H_1 + H_2 = 2700 + 750 = 3450$mm

【实例三】框架柱长、短钢筋下料长度的计算

某三级抗震框架柱采用 C30、HRB335 级钢筋制作，钢筋直径 $d = 25$mm，底梁高度为 450mm，柱净高 5000mm，保护层为 25mm。计算长、短钢筋的下料长度。

【解】

先要知道直锚长度是否满足 l_{aE} 的要求。

$$l_{aE} = 34d = 34 \times 0.025 = 0.85\text{m}$$

梁高－保护层 $= 0.45 - 0.025 = 0.425$m

$$l_{aE} > \text{梁高－保护层}$$

说明直锚长度不能满足 l_{aE} 的要求，应弯锚，还需计算出 $35d$ 与 500mm 二者哪个值最大。

$$35d = 35 \times 0.025 = 0.875\text{m}$$
$$500\text{mm} = 0.5\text{m}$$

因为 $35d > 500$mm，应采用 $35d$。

1 个 90°外皮差值 $= 3.79d = 3.79 \times 0.025 = 0.095$m

根据计算公式：

$L_长 = 0.5l_{aE} + 15d + $ 柱净高 $/3 + \max(35d, 500\text{mm}) - 1$ 个 90°外皮差值
$\quad = 0.5 \times 0.85 + 15 \times 0.025 + 5/3 + 0.875 - 0.106 = 3.25$m

$L_短 = 0.5l_{aE} + 15d + $ 柱净高 $/3 - 1$ 个 90°外皮差值 $= 0.5 \times 0.85 + 15 \times 0.025 + 5/3 - 0.095$
$\quad = 2.37$m

【实例四】某框架角柱 **KZ1** 钢筋下料的计算

框架角柱，有地下室，一层至四层，共5层，C30 混凝土，框架结构抗震等级二级，环境类别为：地下部分为二 b 类，其余为一类。钢筋采用电渣压力焊接连接形式，基础高度 820mm，柱截面尺寸为 600mm×600mm，基础梁顶标高为 −3.200，基础底板板顶标高为 −3.800，框架梁截面尺寸为 250mm×600mm。角柱的截面注写内容如图 3-21 所示，结构层楼面标高和结构层高见表 3-3。计算 KZ1 的钢筋下料量。

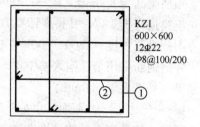

KZ1
600×600
12Φ22
Φ8@100/200

图 3-21 框架角柱截面注写方式

表 3-3 框架角柱结构层楼面标高和结构层高

层号	标高/m	层高/m
顶层	14.050	—
4 层	10.750	3.30
3 层	7.450	3.30
2 层	4.150	3.30
1 层	−0.050	4.20
−1 层	−3.800	3.750

【解】

（1）纵筋长度和根数的计算

1）基础层插筋计算

二级抗震等级：$l_{aE}=34d=34×22=748mm$

竖直段长度：$h=820−40=780mm>l_{aE}=748mm$

因此，基础层插筋在基础梁内采用直锚形式，角柱的角筋伸至基础底部弯折 $\max(6d,150)$，而其他钢筋锚入基础梁内满足最小锚固长度 l_{aE} 要求即可。

地下室柱净高 $H_n=−0.050−(−3.200)=3.150m$

$$\max(6d,150)=150mm;$$

地下室非连接区长度 $H_n/3=\frac{(3150−600)}{3}=850mm$

基础插筋长度：角筋=820−40+150+850=1780mm（8 Φ22）

中部插筋=748+850=1598mm（8 Φ22）

2）地下室纵筋长度计算

首层非连接区 $H_n/3=\frac{(4200−600)}{3}=1200mm$

地下室纵筋长度=3150−850+1200=3500mm（12 Φ22）

3）首层纵筋长度计算

中间层非连接区 $\max(H_n/6,500,h_c)=\max(\frac{3300−600}{6},500,600)=600mm$

首层纵筋长度=4200−1200+600=3600mm（12 Φ22）

4）标准层纵筋长度计算

标准层纵筋长度＝3300－600＋600＝3300mm（每层 12 Φ 22，两层共 24 Φ 22）

5）顶层纵筋长度计算

顶层梁高为 600mm，$h_b-c=600-30=570$mm$<l_{aE}$

至梁顶弯折 12d，其长度计算方法为：

内侧纵筋长度＝3300－600－600＋570＋12×22＝4134mm（5 Φ 22）

外侧钢筋采用全部锚入梁中 1.5l_{aE}的构造要求，注意，此时还应验算外侧钢筋自柱内侧边缘算起是否大于 500mm：

梁高－保护层＋柱截面尺寸 h_c＋500＝600－30＋600＋500＝1670mm＞1.5×748＝1122mm

所以，柱外侧纵筋的计算方法为：

外侧纵筋长度＝3300－600－600＋1670＝3770mm（7 Φ 22）

（2）箍筋长度和根数计算

1）箍筋长度计算

框架角柱中，箍筋 Φ 8@100/200：

箍筋弯钩长度＝max(11.9×8, 75＋1.9×8)＝95.2mm

① 号箍筋长度＝(600－2×30＋2×8)×2＋(600－2×30＋2×8)×2＋2×95.2＝2414.4mm

② 号箍筋长度＝$\left(\dfrac{600-2\times30-22}{3}+22+2\times8\right)\times2+(600-2\times30+2\times8)\times2+2\times95.2=1723.7$mm

箍筋总长度＝1723.7×2＋2414.4＝5861.8mm

2）箍筋根数计算

基础插筋在基础中的箍筋根数：$\dfrac{(820-40)}{500}+1\approx3$，此时箍筋为非复合箍筋形式。

地下室箍筋根数计算：

地下室柱上部非连接区的长度计算为：

$$\max(H_n/6,\ 500,\ h_c)=600\text{mm}$$

非加密区长度＝3150－600－850－600＝1100mm

地下室柱箍筋根数＝$\dfrac{850-50}{100}+\dfrac{600-25}{100}+\dfrac{600}{100}+\dfrac{1100}{200}+1\approx26$ 根

一层箍筋根数计算：非加密区长度＝4200－1200－600－600＝1800mm

一层箍筋根数＝$\dfrac{1200-50}{100}+\dfrac{600-25}{100}+\dfrac{600}{100}+\dfrac{1800}{200}+1\approx34$ 根

标准层及顶层箍筋根数计算：非加密区长度＝3300－600－600－600＝1500mm

标准层箍筋根数＝$\dfrac{600-50}{100}+\dfrac{600-25}{100}+\dfrac{600}{100}+\dfrac{1500}{200}+1\approx25$ 根

箍筋总根数＝26＋34＋25×3＝135 根（4×4 复合箍筋）

（3）纵筋接头个数

该框架角柱，有地下室，一层至四层，共 5 层。楼层每层层高范围内设置电渣压力焊接接头，单根框架柱钢筋的接头共有 5 个。柱截面钢筋根数为 12 根，沿全截面不变，因此，接头个数共有 5×12＝60 个。

（4）钢筋列表计算

钢筋列表如表 3-4 所示。

表 3-4　钢筋列表

序号	钢筋位置	钢筋级别	钢筋直径	单根长度/mm	钢筋根数	总长度/m	总质量/kg
1	插筋（角部插筋）	HRB335	Φ22	1780	4	7.12	21.05
2	插筋（中部插筋）	HRB335	Φ22	1598	8	12.78	38.22
3	地下室纵筋	HRB335	Φ22	3500	12	42.0	125.59
4	一层纵筋	HRB335	Φ22	3600	12	43.2	129.168
5	标准层纵筋（含二、三层）	HRB335	Φ22	3300	12×2＝24	79.2	236.81
6	四层外侧纵筋	HRB335	Φ22	4970	7	34.79	104.002
	四层内侧纵筋	HRB335	Φ22	4134	5	20.69	61.848
7	①号箍筋	HPB300	Φ8	2414	3＋135＝138	333.13	135.4
8	②号箍筋	HPB300	Φ8	1723.7	135×2＝270	465.4	189.28
9	接头个数	电渣压力焊接接头，5×12＝60 个					

（5）钢筋材料及接头汇总表

钢筋材料及接头汇总表如表 3-5 所示。

表 3-5　钢筋材料及接头汇总

钢筋类型	钢筋直径	总长度/m	总质量/kg
纵筋	Φ22	239.78	719.704
箍筋	Φ8	798.53	315.42
接头	Φ22 电渣压力焊接接头 60 个		

【实例五】某框架边柱 KZ1 钢筋下料的计算

边柱绑扎连接，框架结构抗震等级一级，首层层高 4.6m。二层、三层层高为 3.5m。C30 混凝土，环境类别一类，基础高度 $h＝1200mm$，基础顶面标高为－0.030，框架梁高 650mm。如图 3-22、表 3-6 所示。计算边柱的钢筋下料量。

表 3-6　框架边柱楼面标高和结构层高

层号	标高/m	层高/m
顶层	11.57	—
3 层	8.07	3.5
2 层	4.57	3.5
1 层	－0.030	4.6

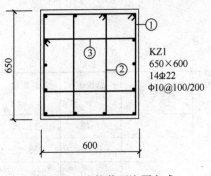

图 3-22　边柱截面注写方式

【解】

（1）纵筋长度和根数的计算

1）基础层插筋计算

一级抗震等级：$l_{aE}=34d=34\times22=748$mm

竖直段长度：$h=1200-40=1160$mm$>l_{aE}$

$$l_{aE}=1.4l_{aE}=1.4\times748=1047.2\text{mm}$$

因此，基础层插筋在基础梁内采用直锚形式，基础插筋的角筋为满足施工要求，应伸至基础底部弯折 $\max(6d，150)$，而其他钢筋锚入基础梁内满足最小锚固长度 l_{aE} 要求即可。

$$\max(6d，150)=150\text{mm}；$$

首层非连接区长度 $=H_n/3=\dfrac{(4600-650)}{3}=1316.7$mm

基础插筋长度：

角筋 $=h+\max(6d，150)+l_{lE}+\dfrac{H_n}{3}=1160+150+1047.2+\dfrac{(4600-650)}{3}=3673.9$mm（4$\Phi$22）

中部插筋 $=l_{aE}+l_{lE}+\dfrac{H_n}{3}=748+1047.2+\dfrac{(4600-650)}{3}=3111.9$mm（10$\Phi$22）

2）首层纵筋计算

首层非连接区长度为1316.7mm，二层非连接区长度为 $\max(h_c，500，H_n/6)=650$mm

首层纵筋长度 $=6500-1316.7+650+1047.2=6880.5$mm（14$\Phi$22）

3）二层纵筋长度

中间层非连接区长度均为：$\max(h_c，500，H_n/6)=650$mm

二层纵筋长度 $=3500-650+650+1047.2=4547.2$mm（14$\Phi$22）

4）顶层纵筋长度

顶层梁高为650mm，$h_b-c=650-25=625<l_{aE}$，框架柱内侧钢筋采用弯锚形式，即内侧钢筋伸至梁顶弯折 $12d$，其长度计算方法为：

内侧纵筋长度 $=3500-650-650+620+12\times22=3084$mm（9$\Phi$22）

外侧钢筋采用全部锚入梁中 $1.5l_{aE}$ 的构造要求，注意，此时还应验算外侧钢筋自柱内侧边缘算起是否大于500mm：

梁高 $-$ 保护层厚 $+$ 柱截面尺寸 $h_c+500=650-30+600+500=1720mm>1.5\times748=1122$mm

故，柱外侧纵筋的计算方法为：

外侧纵筋长度 $=3500-650-650+1720=3920$mm（5Φ22）

（2）箍筋长度和根数计算

1）箍筋长度计算

框架边柱中，箍筋Φ10@100/200，箍筋水平段长度计算为：

$$l_w=\max(75+1.9d，11.9d)=11.9\times10=119\text{mm}$$

箍筋长度计算：

① 号箍筋长度＝（600－2×30＋2×10）×2＋（650－2×30＋2×10）×2＋2×119＝2578mm

② 号箍筋长度＝$\left(\dfrac{600-2\times30-22}{3}+22+2\times10\right)\times2＋（650－2\times30＋2\times10）\times2＋2\times119＝1187.3mm$

③ 号箍筋长度＝（600－2×30＋2×10）×2＋$\left(\dfrac{650-2\times30-22}{3}\times2＋22＋2\times10\right)\times2＋2\times119＝2010mm$

箍筋总长度＝2578＋1187.3＋2010＝5775.3mm

2）箍筋根数计算

基础插筋中箍筋根数＝$\dfrac{1160}{500}＋1＝4$ 根（①号外封闭箍筋长度为2578mm）

首层中箍筋根数：非加密区长度＝4600－1316.7－650－23×1047.2－650＜0，因此，首层柱无非加密区，应全高加密。

根数＝$\dfrac{(1316.7-50)}{100}＋\dfrac{650}{100}＋\dfrac{1047.2}{100}＋\dfrac{(650-250)}{100}＋1≈38$ 根（4×4复合箍筋长度5775.3mm）

二、三层中箍筋根数：非加密区长度＝3500－65－650－2.3×1047.2－650＜0，因此，二层和三层柱箍筋全高加密。

二层箍筋根数＝$\dfrac{650-50}{100}＋\dfrac{650}{100}＋\dfrac{650}{100}＋\dfrac{1047.2}{100}＋1≈31$ 根

（二、三层箍筋共62根，4×4复合箍筋长度为5775.3mm）

（3）钢筋列表计算

钢筋列表如表3-7所示。

表3-7 钢筋列表

序号	钢筋位置	钢筋级别	钢筋直径	单根长度 /mm	钢筋根数	总长度 /m	总质量 /kg
1	插筋（角部插筋）	HRB335	Φ 22	3673.9	4	14.7	43.534
2	插筋（中部插筋）	HRB335	Φ 22	3111.9	10	31.12	91.97
3	一层纵筋	HRB335	Φ 22	4980.5	14	69.73	205.712
4	二层纵筋	HRB335	Φ 22	4547.2	14	63.66	194.53
5	三层外侧纵筋	HRB335	Φ 22	3920	5	19.6	60.1
6	三层内侧纵筋	HRB335	Φ 22	3084	9	27.76	85.813
7	①号箍筋	HPB300	Φ 10	2578	4＋38＋62＝104	268.11	165.425
8	②号箍筋	HPB300	Φ 10	1187.3	38＋62＝100	118.73	73.256
9	③号箍筋	HPB300	Φ 10	2010	38＋62＝100	201	124.02

（4）钢筋材料汇总表

钢筋材料汇总表如表 3-8 所示。

表 3-8　钢筋材料汇总

钢筋类型	钢筋直径/mm	总长度/m	总质量/kg
纵筋	Φ 22	227.57	681.66
箍筋	Φ 10	587.84	362.7

第四章 剪力墙钢筋翻样与下料

重点提示:

1. 了解剪力墙平法施工图识读的基本知识,如剪力墙平法施工图表示方法、剪力墙列表注写方式、剪力墙截面注写方式等

2. 了解剪力墙的钢筋构造,包括剪力墙插筋构造、剪力墙身水平钢筋构造、剪力墙身竖向钢筋构造、约束边缘构件 YBZ 构造等

3. 掌握剪力墙钢筋翻样与下料方法,包括剪力墙柱钢筋计算、剪力墙身钢筋计算、剪力墙梁钢筋计算及剪力墙水平分布筋计算

4. 通过不同剪力墙钢筋翻样与下料计算实例的讲解,把握不同情况下的具体计算方法

第一节 剪力墙平法施工图识读

一、剪力墙平法施工图表示方法

剪力墙平法施工图有两种表达方式:列表注写方式和截面注写方式。

(1)列表注写方式,是指分别在剪力墙柱表、剪力墙身表和剪力墙梁表中,对应于剪力墙平面布置图上的编号,用绘制截面配筋图并注写几何尺寸及配筋具体数值的方式,来表达剪力墙平法施工图。

(2)截面注写方式,是指在分标准层绘制的剪力墙平面布置图上,以直接在墙柱、墙梁、墙身上注写截面尺寸和配筋具体数值的方式来表达剪力墙平法施工图。

二、剪力墙列表注写方式

1. 编号

将剪力墙按墙柱、墙身、墙梁三类构件分别编号。

(1)墙柱编号

墙柱编号,由墙柱类型代号和序号组成,表达形式如表 4-1 所示。

表 4-1 墙柱编号

墙柱类型	编 号	序 号
约束边缘构件	YBZ	××
构造边缘构件	GBZ	××
非边缘暗柱	AZ	××
扶壁柱	FBZ	××

注:约束边缘构件包括约束边缘暗柱、约束边缘端柱、约束边缘翼墙、约束边缘转角墙四种(图 4-1)。

构造边缘构件包括构造边缘暗柱、构造边缘端柱、构造边缘翼墙、构造边缘转角墙四种(图 4-2)。

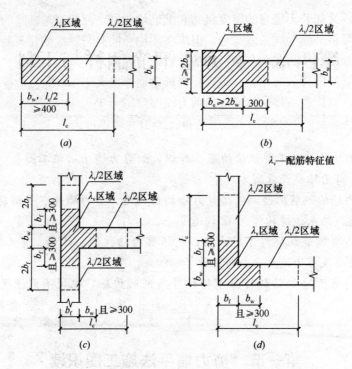

λ_v——配筋特征值

图 4-1　约束边缘构件

（a）约束边缘暗柱；（b）约束边缘端柱；（c）约束边缘翼墙；（d）约束边缘转角墙

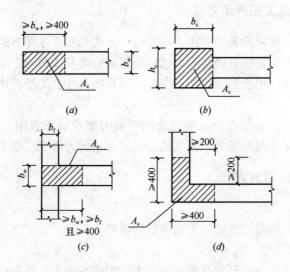

图 4-2　构造边缘构件

（a）构造边缘暗柱；（b）构造边缘端柱；（c）构造边缘翼墙；（d）构造边缘转角墙

（2）墙身编号

墙身编号，由墙身代号、序号以及墙身所配置的水平与竖向分布钢筋的排数组成，其中，排数注写在括号内。表达形式为：

$$Q\times\times（\times排）$$

在编号中：如若干墙柱的截面尺寸与配筋均相同，仅截面与轴线的关系不同时，可将其编为同一墙柱号；又如若干墙身的厚度尺寸和配筋均相同，仅墙厚与轴线的关系不同或墙身长度不同时，也可将其编为同一墙身号，但应在图中注明其与轴线的几何关系。

当墙身所设置的水平与竖向分布钢筋的排数为 2 时可不注。

对于分布钢筋网的排数规定，非抗震：当剪力墙厚度大于 160 时，应配置双排；当其厚度不大于 160 时，宜配置双排。抗震：当剪力墙厚度不大于 400 时，应配置双排；当剪力墙厚度大于 400，但不大于 700 时，宜配置三排；当剪力墙厚度大于 700 时，宜配置四排，如图 4-3 所示。

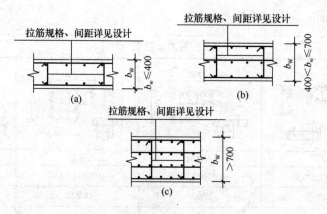

图 4-3　剪力墙身水平钢筋网排数
（a）剪力墙双排配筋；（b）剪力墙三排配筋；（c）剪力墙四排配筋

各排水平分布钢筋和竖向分布钢筋的直径与间距宜保持一致。

当剪力墙配置的分布钢筋多于两排时，剪力墙拉筋两端应同时勾住外排水平纵筋和竖向纵筋，还应与剪力墙内排水平纵筋和竖向纵筋绑扎在一起。

（3）墙梁编号

墙梁编号，由墙梁类型代号和序号组成，表达形式如表 4-2 所示。

表 4-2　墙梁编号

墙梁类型	代　号	序　号
连梁	LL	××
连梁（对角暗撑配筋）	LL（JC）	××
连梁（交叉斜筋配筋）	LL（JX）	××
连梁（集中对角斜筋配筋）	LL（DX）	××
暗梁	AL	××
边框梁	BKL	××

2. 墙柱表的内容

墙柱表中表达的内容包括：

（1）墙柱编号（表 4-1），绘制该墙柱的截面配筋图，标注墙柱几何尺寸。

1）约束边缘构件（图 4-1），需注明阴影部分尺寸。

2）构造边缘构件（图 4-2），需注明阴影部分尺寸。

3）扶壁柱及非边缘暗柱需标注几何尺寸。

（2）各段墙柱的起止标高。注写各段墙柱的起止标高，自墙柱根部往上以变截面位置或截面未变但配筋改变处为界分段注写。墙柱根部标高系指基础顶面标高（部分框支剪力墙结构则为框支梁顶面标高）。

（3）各段墙柱的纵向钢筋和箍筋。注写各段墙柱的纵向钢筋和箍筋，注写值应与在表中绘制的截面配筋图对应一致。纵向钢筋注写总配筋值；墙柱箍筋的注写方式与柱箍筋相同。

约束边缘构件除注写阴影部位的箍筋外，尚需在剪力墙平面布置图中注写非阴影区内布置的拉筋（或箍筋）。

剪力墙柱表识图，如图4-4所示。

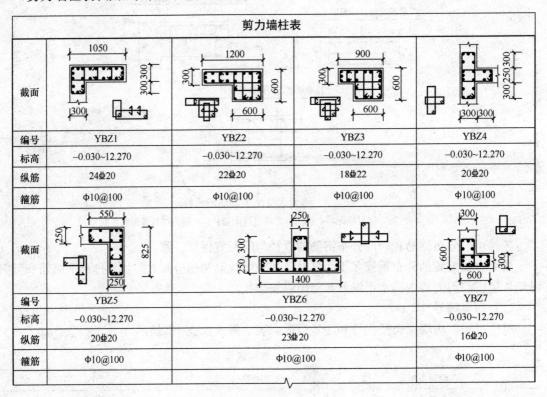

剪力墙柱表

截面			
编号	YBZ1	YBZ2	YBZ3	YBZ4
标高	−0.030~12.270	−0.030~12.270	−0.030~12.270	−0.030~12.270
纵筋	24Φ20	22Φ20	18Φ22	20Φ20
箍筋	Φ10@100	Φ10@100	Φ10@100	Φ10@100
截面			
编号	YBZ5	YBZ6		YBZ7
标高	−0.030~12.270	−0.030~12.270		−0.030~12.270
纵筋	20Φ20	23Φ20		16Φ20
箍筋	Φ10@100	Φ10@100		Φ10@100

图4-4　剪力墙柱表识图（部分）

3. 墙身表的内容

剪力墙身表包括以下内容：

（1）墙身编号。

（2）各段墙身起止标高。注写各段墙身起止标高，自墙身根部往上以变截面位置或截面未变但配筋改变处为界分段注写。墙身根部标高系指基础顶面标高（部分框支剪力墙结构则为框支梁顶面标高）。

（3）配筋。注写水平分布钢筋、竖向分布钢筋和拉筋的具体数值。注写数值为一排水平分布钢筋和竖向分布钢筋的规格与间距，具体设置几排已经在墙身编号后面表达。

拉筋应注明布置方式"双向"或"梅花双向"，如图4-5所示（图中 *a* 为竖向分布钢筋间距，*b* 为水平分布钢筋间距）。

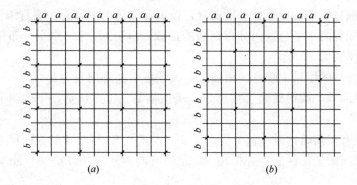

图 4-5　双向拉筋与梅花双向拉筋示意

(a) 拉筋@$3a3b$ 双向（$a\leqslant200$、$b\leqslant200$）；(b) 拉筋@$4a4b$ 梅花双向（$a\leqslant150$、$b\leqslant150$）

4. 墙身梁的内容

(1) 墙梁编号。墙梁编号如表 4-2 所示。

(2) 墙梁所在楼层号。

(3) 墙梁顶面标高高差。墙梁顶面标高高差，系指相对于墙梁所在结构层楼面标高的高差值，高于者为正值，低于者为负值，当无高差时不注。

(4) 截面尺寸。墙梁截面尺寸 $b\times h$，上部纵筋、下部纵筋和箍筋的具体数值。

(5) 当连梁设有对角暗撑时［代号为 LL (JC)××］，注写暗撑的截面尺寸（箍筋外皮尺寸）；注写一根暗撑的全部纵筋，并标注×2 表明有两根暗撑相互交叉；注写暗撑箍筋的具体数值。

(6) 当连梁设有交叉斜筋时［代号为 LL (JX)××］，注写连梁一侧对角斜筋的配筋值，并标注×2 表明对称设置；注写对角斜筋在连梁端部设置的拉筋根数、规格及直径，并标注×4 表示四个角都设置；注写连梁一侧折线筋配筋值，并标注×2 表明对称设置。

(7) 当连梁设有集中对角斜筋时［代号为 LL (DX)××］，注写一条对角线上的对角斜筋，并标注×2 表明对称设置。

墙梁侧面纵筋的配置，当墙身水平分布钢筋满足连梁、暗梁及边框梁的梁侧面纵向构造钢筋的要求时，该筋配置同墙身水平分布钢筋，表中不注，施工按标准构造详图的要求即可；当不满足时，应在表中补充注明梁侧面纵筋的具体数值（其在支座内的锚固要求同连梁中受力钢筋）。

三、剪力墙截面注写方式

选用适当比例原位放大绘制剪力墙平面布置图，其中对墙柱绘制配筋截面图；对所有墙柱、墙身、墙梁进行编号，并分别在相同编号的墙柱、墙身、墙梁中选择一根墙柱、一道墙身、一根墙梁进行注写，其注写方式如下：

(1) 从相同编号的墙柱中选择一个截面，注明几何尺寸，标注全部纵筋及箍筋的具体数值。

注：约束边缘构件除需注明阴影部分具体尺寸外，尚需注明约束边缘构件沿墙肢长度 l_c，约束边缘翼墙中沿墙肢长度尺寸为 $2b_f$ 时可不注。除注写阴影部位的箍筋外尚需注写非阴影区内布置的拉筋（或箍筋）。当仅 l_c 不同时，可编为同一构件，但应单独注明 l_c 的具体尺寸并标注非阴影区内布置的拉筋（或箍筋）。

（2）从相同编号的墙身中选择一道墙身，按顺序引注的内容为：墙身编号（应包括注写在括号内墙身所配置的水平与竖向分布钢筋的排数）、墙厚尺寸，水平分布钢筋、竖向分布钢筋和拉筋的具体数值。

（3）从相同编号的墙梁中选择一根墙梁，按顺序引注的内容为：

1）注写墙梁编号、墙梁截面尺寸 $b×h$、墙梁箍筋、上部纵筋、下部纵筋和墙梁顶面标高高差的具体数值。

2）当连梁设有对角暗撑时［代号为 LL（JC）××］，注写暗撑的截面尺寸（箍筋外皮尺寸）；注写一根暗撑的全部纵筋，并标注×2 表明有两根暗撑相互交叉；注写暗撑箍筋的具体数值。

3）当连梁设有交叉斜筋时［代号为 LL（JX）××］，注写连梁一侧对角斜筋的配筋值，并标注×2 表明对称设置；注写对角斜筋在连梁端部设置的拉筋根数、规格及直径，并标注×4 表示四个角都设置；注写连梁一侧折线筋配筋值，并标注×2 表明对称设置。

4）当连梁设有集中对角斜筋时［代号为 LL（DX）××］，注写一条对角线上的对角斜筋，并标注×2 表明对称设置。

当墙身水平分布钢筋不能满足连梁、暗梁及边框梁的梁侧面纵向构造钢筋的要求时，应补充注明梁侧面纵筋的具体数值；注写时，以大写字母 N 打头，接续注写直径与间距。其在支座内的锚固要求同连梁中受力钢筋。

【例 4-1】N Φ 10@150，表示墙梁两个侧面纵筋对称配置为：HRB400 级钢筋，直径 ϕ10，间距为 150。

四、剪力墙洞口的表示方法

无论采用列表注写方式还是截面注写方式，剪力墙上的洞口均可在剪力墙平面布置图上原位表达。洞口的具体表示方法如下：

1. 在剪力墙平面布置图上绘制

在剪力墙平面布置图上绘制洞口示意，并标注洞口中心的平面定位尺寸。

2. 在洞口中心位置引注

（1）洞口编号。矩形洞口为 JD××（××为序号），圆形洞口为 YD××（××为序号）。

（2）洞口几何尺寸。矩形洞口为洞宽×洞高（$b×h$），圆形洞口为洞口直径。

（3）洞口中心相对标高。洞口中心相对标高，系相对于结构层楼（地）面标高的洞口中心高度。当其高于结构层楼面时为正值，低于结构层楼面时为负值。

（4）洞口每边补强钢筋

1）当矩形洞口的洞宽、洞高均不大于 800 时，此项注写为洞口每边补强钢筋的具体数值（如果按标准构造详图设置补强钢筋时可不注）。当洞宽、洞高方向补强钢筋不一致时，分别注写洞宽方向、洞高方向补强钢筋，以斜线"/"分隔。

【例 4-2】JD 4 800×300 ＋ 3.100 3Φ18/3Φ14，表示 4 号矩形洞口，洞宽 800、洞高 300，洞口中心距本结构层楼面 3100，洞宽方面补强钢筋为 3Φ18，洞高方向补强钢筋为 3Φ14。

2）当矩形或圆形洞口的洞宽或直径大于 800 时，在洞口的上、下需设置补强暗梁，此项注写为洞口上、下每边暗梁的纵筋与箍筋的具体数值（在标准构造详图中，补强暗梁梁高一律定为 400，施工时按标准构造详图取值，设计不注。当设计者采用与该构造详图不同的做法时，应另行注明）。圆形洞口时尚需注明环向加强钢筋的具体数值；当洞口上、下边为剪力墙连梁时，此项免注；洞口竖向两侧设置边缘构件时，亦不在此项表达（当洞口两侧不设置边缘构件时，设计者应给出具体做法）。

【例 4-3】 YD 5 1000 ＋1.800 6Φ20 φ8@150 2Φ16，表示 5 号圆形洞口，直径 1000，洞口中心距本结构层楼面 1800，洞口上下设补强暗梁，每边暗梁纵筋为 6Φ20，箍筋为 φ8@150，环向加强钢筋 2Φ16。

3）当圆形洞口设置在连梁中部 1/3 范围（且圆洞直径不应大于 1/3 梁高）时，需注写圆洞上下水平设置的每边补强纵筋与箍筋。

4）当圆形洞口设置在墙身或暗梁、边框梁位置，且洞口直径不大于 300 时，此项注写为洞口上下左右每边布置的补强纵筋的具体数值。

5）当圆形洞口直径大于 300，但不大于 800 时，其加强钢筋按照圆外切正六边形的边长方向布置，设计仅需注写六边形中一边补强钢筋的具体数值。

五、地下室外墙表示方法

本节地下室外墙仅适用于起挡土作用的地下室外围护墙。地下室外墙中墙柱、连梁及洞口等的表示方法同地上剪力墙。

地下室外墙编号，由墙身代号及序号组成。表达为：

DWQ××

地下室外墙平注写方式，包括集中标注墙体编号、厚度、贯通筋、拉筋等和原位标注附加非贯通筋等两部分内容。当仅设置贯通筋，未设置附加非贯通筋时，则仅做集中标注。

1. 集中标注

集中标注的内容包括：

（1）地下室外墙编号，包括代号、序号、墙身长度（注为××～××轴）。

（2）地下室外墙厚度 $b=×××$。

（3）地下室外墙的外侧、内侧贯通筋和拉筋。

1）以 OS 代表外墙外侧贯通筋。其中，外侧水平贯通筋以 H 打头注写，外侧竖向贯通筋以 V 打头注写。

2）以 IS 代表外墙内侧贯通筋。其中，内侧水平贯通筋以 H 打头注写，内侧竖向贯通筋以 V 打头注写。

3）以 tb 打头注写拉筋直径、强度等级及间距，并注明"双向"或"梅花双向"。

【例 4-4】 DWQ2（①～⑥），$b_w=300$；OS：HΦ18@200，VΦ20@200；IS：HΦ16@200，VΦ18@200；tb：φ6@400@400 双向。表示 2 号外墙，长度范围为①～⑥之间，墙厚为 300；外侧水平贯通筋为Φ18@200，竖向贯通筋为Φ20@200；内侧水平贯通筋为Φ16@200，竖向贯通筋为Φ18@200；双向拉筋为 φ6，水平间距为 400，竖向间距为 400。

2. 原位标注

地下室外墙的原位标注，主要表示在外墙外侧配置的水平非贯通筋或竖向非贯通筋。

当配置水平非贯通筋时，在地下室墙体平面图上原位标注。在地下室外墙外侧绘制粗实线段代表水平非贯通筋，在其上注写钢筋编号并以 H 打头注写钢筋强度等级、直径、分布间距，以及自支座中线向两边跨内的伸出长度值。当自支座中线向两侧对称伸出时，可仅在单侧标注跨内伸出长度，另一侧不注，此种情况下非贯通筋总长度为标注长度的 2 倍。边支座处非贯通钢筋的伸出长度值从支座外边缘算起。

地下室外墙外侧非贯通筋通常采用"隔一布一"方式与集中标注的贯通筋间隔布置，其标注间距应与贯通筋相同，两者组合后的实际分布间距为各自标注间距的 1/2。

当在地下室外墙外侧底部、顶部、中间层楼板位置配置竖向非贯通筋时，应补充绘制地下室外墙竖向截面轮廓图并在其上原位标注。表示方法为在地下室外墙竖向截面轮廓图外侧绘制粗实线段代表竖向非贯通筋，在其上注写钢筋编号并以 V 打头注写钢筋强度等级、直径、分布间距，以及向上（下）层的伸出长度值，并在外墙竖向截面图名下注明分布范围（××～××轴）。

地下室外墙外侧水平、竖向非贯通筋配置相同者，可仅选择一处注写，其他可仅注写编号。

当在地下室外墙顶部设置通长加强钢筋时应注明。

第二节　剪力墙钢筋构造

一、剪力墙插筋构造

插筋在基础中的锚固共有三种形式，如图 4-6 所示。

墙插筋在基础中锚固构造的构造要求：

（1）图中 h_j 为基础底面至基础顶面的高度。对于带基础梁的基础为基础梁顶面至基础梁底面的高度。

（2）锚固区横向钢筋应满足直径≥$d/4$（d 为插筋最大直径）、间距≤$10d$（d 为插筋最小直径）且≤100mm 的要求。

（3）在插筋部分保护层厚度不一致情况下（如部分位于板中部分、位于梁内），保护层厚度小于 $5d$ 的部位应设置锚固区横向钢筋。

二、剪力墙身水平钢筋构造

1. 端部无暗柱时剪力墙水平钢筋端部做法

11G101-1 图集中给出了两种方案，如图 4-7 所示，注意拉筋钩住水平分布筋。

（1）端部 U 形筋同墙身水平钢筋搭接 l_{lE}（≥l_l），在墙端部设置双列拉筋。这种方案适合墙厚较小的情况。

（2）墙身两侧水平钢筋伸入到墙端弯钩 $10d$，墙端部设置双列拉筋。

在实际工程中，剪力墙墙肢的端部通常都设置了边缘构件（暗柱或端柱），墙肢端部无暗柱的情况比较少见。

2. 端部有暗柱时剪力墙水平钢筋端部做法

端部有暗柱时剪力墙水平钢筋端部构造，如图 4-8 所示。

端部有暗柱时剪力墙水平钢筋构造要求为：剪力墙的水平分布筋从暗柱纵筋的外侧插入

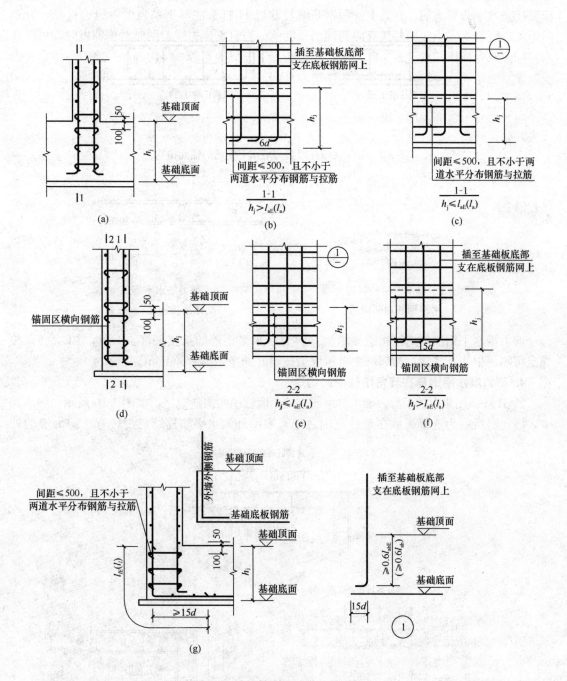

图 4-6 墙插筋在基础中的锚固构造

(a) 墙插筋保护层厚度$>5d$；(b) 1-1 剖面图 ($h_j>l_{aE}$ (l_a))；(c) 1-1 剖面图 ($h_j{\leqslant}l_{aE}$ (l_a))；

(d) 墙插筋保护层厚度$\leqslant5d$；(e) 2-2 剖面图 ($h_j{\leqslant}l_{aE}$ (l_a))；(f) 2-2 剖面图 ($h_j>l_{aE}$ (l_a))；

(g) 墙外侧纵筋与底板纵筋搭接

暗柱，伸到暗柱端部纵筋的内侧，然后弯折$10d$。

3. 剪力墙水平钢筋交错搭接构造

剪力墙水平钢筋交错搭接，如图 4-9 所示。

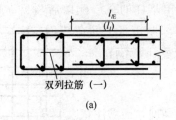
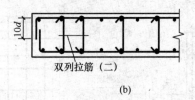

图 4-7　端部无暗柱时剪力墙水平钢筋的锚固构造

(a) 做法一（当墙厚度较小时）；(b) 做法二

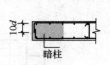
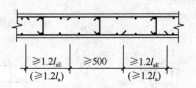

图 4-8　端部有暗柱时剪力墙　　　　图 4-9　剪力墙水平钢筋
水平钢筋端部构造　　　　　　　　交错搭接构造

　　剪力墙水平钢筋的搭接构造要求为：剪力墙水平钢筋的搭接长度≥1.2l_{aE}（1.2l_a），按规定每隔一根错开搭接，相邻两个搭接取值按错开的净距离≥500mm。

4. 剪力墙水平钢筋在转角墙柱中的构造

　　11G101-1 图集中关于剪力墙水平钢筋在转角墙柱中的构造规定，如图 4-10 所示。图 4-10 中，(a) 图所示为连接区域在暗柱范围之外，表示外侧水平筋连续通过转弯。剪力墙的外

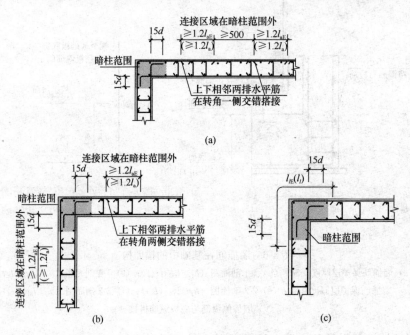

图 4-10　剪力墙水平钢筋在转角墙柱中的构造

(a) 外侧水平筋连续通过转弯；(b) 相邻两排水平筋在转角两侧交错搭接；

(c) 外侧水平筋在转角处搭接

侧水平分布筋从暗柱纵筋的外侧通过暗柱，绕出暗柱的另一侧以后与另一侧的水平分布筋搭接，搭接长度$\geqslant 1.2l_{aE}$（$\geqslant 1.2l_a$），上下相邻两排水平筋在转角一侧交错搭接，错开距离应不小于500mm；（b）图所示也为连接区域在暗柱范围之外，表示相邻两排水平筋在转角两侧交错搭接，搭接长度$\geqslant 1.2l_{aE}$（$\geqslant 1.2l_a$）；（c）图表示外侧水平筋在转角处搭接。

对于上下相邻两排水平筋在转角一侧搭接的情况，尚需注意以下方面：

（1）若剪力墙转角墙柱两侧水平分布筋直径不同，则应转到直径较小的一侧搭接，以保证直径较大一侧的水平抗剪能力不减弱。

（2）若剪力墙转角墙柱的另外一侧不是墙身而是连梁的时候，墙身的外侧水平分布筋不能拐到连梁外侧搭接，而应把连梁的外侧水平分布筋拐过转角墙柱，同墙身的水平分布筋进行搭接。这样做的理由是：连梁的上方和下方都是门窗洞口，所以连梁构件比墙身较为薄弱，若连梁的侧面纵筋发生截断和搭接的话，就会使本来薄弱的构件更加薄弱，这是不可取的。

5. 剪力墙多排配筋构造

剪力墙布置两排配筋、三排配筋和四排配筋时的构造图，如图4-11所示。

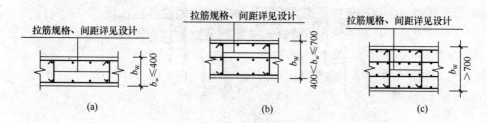

图4-11 剪力墙多排配筋构造

（a）剪力墙双排配筋；（b）剪力墙三排配筋；（c）剪力墙四排配筋

剪力墙多排配筋构造的特点有：

（1）剪力墙布置两排配筋、三排配筋和四排配筋的条件包括：

1）当b_w（墙厚度）$\leqslant 400$mm时，设置双排配筋。

2）当400mm$< b_w$（墙厚度）$\leqslant 700$mm时，设置三排配筋。

3）当b_w（墙厚度）> 700mm时，设置四排配筋。

（2）剪力墙身的各排钢筋网均设置了水平分布筋和垂直分布筋。布置钢筋时，将水平分布筋放在外侧，垂直分布筋放在水平分布筋内侧。因此，剪力墙的保护层是针对水平分布筋来说的。

（3）拉筋需拉住两个方向上的钢筋，即同时钩住水平分布筋和垂直分布筋。因剪力墙身的水平分布筋放在最外面，故拉筋连接外侧钢筋网和内侧钢筋网，即把拉筋钩在水平分布筋的外侧。

6. 剪力墙水平分布钢筋在翼墙中的构造

剪力墙水平分布钢筋在翼墙中的构造，如图4-12所示。

剪力墙水平分布钢筋在翼墙中的构造要求：

（1）翼墙：端墙两侧水平分布筋伸至翼墙对边后弯折$15d$。

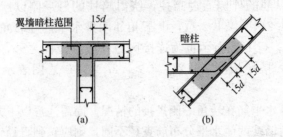

图 4-12　剪力墙水平分布钢筋在翼墙中的构造

(a) 翼墙；(b) 斜交翼墙

（2）斜交翼墙：墙身水平筋在斜交处锚固 $15d$。

7. 剪力墙水平钢筋在端柱转角墙中的构造

剪力墙水平钢筋在端柱转角墙中的构造有三种情况，如图 4-13 所示。

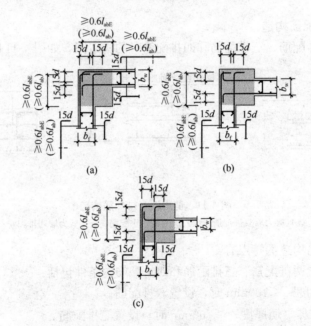

图 4-13　剪力墙水平钢筋在端柱转角墙中的构造

(a) 端柱转角墙（一）；(b) 端柱转角墙（二）；(c) 端柱转角墙（三）

d—水平钢筋直径；l_{abE}（l_{ab}）—受拉钢筋的基本锚固长度，

抗震设计时锚固长度用 l_{abE} 表示，非抗震设计时用 l_{ab} 表示；

b_f—剪力墙水平方向的厚度；b_w—剪力墙垂直方向的厚度

剪力墙内侧水平钢筋伸至端柱对边，并且保证直锚长度 $\geqslant 0.6l_{abE}$（$0.6l_{ab}$），然后弯折 $15d$。

剪力墙水平钢筋伸至对边 $\geqslant l_{aE}$（l_a）时可不设弯钩。

8. 剪力墙水平钢筋在端柱翼墙中的构造

11G101-1 图集将剪力墙水平钢筋在端柱翼墙中的构造增为三种，如图 4-14 所示。剪力墙水平钢筋伸至端柱对边弯 $15d$ 的直钩。当墙体水平钢筋伸入端柱的直锚长度 $\geqslant l_{aE}$（l_a）

时，可不必上下弯折，但必须伸至端柱对边竖向钢筋内侧位置。其他情况，墙体水平钢筋必须伸入端柱对边竖向钢筋内侧位置，然后弯折。

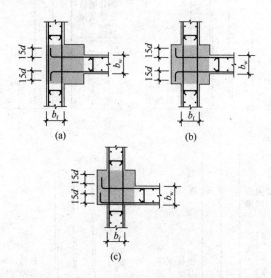

图 4-14　剪力墙水平钢筋在端柱翼墙中的构造
（a）端柱翼墙（一）；（b）端柱翼墙（二）；（c）端柱翼墙（三）

9. 剪力墙水平钢筋在端部墙中的构造

11G101-1 图集中关于剪力墙水平钢筋在端部墙中的构造，如图 4-15 所示。剪力墙水平钢筋伸至端柱对边弯 15d 的直钩。当墙体水平钢筋伸入端柱的直锚长度≥l_{aE}（l_a）时，可不必上下弯折，但必须伸至端柱对边竖向钢筋内侧位置。其他情况，墙体水平钢筋必须伸入端柱对边竖向钢筋内侧位置，然后弯折。

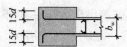

图 4-15　剪力墙水平钢筋在端部墙中的构造

三、剪力墙竖向钢筋构造

1. 剪力墙竖向分布钢筋连接构造

剪力墙竖向分布钢筋连接构造可分为四种情况，如图 4-16 所示。

剪力墙竖向分布钢筋连接构造要求：

图 4-16（a）所示为一、二级抗震等级剪力墙竖向分布钢筋的搭接构造：搭接长度为 $1.2l_{aE}$（$1.2l_a$），相邻搭接点错开净距离 500mm。

图 4-16（b）所示为各级抗震等级或非抗震剪力墙竖向分布钢筋的机械连接构造：第一个连接点距楼板顶面或基础顶面≥500mm，相邻钢筋交错连接，错开距离为 35d。

图 4-16（c）所示为各级抗震等级或非抗震剪力墙竖向分布钢筋的焊接连接构造：第一个连接点距楼板顶面或基础顶面≥500mm，相邻钢筋交错连接，错开距离为 max（500，35d）。

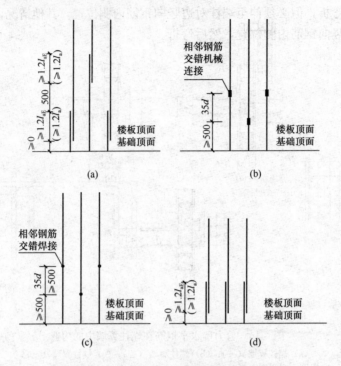

图 4-16　剪力墙竖向分布钢筋连接构造

(a) 一、二级抗震等级剪力墙底部加强部位竖向分布钢筋搭接构造；

(b) 各级抗震等级或非抗震剪力墙竖向分布钢筋机械连接构造；

(c) 各级抗震等级或非抗震剪力墙竖向分布钢筋焊接构造；

(d) 一、二级抗震等级剪力墙非底部加强部位或三、

四级抗震等级或非抗震剪力墙竖向分布钢筋构造

图 4-16 (d) 所示为一、二级抗震等级剪力墙非底部加强部位或三、四级抗震等级或非抗震剪力墙竖向分布钢筋的搭接构造：在同一部位搭接，搭接长度为 $1.2l_{aE}$ （$1.2l_a$）。

2. 竖向分布筋在剪力墙身中的构造

11G101-1 图集给出了剪力墙布置两排配筋、三排配筋和四排配筋时的构造图，如图 4-17 所示。其中，剪力墙三排配筋与剪力墙四排配筋均需水平、竖向钢筋均匀分布，拉筋需与各排分布筋绑扎。

剪力墙布置多排配筋的条件为：

(1) 当 b_w（墙厚度）≤400mm 时，设置双排配筋。

(2) 当 400mm＜b_w（墙厚度）≤700mm 时，设置三排配筋。

(3) 当 b_w（墙厚度）＞700mm 时，设置四排配筋。

3. 剪力墙竖向钢筋顶部构造

11G101-1 图集对剪力墙竖向钢筋顶部构造也进行了相应修改，如图 4-18 所示。

4. 剪力墙变截面处竖向分布钢筋构造

11G101-1 图集给出了剪力墙变截面处竖向分布钢筋构造，如图 4-19 所示。图 (a)、图 (d) 所示为边柱或边墙的竖向钢筋变截面构造；图 (b)、图 (c) 所示为中柱或中墙的竖向钢筋变截面构造。

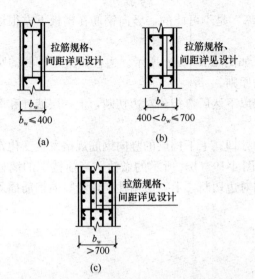

图 4-17　剪力墙身在垂直方向配筋构造的断面图
（a）剪力墙两排配筋构造；（b）剪力墙
三排配筋构造；（c）剪力墙四排配筋构造

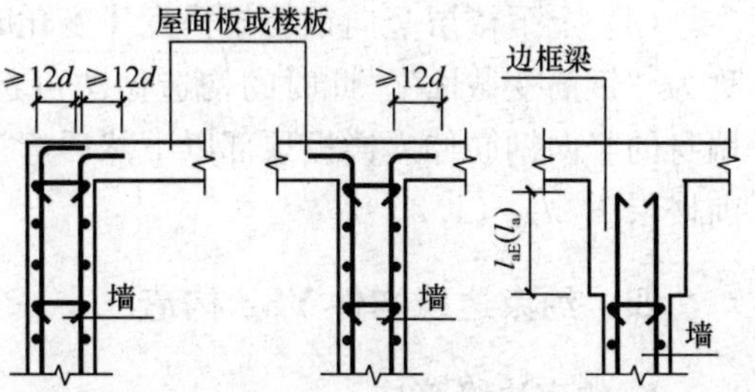

图 4-18　剪力墙竖向钢筋顶部构造

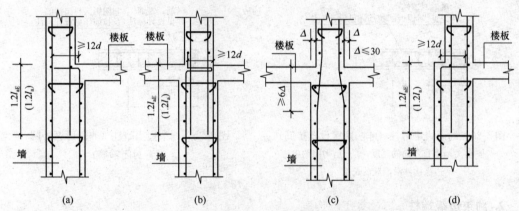

图 4-19　剪力墙变截面处竖向分布钢筋构造
（a）、（d）边柱或边墙的竖向钢筋变截面构造；（b）、（c）中柱或中墙的竖向钢筋变截面构造
l_{aE}（l_a）—受拉钢筋锚固长度，抗震设计时用 l_{aE} 表示，非抗震设计时用 l_a 表示；
d—受拉钢筋直径；△—上下柱同向侧面错开的宽度

（1）中柱或中墙的竖向钢筋变截面构造。图 4-19（b）、图 4-19（c）中钢筋构造的做法分别为：（b）图的构造做法为当前楼层的墙柱和墙身的竖向钢筋伸入楼板顶部以下然后弯折到对边切断，上一层墙柱和墙身竖向钢筋插入当前楼层 $1.2l_{aE}$（$1.2l_a$）；（c）图的做法是：当前楼层的墙柱和墙身的竖向钢筋不切断，而是以 1/6 钢筋斜率的方式弯曲伸入到上一楼层。

竖向钢筋不切断，而是以 1/6 钢筋斜率的方式弯曲伸入到上一楼层，这种做法虽符合"能通则通"的原则，在框架柱变截面构造中也有类似的做法，但是与框架柱又有所不同。框架柱变截面构造以"变截面斜率≤1/6"来作为柱纵筋弯曲上通的控制条件，而剪力墙变截面构造只把斜率等于 1/6 作为钢筋弯曲上通的具体做法。另外一个不同点是：框架柱纵筋的"1/6 斜率"完全在框架梁柱的交叉节点内完成（即斜钢筋整个位于梁高范围内），但若要让剪力墙的斜钢筋在楼板之内完成"1/6 斜率"是不可能的,竖向钢筋在楼板下方很远的地方就已经开始弯折了。

(2) 边柱或边墙的竖向钢筋变截面构造,如图 4-19 (a) 所示。边柱或边墙外侧的竖向钢筋垂直通到上一楼层,符合"能通则通"的原则。

边柱或边墙内侧的竖向钢筋伸入楼板顶部以下然后弯折到对边切断,上一层墙柱和墙身竖向钢筋插入当前楼层 $1.2l_{aE}$ ($1.2l_a$)。

(3) 上下楼层竖向钢筋规格发生变化时的处理。上下楼层的竖向钢筋规格发生变化常被称为"钢筋变截面"。此时的构造做法可选用图 4-19 (b) 所示的做法:当前楼层的墙柱和墙身的竖向钢筋伸入楼板顶部以下然后弯折到对边切断,上一层墙柱和墙身竖向钢筋插入当前楼层 $1.2l_{aE}$ ($1.2l_a$)。

四、约束边缘构件 YBZ 构造

1. 约束边缘暗柱

(1) 约束边缘暗柱(非阴影区设置拉筋),如图 4-20 所示。

(2) 约束边缘暗柱(非阴影区外圈设置封闭箍筋),如图 4-21 所示。

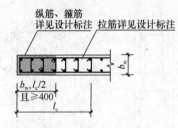

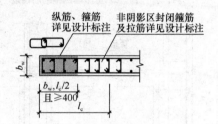

图 4-20 约束边缘暗柱(非阴影区设置拉筋)

b_w—剪力墙垂直方向的厚度;l_c—剪力墙约束
边缘构件沿墙肢的长度

图 4-21 约束边缘暗柱(非阴影区外圈
设置封闭箍筋)

2. 约束边缘端柱

(1) 约束边缘端柱(非阴影区设置拉筋),如图 4-22 所示。

(2) 约束边缘端柱(非阴影区外圈设置封闭箍筋),如图 4-23 所示。

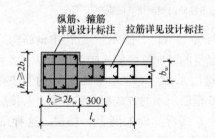

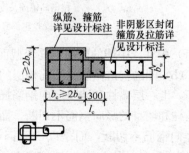

图 4-22 约束边缘端柱(非阴影区设置拉筋)

b_w—剪力墙垂直方向的厚度;l_c—剪力墙约束边缘构件
沿墙肢的长度;h_c—柱截面长边尺寸(圆柱时为直径);
b_c—剪力墙约束边缘端柱垂直方向的长度

图 4-23 约束边缘端柱(非阴影区
外圈设置封闭箍筋)

3. 约束边缘翼墙

（1）约束边缘翼墙（非阴影区设置拉筋），如图4-24所示。

（2）约束边缘翼墙（非阴影区外圈设置封闭箍筋），如图4-25所示。

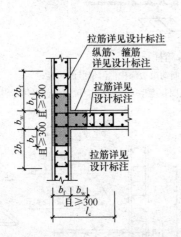
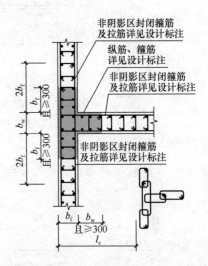

图4-24　约束边缘翼墙（非阴影区设置拉筋）　　图4-25　约束边缘翼墙（非阴影区外

b_w—剪力墙垂直方向的厚度；b_f—剪力墙水平方向的厚度；　　　　圈设置封闭箍筋）

l_c—剪力墙约束边缘构件沿墙肢的长度

4. 约束边缘转角墙

（1）约束边缘转角墙（非阴影区设置拉筋），如图4-26所示。

（2）约束边缘转角墙（非阴影区外圈设置封闭箍筋），如图4-27所示。

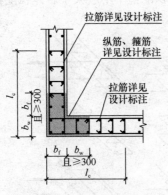
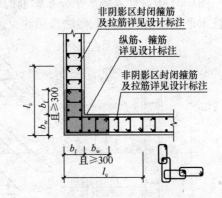

图4-26　约束边缘转角墙　　　　图4-27　约束边缘转角墙（非阴影区外

（非阴影区设置拉筋）　　　　　　圈设置封闭箍筋）

五、剪力墙水平钢筋计入约束边缘构件体积配筋率的构造

（1）约束边缘暗柱，如图4-28、图4-29所示。

（2）约束边缘转角墙，如图4-30所示。

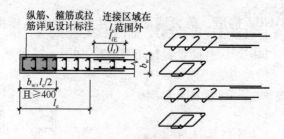

图 4-28　约束边缘暗柱（一）

b_w—剪力墙垂直方向的厚度；l_c—剪力墙约束边缘构件沿墙肢的长度；

l_{lE}（l_l）—受拉钢筋绑扎搭接长度，抗震设计时锚固长度用 l_{lE} 表示，非抗震设计时用 l_l 表示

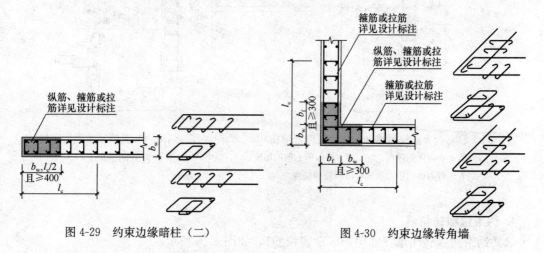

图 4-29　约束边缘暗柱（二）　　　　　图 4-30　约束边缘转角墙

（3）约束边缘翼墙，如图 4-31 所示。

图 4-28～图 4-31 中，计入墙水平分布钢筋的体积配箍率不应大于总体积配箍率的 30%。约束边缘端柱水平分布钢筋的构造做法参照约束边缘暗柱。

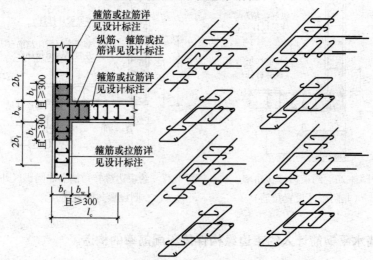

图 4-31　约束边缘翼墙

注：墙水平钢筋搭接要求同约束边缘暗柱（一）

六、构造边缘构件 GBZ 构造、剪力墙边缘构件纵向钢筋连接构造及剪力墙上起约束边缘构件纵筋构造

（1）构造边缘暗柱。构造边缘暗柱，如图 4-32 所示。

（2）构造边缘端柱。构造边缘端柱，如图 4-33 所示。

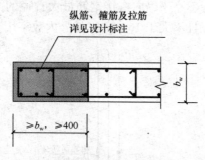

图 4-32　构造边缘暗柱

b_w—剪力墙垂直方向的厚度

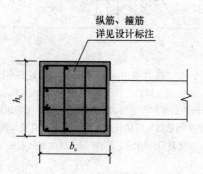

图 4-33　构造边缘端柱

b_c—柱截面短边尺寸；

h_c—柱截面长边尺寸（圆柱为直径）

（3）构造边缘翼墙。构造边缘翼墙，如图 4-34 所示。

（4）构造边缘转角墙。构造边缘转角墙，如图 4-35 所示。

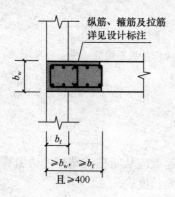

图 4-34　构造边缘翼墙

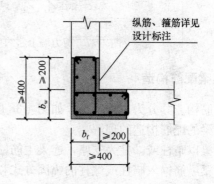

图 4-35　构造边缘转角墙

（5）剪力墙边缘构件纵向钢筋连接构造。剪力墙边缘构件纵向钢筋连接构造，如图 4-36 所示。

（6）剪力墙上起约束边缘构件纵筋构造。剪力墙上起约束边缘构件纵筋构造，如图 4-37 所示。

图 4-32～图 4-37 中，搭接长度范围内，约束边缘构件阴影部分、构造边缘构件、扶壁柱及非边缘暗柱的箍筋直径应不小于纵向搭接钢筋最大直径的 0.25 倍。箍筋间距不大于纵向搭接钢筋最小直径的 5 倍，且不大于 100mm。括号内数字用于非抗震设计。

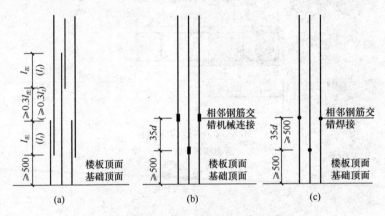

图 4-36 剪力墙边缘构件纵向钢筋连接构造

(a) 绑扎搭接；(b) 机械连接；(c) 焊接

（适用于约束边缘构件阴影部分和构造边缘构件的纵向钢筋）

l_{lE} (l_l) —受拉钢筋绑扎搭接长度，抗震设计时锚固长度用 l_{lE} 表示，非抗震设计时用 l_l 表示；d—纵向钢筋直径

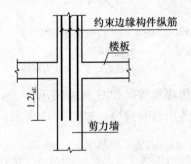

图 4-37 剪力墙上起约束边缘构件纵筋构造

七、连梁配筋构造

连梁配筋构造共分为三种情况，如图 4-38 所示。

关于连梁的配筋构造的理解：

(1) 连梁以暗柱或端柱为支座，连梁主筋锚固起点应从暗柱或端柱的边缘算起。

(2) 连梁纵筋锚入暗柱或端柱的锚固方式和锚固长度：

1) 洞口连梁（端部墙肢较短）。当端部洞口连梁的纵向钢筋在端支座（暗柱或端柱）的直锚长度 $\geqslant l_{aE}$ (l_a) 时，可不必向上（下）弯锚，连梁纵筋在中间支座的直锚长度为 l_{aE}

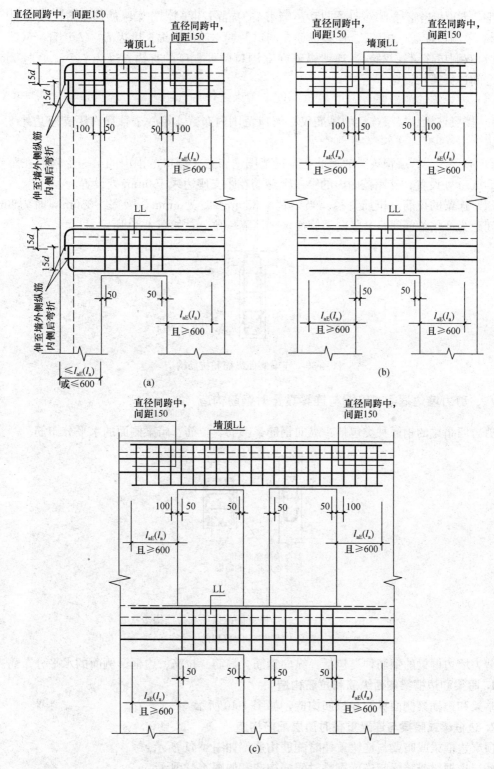

图 4-38 连梁配筋构造

（a）洞口连梁（端部墙肢较短）；（b）单洞口连梁（单跨）；（c）双洞口连梁（双跨）

（l_a）且≥600；当暗柱或端柱的长度小于钢筋的锚固长度时，连梁纵筋伸至暗柱或端柱。

2）单洞口连梁（单跨）。连梁纵筋在洞口两端支座的直锚长度为 l_{aE}（l_a）且≥600。

3）双洞口连梁（双跨）。连梁纵筋在双洞口两端支座的直锚长度为 l_{aE}（l_a）且≥600，洞口之间连梁通长设置。

（3）连梁箍筋的设置

1）楼层连梁。楼层连梁的箍筋仅在洞口范围内布置。第一个箍筋在距支座边缘 50mm 处设置。

2）墙顶连梁。墙顶连梁的箍筋在全梁范围内布置。洞口范围内的第一个箍筋在距支座边缘 50mm 处设置；支座范围内的第一个箍筋在距支座边缘 100mm 处设置。

（4）连梁的拉筋。拉筋直径：当梁宽≤350mm 时为 6mm，梁宽>350mm 时为 8mm，拉筋间距为 2 倍箍筋间距，竖向沿侧面水平筋隔一拉一，如图 4-39 所示。

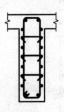

图 4-39　连梁侧面纵筋和拉筋构造

八、剪力墙边框梁或暗梁与连梁重叠时钢筋构造

剪力墙暗梁的钢筋种类包括：纵向钢筋、箍筋、拉筋、暗梁侧面的水平分布筋。

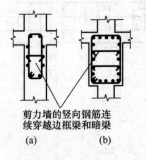

剪力墙的竖向钢筋连
续穿越边框梁和暗梁
(a)　　　(b)

图 4-40　暗梁和边框梁侧面纵筋和拉筋构造
（a）暗梁；（b）框架梁

剪力墙边框梁的钢筋种类包括：纵向钢筋、箍筋、拉筋、边框梁侧面的水平分布筋。

1. 暗梁和边框梁侧面纵筋和拉筋构造

暗梁和边框梁侧面纵筋和拉筋构造，如图 4-40 所示。

2. 边框梁或暗梁与连梁重叠时顶层配筋构造

顶层边框梁或暗梁与连梁重叠时配筋构造，如图 4-41 所示。

楼层边框梁或暗梁与连梁重叠时配筋构造，如图 4-42 所示。

由配筋构造图可以看出：当边框梁或暗梁与连梁重叠时，连梁纵筋伸入支座 l_{aE}（l_a）且≥600mm。

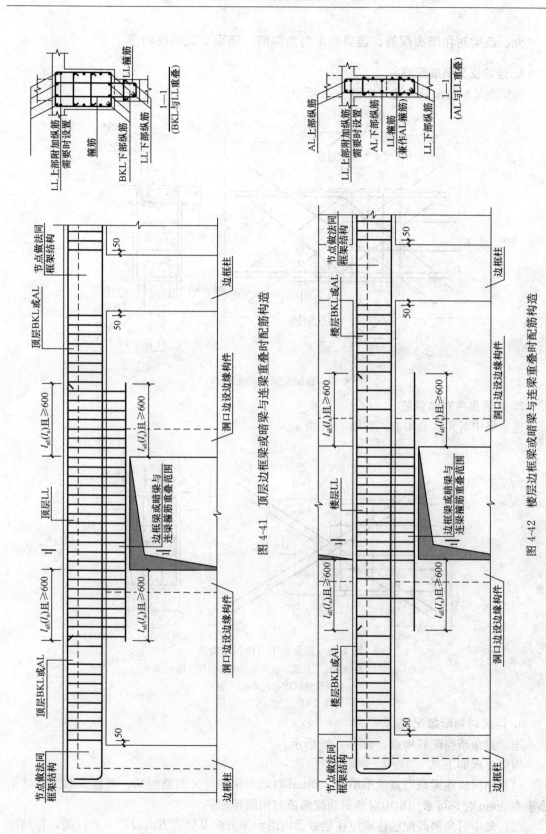

图 4-41　顶层边框梁或暗梁与连梁重叠时配筋构造

图 4-42　楼层边框梁或暗梁与连梁重叠时配筋构造

九、连梁对角暗撑配筋、连梁集中对角斜筋、连梁交叉斜筋构造

1. 连梁交叉斜筋配筋

连梁交叉斜筋配筋构造，如图 4-43 所示。

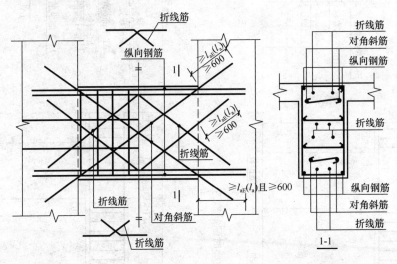

图 4-43 连梁交叉斜筋配筋构造

2. 连梁集中对角斜筋

连梁集中对角斜筋构造，如图 4-44 所示。

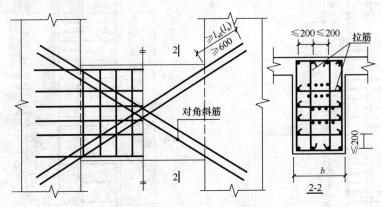

图 4-44 连梁集中对角斜筋构造

l_{aE}（l_a）—受拉钢筋锚固长度，抗震设计时锚固长度用 l_{aE} 表示，
非抗震设计时用 l_a 表示；b—梁宽

3. 连梁对角暗撑配筋

连梁对角暗撑配筋构造，如图 4-45 所示。

构造要求如下：

（1）当洞口连梁截面宽度不小于 250mm 时，可采用交叉斜筋配筋；当连梁截面宽度不小于 400mm 时，可采用集中对角斜筋配筋或对角暗撑配筋。

（2）集中对角斜筋配筋连梁应在梁截面内沿水平方向及竖直方向设置双向拉筋，拉筋应

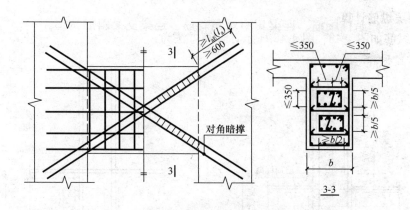

图 4-45 连梁对角暗撑配筋构造

勾住外侧纵向钢筋，间距不应大于 200mm，直径不应小于 8mm。

（3）对角暗撑配筋连梁中暗撑箍筋的外缘沿梁截面宽度方向不宜小于梁宽的 1/2，另一方向不宜小于梁宽的 1/5；对角暗撑约束箍筋肢距不应大于 350mm。

（4）交叉斜筋配筋连梁，对角暗撑配筋连梁的水平钢筋及箍筋形成的钢筋网之间应采用拉筋拉结，拉筋直径不宜小于 6mm，间距不宜大干 400mm。

第三节 剪力墙钢筋翻样与下料方法

一、剪力墙柱钢筋计算

1. 基础层插筋计算

暗柱基础插筋如图 4-46、图 4-47 所示，计算方法为：

$$插筋长度＝插筋锚固长度＋基础外露长度 \tag{4-1}$$

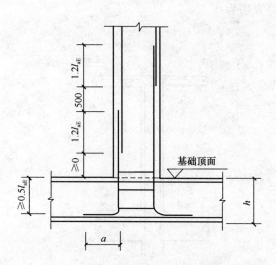

图 4-46 暗柱基础插筋绑扎连接构造

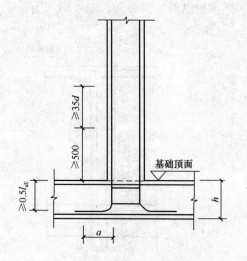

图 4-47 暗柱基础插筋机械连接构造

119

2. 中间层纵筋计算

中间层纵筋如图 4-48、图 4-49 所示，计算方法为：

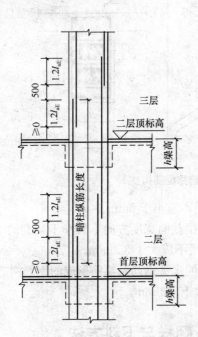

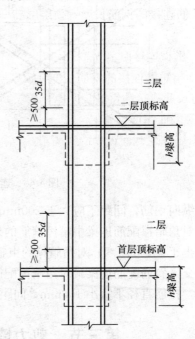

图 4-48 暗柱中间层纵筋绑扎连接构造　　　图 4-49 暗柱中间层纵筋机械连接构造

（1）绑扎连接时：

$$纵筋长度＝中间层层高＋1.2l_{aE} \tag{4-2}$$

（2）机械连接时：

$$纵筋长度＝中间层层高 \tag{4-3}$$

3. 顶层纵筋计算

顶层纵筋如图 4-50、图 4-51 所示，计算方法为：

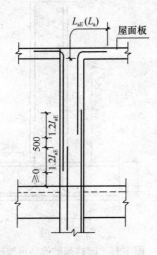

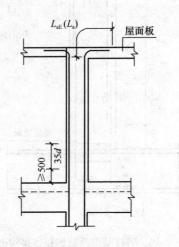

图 4-50 暗柱顶层纵筋绑扎连接构造　　　图 4-51 暗柱顶层纵筋机械连接构造

（1）绑扎连接时：

$$与短筋连接的钢筋长度＝顶层层高－顶层板厚＋顶层锚固总长度\ l_{aE} \tag{4-4}$$

$$与长筋连接的钢筋长度＝顶层层高－顶层板厚－(1.2l_{aE}＋500)＋顶层锚固总长度\ l_{aE}$$
$$\tag{4-5}$$

（2）机械连接时：

$$与短筋连接的钢筋长度＝顶层层高－顶层板厚－500＋顶层锚固总长度\ l_{aE} \tag{4-6}$$

$$与长筋连接的钢筋长度＝顶层层高－顶层板厚－500－35d＋顶层锚固总长度\ l_{aE} \tag{4-7}$$

4. 变截面纵筋计算

剪力墙柱变截面纵筋的锚固形式如图 4-52 所示，包括倾斜锚固与当前锚固加插筋两种形式。

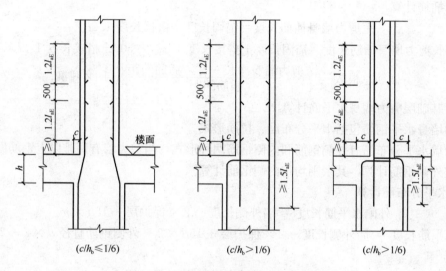

$(c/h_b \leqslant 1/6)$　　　　$(c/h_b > 1/6)$　　　　$(c/h_b > 1/6)$

图 4-52　剪力墙柱变截面纵筋锚固形式

（1）倾斜锚固钢筋长度计算方法：

$$变截面处纵筋长度＝层高＋斜度延伸长度(＋1.2l_{aE}) \tag{4-8}$$

（2）当前锚固钢筋和插筋长度计算方法：

$$当前锚固纵筋长度＝层高－非连接区－板保护层＋下墙柱柱宽－2×墙柱保护层 \tag{4-9}$$

$$变截面上层插筋长度＝锚固长度\ 1.5l_{aE}＋非连接区(＋1.2l_{aE}) \tag{4-10}$$

5. 墙柱箍筋计算

（1）基础插筋箍筋根数

$$根数＝\frac{(基础高度－基础保护层)}{500}＋1 \tag{4-11}$$

（2）底层、中间层、顶层箍筋根数

1）绑扎连接时：

$$根数＝\frac{(2.4l_{aE}＋500－50)}{加密间距}＋\frac{(层高－搭接范围)}{间距}＋1 \tag{4-12}$$

2）机械连接时：

$$根数＝(层高－50)/箍筋间距＋1 \tag{4-13}$$

6. 拉筋计算

（1）基础层拉筋根数

$$基础层拉筋根数 = \left[\frac{基础高度 - 基础保护层\, c}{500} + 1\right] \times 每排拉筋根数 \qquad (4\text{-}14)$$

（2）底层、中间层、顶层拉筋根数

$$底层、中间层、顶层拉筋根数 = \left[\frac{层高 - 50}{间距} + 1\right] \times 每排拉筋根数 \qquad (4\text{-}15)$$

二、剪力墙身钢筋计算

1. 基础剪力墙身钢筋计算

（1）插筋计算

$$短剪力墙身插筋长度 = 锚固长度 + 搭接长度\, 1.2 l_{aE} \qquad (4\text{-}16)$$

$$长剪力墙身插筋长度 = 锚固长度 + 搭接长度\, 1.2 l_{aE} + 500 + 搭接长度\, 1.2 l_{aE} \qquad (4\text{-}17)$$

$$插筋总根数 = \left[\frac{剪力墙身净长 - 2 \times 插筋间距}{插筋间距} + 1\right] \times 排数 \qquad (4\text{-}18)$$

（2）基础层剪力墙身水平筋计算

剪力墙身水平钢筋包括水平分布筋、拉筋形式。

剪力墙水平分布筋有外侧钢筋和内侧钢筋两种形式，当剪力墙有两排以上钢筋网时，最外一层按外侧钢筋计算，其余则均按内侧钢筋计算。

1）水平分布筋计算

$$外侧水平筋长度 = 墙外侧长度 - 2 \times 保护层 + 15d \times n \qquad (4\text{-}19)$$

$$内侧水平筋长度 = 墙外侧长度 - 2 \times 保护层 + 15d \times 2 - 外侧钢筋直径\, d \times 2 - 25 \times 2 \qquad (4\text{-}20)$$

$$基本层水平筋根数 = \left[\frac{基础高度 - 基础保护层}{500} + 1\right] \times 排数 \qquad (4\text{-}21)$$

2）拉筋计算

$$基础层拉筋根数 = \left[\frac{墙净长 - 竖向插筋间距 \times 2}{拉筋间距} + 1\right] \times 基础水平筋排数 \qquad (4\text{-}22)$$

2. 中间层剪力墙身钢筋计算

中间层剪力墙身钢筋量有竖向分布筋与水平分布筋。

（1）竖向分布筋计算

$$长度 = 中间层层高 + 1.2 l_{aE} \qquad (4\text{-}23)$$

$$根数 = \left(\frac{剪力墙身长 - 2 \times 竖向分布筋间距}{竖向分布筋间距} + 1\right) \times 排数 \qquad (4\text{-}24)$$

（2）水平分布筋计算

水平分布筋计算，无洞口时计算方法与基础层相同；有洞口时水平分布筋计算方法为：

$$外侧水平筋长度 = 外侧墙长度（减洞口长度后） - 2 \times 保护层 + 15d \times 2 + 15d \times n \qquad (4\text{-}25)$$

$$内侧水平筋长度 = 外侧墙长度（减洞口长度后） - 2 \times 保护层 + 15d \times 2 + 15d \times 2 \qquad (4\text{-}26)$$

$$水平筋根数 = \left(\frac{布筋范围-50}{墙身水平筋间距} + 1 \right) \times 排数 \tag{4-27}$$

3. 顶层剪力墙钢筋计算

顶层剪力墙身钢筋量有竖向分布筋与水平分布筋。

（1）水平钢筋计算方法同中间层。

（2）顶层剪力墙身竖向钢筋计算方法：

$$长钢筋长度 = 顶层层高-顶层板厚+锚固长度\,l_{aE} \tag{4-28}$$

$$短钢筋长度 = 顶层层高-顶层板厚-1.2l_{aE}-500+锚固长度\,l_{aE} \tag{4-29}$$

$$根数 = \left[\frac{剪力墙净长-竖向分布筋间距\times2}{竖向分布筋间距} + 1 \right] \times 排数 \tag{4-30}$$

4. 剪力墙身变截面处钢筋计算方法

剪力墙变截面处钢筋的锚固包括两种形式：倾斜锚固及当前锚固与插筋组合。根据剪力墙变截面钢筋的构造措施，可知剪力墙纵筋的计算方法。

（1）变截面处倾斜锚入上层的纵筋计算方法：

$$变截面处倾斜纵筋长度 = 层高+斜度延伸值+搭接长度\,1.2l_{aE} \tag{4-31}$$

（2）变截面处倾斜锚入上层的纵筋长度计算方法：

$$当前锚固纵筋长度 = 层高-板保护层+墙厚-2\times墙保护层 \tag{4-32}$$

$$插筋长度 = 锚固长度\,1.5l_{aE}+搭接长度\,1.2l_{aE} \tag{4-33}$$

5. 剪力墙拉筋计算

$$根数 = \frac{剪力墙总面积-洞口面积-边框梁面积}{拉筋间距\times拉筋间距} \tag{4-34}$$

三、剪力墙梁钢筋计算

1. 剪力墙单洞口连梁钢筋计算

（1）中间层单洞口连梁（图 4-53）钢筋计算方法

$$连梁纵筋长度 = 左锚固长度+洞口长度+右锚固长度 \tag{4-35}$$

$$箍筋根数 = \frac{洞口宽度-2\times50}{间距} + 1 \tag{4-36}$$

（2）顶层单洞口连梁钢筋计算方法

$$连梁纵筋长度 = 左锚固长度+洞口长度+右锚固长度 \tag{4-37}$$

$$箍筋根数 = 左墙肢内箍筋根数+洞口上箍筋根数+右墙肢内箍筋根数$$

$$= \frac{左侧锚固长度水平段-100}{150} + 1 + \frac{洞口宽度-2\times50}{间距} + 1$$

$$= \frac{右侧锚固长度水平段-100}{150} + 1 \tag{4-38}$$

2. 剪力墙双洞口连梁钢筋计算

（1）中间层双洞口连梁钢筋计算方法

$$连梁纵筋长度 = 左锚固长度+两洞口宽度+洞口墙宽度+右锚固长度 \tag{4-39}$$

$$箍筋根数 = \frac{洞口\,1\,宽度-2\times50}{间距} + 1 + \frac{洞口\,2\,宽度-2\times50}{间距} + 1 \tag{4-40}$$

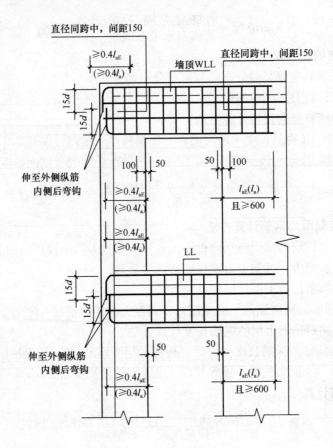

图 4-53   中间层单洞口连梁

（2）顶层双洞口连梁钢筋计算方法

$$连梁纵筋长度＝左锚固长度＋两洞口宽度＋洞间墙宽度＋右锚固长度 \qquad (4\text{-}41)$$

$$箍筋根数＝\frac{左锚固长度－100}{150}＋1＋\frac{两洞口宽度＋洞间墙宽度－2\times50}{间距}＋1$$

$$＋\frac{右锚固长度－100}{150}＋1 \qquad (4\text{-}42)$$

3. 剪力墙连梁拉筋计算

$$拉筋根数＝\left(\frac{连梁净宽－2\times50}{箍筋间距\times2}＋1\right)\times\left(\frac{连梁高度－2\times保护层}{水平筋间距\times2}＋1\right) \qquad (4\text{-}43)$$

四、剪力墙水平分布筋计算

1. 端部无暗柱时剪力墙水平分布筋计算

（1）水平筋锚固（一）——直筋，如图 4-54 所示，其加工尺寸及下料长度为：

$$L＝L_1＝墙长 N－2\times设计值 \qquad (4\text{-}44)$$

（2）水平筋锚固（一）——U 形筋，如图 4-54 所示。

其加工尺寸为：

$$L_1＝设计值＋l_{lE}(l_l)－保护层厚 \qquad (4\text{-}45)$$

$$L_2 = 墙厚 M - 2 \times 保护层厚 \tag{4-46}$$

其下料长度为：

$$L = 2L_1 + L_2 - 2 \times 90° 量度差值 \tag{4-47}$$

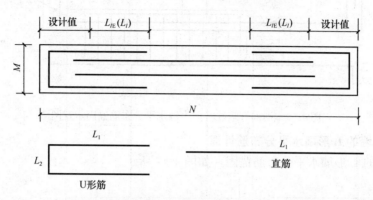

图 4-54　端部无暗柱时剪力墙水平筋锚固（一）示意图

（3）水平筋锚固（二），如图 4-55 所示。

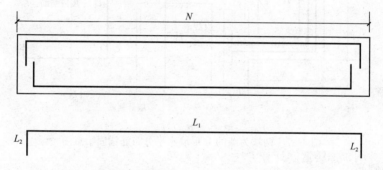

图 4-55　端部无暗柱时剪力墙水平筋锚固（二）示意图

其加工尺寸为：

$$L_1 = 墙长 N - 2 \times 保护层厚 \tag{4-48}$$

$$L_2 = 15d \tag{4-49}$$

其下料长度为：

$$L = L_1 + L_2 - 90° 量度差值 \tag{4-50}$$

2. 端部有暗柱时剪力墙水平分布筋计算

端部有暗柱时剪力墙水平分布筋锚固，如图 4-56 所示。

其加工尺寸为：

$$L_1 = 墙长 N - 2 \times 保护层厚 - 2d \tag{4-51}$$

式中　d 为竖向纵筋直径。

$$L_2 = 15d \tag{4-52}$$

其下料长度为：

$$L = L_1 + L_2 - 90° 量度差值 \tag{4-53}$$

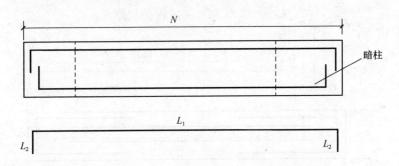

图 4-56　端部有暗柱时剪力墙水平分布筋锚固示意图

3. 两端为墙的 L 形墙水平分布筋计算

两端为墙的 L 形墙水平分布筋锚固，如图 4-57 所示。

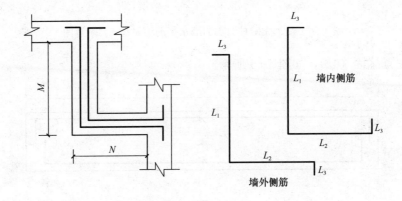

图 4-57　两端为墙的 L 形墙水平分布筋锚固示意图

（1）墙外侧筋

其加工尺寸为：

$$L_1 = 墙 M - 保护层厚 + 0.4l_{aE}(0.4l_a) \text{ 伸至对边} \qquad (4\text{-}54)$$

$$L_2 = 墙 N - 保护层厚 + 0.4l_{aE}(0.4l_a) \text{ 伸至对边} \qquad (4\text{-}55)$$

$$L_3 = 15d \qquad (4\text{-}56)$$

其下料长度为：

$$L = L_1 + L_2 + 2L_3 - 3 \times 90° \text{量度差值} \qquad (4\text{-}57)$$

（2）墙内侧筋

其加工尺寸为：

$$L_1 = 墙 M - 墙厚 + 保护层厚 + 0.4l_{aE}(0.4l_a) \text{ 伸至对边} \qquad (4\text{-}58)$$

$$L_2 = 墙 N - 墙厚 + 保护层厚 + 0.4l_{aE}(0.4l_a) \text{ 伸至对边} \qquad (4\text{-}59)$$

$$L_3 = 15d \qquad (4\text{-}60)$$

其下料长度为：

$$L = L_1 + L_2 + 2L_3 - 3 \times 90° \text{量度差值} \qquad (4\text{-}61)$$

4. 两端为转角墙的外墙水平分布筋计算

两端为转角墙的外墙水平分布筋锚固，如图 4-58 所示。

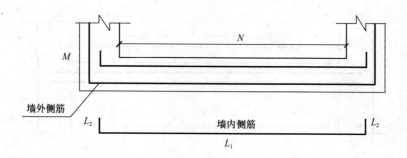

图 4-58　两端为转角墙的外墙水平分布筋锚固示意图

（1）墙外侧筋

其加工尺寸为：

$$L_1 = 墙\ N - 2 \times 保护层厚 \tag{4-62}$$

$$L_2 = 墙\ M - 2 \times 保护层厚 \tag{4-63}$$

其下料长度为：

$$L = 2L_1 + 2L_2 - 4 \times 90° 量度差值 \tag{4-64}$$

（2）墙内侧筋

其加工尺寸为：

$$L_1 = 墙长\ N - + 2 \times 0.4l_{aE}(0.4l_a)\ 伸至对边 \tag{4-65}$$

$$L_2 = 15d \tag{4-66}$$

其下料长度为：

$$L = L_1 + 2L_2 - 2 \times 90° 量度差值 \tag{4-67}$$

5. 两端为墙的室内墙水平分布筋计算

两端为墙的室内墙水平分布筋锚固，如图 4-59 所示。

其加工尺寸为：

$$L_1 = 墙长\ N + 2 \times 0.4l_{aE}(0.4l_a)\ 伸至对边 \tag{4-68}$$

$$L_2 = 15d \tag{4-69}$$

其下料长度为：

$$L = L_1 + 2L_2 - 2 \times 90° 量度差值 \tag{4-70}$$

6. 两端为墙的 U 形墙水平分布筋计算

两端为墙的 U 形墙水平分布筋锚固，如图 4-60 所示。

（1）墙外侧筋

其加工尺寸为：

$$L_1 = 墙\ M - 保护层厚 + 0.4l_{aE}(0.4l_a) 伸至对边 \tag{4-71}$$

$$L_2 = 墙\ N - 2 \times 保护层厚 \tag{4-72}$$

$$L_3 = 墙\ H - 保护层厚 + 0.4l_{aE}(0.4l_a) 伸至对边 \tag{4-73}$$

$$L_4 = 15d \tag{4-74}$$

其下料长度为：

$$L = L_1 + L_2 + L_3 + 2L_4 - 4 \times 90° 量度差值 \tag{4-75}$$

（2）墙内侧筋

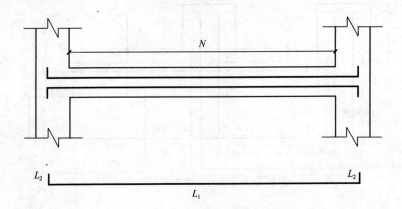

图 4-59　两端为墙的室内墙水平分布筋锚固示意图

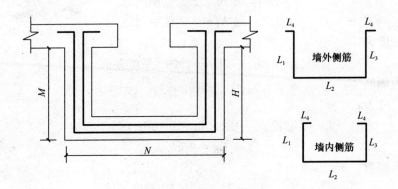

图 4-60　两端为墙的 U 形墙水平分布筋锚固示意图

其加工尺寸为：

$$L_1 = 墙\ M - 墙厚 + 保护层厚 + 0.4l_{aE}(0.4l_a)\ 伸至对边 \tag{4-76}$$

$$L_2 = 墙\ N - 2 \times 墙厚 + 2 \times 保护层厚 \tag{4-77}$$

$$L_3 = 墙\ H - 墙厚 + 保护层厚 + 0.4l_{aE}(0.4l_a)\ 伸至对边 \tag{4-78}$$

$$L_4 = 15d \tag{4-79}$$

其下料长度为：

$$L = L_1 + L_2 + L_3 + 2L_4 - 4 \times 90° 量度差值 \tag{4-80}$$

7. 两端为柱的 U 形外墙水平分布筋计算

两端为柱的 U 形外墙水平分布筋锚固，如图 4-61 所示。

(1)墙外侧水平分布筋

1)墙外侧水平分布筋在端柱中弯锚，如图 4-61 所示，M 为保护层厚$<l_{aE}$ 或者 l_a 及 K 为保护层厚$<l_{aE}$ 或 l_a 时，外侧水平分布筋在端柱中弯锚。

其加工尺寸为：

$$L_1 = 墙长\ N + 0.4l_{aE}(0.4l_a)\ 伸至对边 - 保护层厚 \tag{4-81}$$

$$L_2 = 墙长\ H - 2 \times 保护层厚 \tag{4-82}$$

$$L_3 = 墙长\ G + 0.4l_{aE}(0.4l_a)\ 伸至对边 - 保护层厚 \tag{4-83}$$

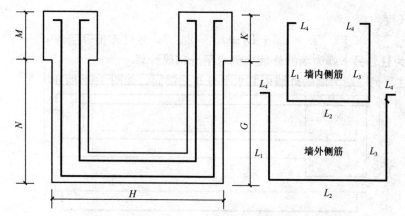

图 4-61　两端为柱的 U 形外墙水平分布筋锚固示意图

$$L_4 = 15d \qquad (4\text{-}84)$$

其下料长度为：

$$L = L_1 + L_2 + L_3 + 2L_4 - 4 \times 90° \text{量度差值} \qquad (4\text{-}85)$$

2) 墙外侧水平分布筋在端柱中直锚，如图 4-61 所示，M 为保护层厚$>l_{aE}$或者 l_a 及 K 为保护层厚$>l_{aE}$ 或 l_a 时，外侧水平分布筋在端柱中直锚，该处没有 L_4。

其加工尺寸为：

$$L_1 = \text{墙长 } N + l_{aE}(l_a) - \text{保护层厚} \qquad (4\text{-}86)$$

$$L_2 = \text{墙长 } H - 2 \times \text{保护层厚} \qquad (4\text{-}87)$$

$$L_3 = \text{墙长 } G + l_{aE}(l_a) - \text{保护层厚} \qquad (4\text{-}88)$$

其下料长度为：

$$L = L_1 + L_2 + L_3 - 2 \times 90° \text{量度差值} \qquad (4\text{-}89)$$

(2) 墙内侧水平分布筋

1) 墙内侧水平分布筋在端柱中弯锚，如图 4-61 所示，M 为保护层厚$<l_{aE}$或者 l_a 及 K 为保护层厚$<l_{aE}$ 或 l_a 时，内侧水平分布筋在端柱中弯锚。

其加工尺寸为：

$$L_1 = \text{墙长 } N + 0.4l_{aE}(0.4l_a) \text{伸至对边} - \text{墙厚} + \text{保护层厚} + d \qquad (4\text{-}90)$$

$$L_2 = \text{墙长 } H - 2 \times \text{墙厚} + 2 \times \text{保护层厚} + 2d \qquad (4\text{-}91)$$

$$L_3 = \text{墙长 } G + 0.4l_{aE}(0.4l_a) \text{伸至对边} - \text{墙厚} + \text{保护层厚} + d \qquad (4\text{-}92)$$

$$L_4 = 15d \qquad (4\text{-}93)$$

其下料长度为：

$$L = L_1 + L_2 + L_3 + 2L_4 - 4 \times 90° \text{量度差值} \qquad (4\text{-}94)$$

2) 墙内侧水平分布筋在端柱中直锚，如图 4-62 所示，M 为保护层厚$>l_{aE}$或者 l_a 及 K 为保护层厚$>l_{aE}$ 或 l_a 时，外侧水平分布筋在端柱中直锚，该处没有 L_4。

其加工尺寸为：

$$L_1 = \text{墙长 } N + l_{aE}(l_a) - \text{墙厚} + \text{保护层厚} + d \qquad (4\text{-}95)$$

$$L_2 = \text{墙长 } H - 2 \times \text{墙厚} + 2 \times \text{保护层厚} + 2d \qquad (4\text{-}96)$$

$$L_3 = \text{墙长 } G + l_{aE}(l_a) - \text{墙厚} + \text{保护层厚} + d \qquad (4\text{-}97)$$

其下料长度为：

$$L = L_1 + L_2 + L_3 - 2 \times 90° \text{量度差值} \tag{4-98}$$

8. 一端为柱、另一端为墙的外墙内侧水平分布筋计算

一端为柱、另一端为墙的外墙内侧水平分布筋锚固，如图 4-62 所示。

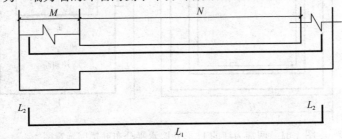

图 4-62　一端为柱、另一端为墙的外墙内侧水平分布筋锚固示意图

（1）内侧水平分布筋在端柱中弯锚，如图 4-63 所示，M 为保护层厚 $< l_{aE}$ 或 l_a 时，内侧水平分布筋在端柱中弯锚。

其加工尺寸为：

$$L_1 = \text{墙长 } N + 2 \times 0.4 l_{aE}(0.4 l_a) \text{ 伸至对边} \tag{4-99}$$
$$L_2 = 15d \tag{4-100}$$

其下料长度为：

$$L = L_1 + 2L_2 - 2 \times 90° \text{量度差值} \tag{4-101}$$

（2）内侧水平分布筋在端柱中直锚，如图 4-63 所示，M 为保护层厚 $> l_{aE}$ 或 l_a 时，内侧水平分布筋在端柱中直锚，这时钢筋左侧没有 L_2。

其加工尺寸为：

$$L_1 = \text{墙长 } N + 0.4 l_{aE}(0.4 l_a) \text{ 伸至对边} + l_{aE}(l_a) \tag{4-102}$$
$$L_2 = 15d \tag{4-103}$$

其下料长度为：

$$L = L_1 + L_2 - 90° \text{量度差值} \tag{4-104}$$

9. 一端为柱、另一端为墙的 L 形外墙水平分布筋计算

一端为柱、另一端为墙的 L 形外墙水平分布筋锚固，如图 4-63 所示。

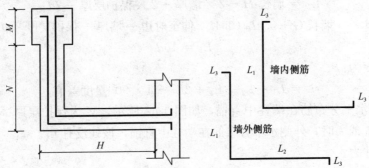

图 4-63　一端为柱、另一端为墙的 L 形外墙水平分布筋锚固示意图

（1）墙外侧水平分布筋

1）墙外侧水平分布筋在端柱中弯锚，如图 4-63 所示，M 为保护层厚$<l_{aE}$或者 l_a 时，外侧水平分布筋在端柱中弯锚。

其加工尺寸为：

$$L_1 = 墙长\ N + 0.4l_{aE}(0.4l_a)\ 伸至对边 - 保护层厚 \tag{4-105}$$

$$L_2 = 墙长\ H + 0.4l_{aE}(0.4l_a)\ 伸至对边 - 保护层厚 \tag{4-106}$$

$$L_3 = 15d \tag{4-107}$$

其下料长度为：

$$L = L_1 + L_2 + 2L_3 - 3 \times 90° 量度差值 \tag{4-108}$$

2）墙外侧水平分布筋在端柱中直锚，如图 4-63 所示，M 为保护层厚$>l_{aE}$ 或 l_a 时，外侧水平分布筋在端柱中直锚，该处无 L_3。

其加工尺寸为：

$$L_1 = 墙长\ N + l_{aE}(l_a) - 保护层厚 \tag{4-109}$$

$$L_2 = 墙长\ H + 0.4l_{aE}(0.4l_a)\ 伸至对边 - 保护层厚 \tag{4-110}$$

其下料长度为：

$$L = L_1 + L_2 - 2 \times 90° 量度差值 \tag{4-111}$$

（2）墙内侧水平分布筋

1）墙内侧水平分布筋在端柱中弯锚，如图 4-63 所示，M—保护层厚$<l_{aE}$ 或 l_a 时，内侧水平分布筋在端柱中弯锚。

其加工尺寸为：

$$L_1 = 墙长\ N + 0.4l_{aE}(0.4l_a)\ 伸至对边 - 墙厚 + 保护层厚 + d \tag{4-112}$$

$$L_2 = 墙长\ H + 0.4l_{aE}(0.4l_a)\ 伸至对边 - 墙厚 + 保护层厚 + d \tag{4-113}$$

$$L_3 = 15d \tag{4-114}$$

其下料长度为：

$$L = L_1 + L_2 + 2L_3 - 3 \times 90° 量度差值 \tag{4-115}$$

2）墙内侧水平分布筋在端柱中直锚，如图 4-63 所示，M 为保护层厚$>l_{aE}$ 或 l_a 时，外侧水平分布筋在端柱中直锚，该处无 L_3。

其加工尺寸为：

$$L_1 = 墙长\ N + l_{aE}(l_a) - 墙厚 + 保护层厚 + d \tag{4-116}$$

$$L_2 = 墙长\ H + 0.4l_{aE}(0.4l_a)\ 伸至对边 - 墙厚 + 保护层厚 + d \tag{4-117}$$

其下料长度为：

$$L = L_1 + L_2 - 2 \times 90° 量度差值 \tag{4-118}$$

第四节 剪力墙钢筋翻样和下料计算实例

【实例一】剪力墙洞口补强纵筋翻样长度的计算一

洞口表标注为 JD2 700×700 3.100。剪力墙厚 300mm，墙身水平分布筋和垂直分布筋均为Φ12@250。混凝土强度等级为 C30，纵向钢筋为 HRB400 级钢筋。计算补强纵筋的翻样长度。

【解】

由于缺省标注补强钢筋，默认的洞口每边补强钢筋为 2Φ12，但是补强钢筋不应小于洞口每边截断钢筋（6Φ12）的 50%，即洞口每边补强钢筋应为 3Φ12。

补强纵筋的总数量应为 12Φ12。

水平方向补强纵筋长度＝洞口宽度＋2×l_{aE}＝700＋2×40×12＝1660mm

垂直方向补强纵筋长度＝洞口高度＋2×l_{aE}＝700＋2×40×12＝1660mm

【实例二】剪力墙洞口补强纵筋翻样长度的计算二

洞口表标注为 JD1　300×300　3.100。混凝土强度等级为 C30，纵向钢筋为 HRB400 级钢筋。计算补强纵筋的翻样长度。

【解】

由于缺省标注补强钢筋，则默认洞口每边补强钢筋为 2Φ12。对于洞宽、洞高均≤300mm 的洞口不考虑截断墙身水平分布筋和垂直分布筋，因此以上补强钢筋无需进行调整。

补强纵筋"2Φ12"是指洞口一侧的补强纵筋，因此，补强纵筋的总数应该是 8Φ12。

水平方向补强纵筋的长度＝洞口宽度＋2×l_{aE}＝300＋2×40×12＝1260mm

垂直方向补强纵筋的长度＝洞口高度＋2×l_{aE}＝300＋2×40×12＝1260mm

【实例三】剪力墙洞口补强纵筋翻样长度的计算三

洞口表标注为 JD5　1800×2100　1.800　6Φ20　Φ8@150。剪力墙厚 300mm，混凝土强度等级为 C25，纵向钢筋为 HRB400 级钢筋。墙身水平分布筋和垂直分布筋均为Φ12@250。计算补强纵筋的翻样长度。

【解】

补强暗梁的纵筋长度＝1800＋2×l_{aE}＝1800＋2×40×20＝3400mm

每个洞口上下的补强暗梁纵筋总数为 12Φ20。

补强暗梁纵筋的每根长度为 3400mm。

但补强暗梁箍筋只在洞口内侧 50mm 处开始设置，所以：

一根补强暗梁的箍筋根数＝((1800－50×2)/150)＋1＝13 根

一个洞口上下两根补强暗梁的箍筋总根数为 26 根。

箍筋宽度＝300－2×15－2×12－2×8＝230mm

箍筋高度为 400mm，则：

箍筋的每根长度＝(230＋400)×2＋26×8＝1468mm

【实例四】某转角墙外侧水平钢筋下料长度的计算

某转角墙外侧钢筋布置如图 4-64 所示，混凝土强度等级为 C25，抗震等级为二级，保护层厚度为 15mm，钢筋为 HRB335，钢筋直径为 15mm。计算其外侧水平钢筋下料长度。

【解】

钢筋下料长度＝(6＋4.1＋0.15×4)－4×0.015＋2×15×0.015－3×2.931×0.015＝10.96m

【实例五】某转角墙内侧水平钢筋下料长度的计算

某转角墙内侧钢筋布置图 4-65 所示，混凝土强度等级为 C25，抗震等级为二级，保护层厚度为 15mm，钢筋为 HRB335，钢筋直径为 15mm。计算其内侧水平钢筋下料长度。

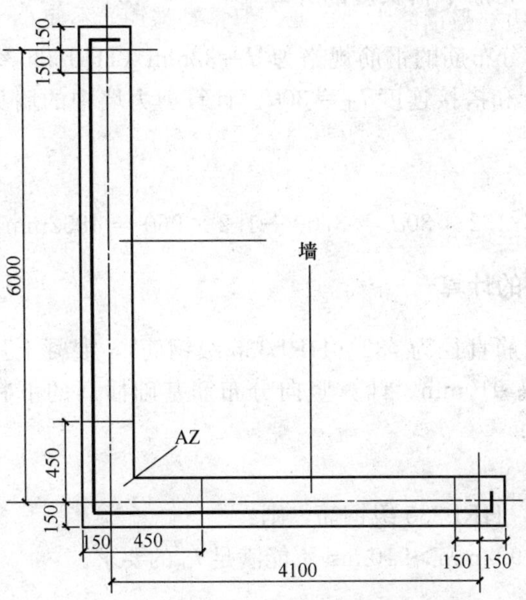

图 4-64 转角墙外侧钢筋布置示意图

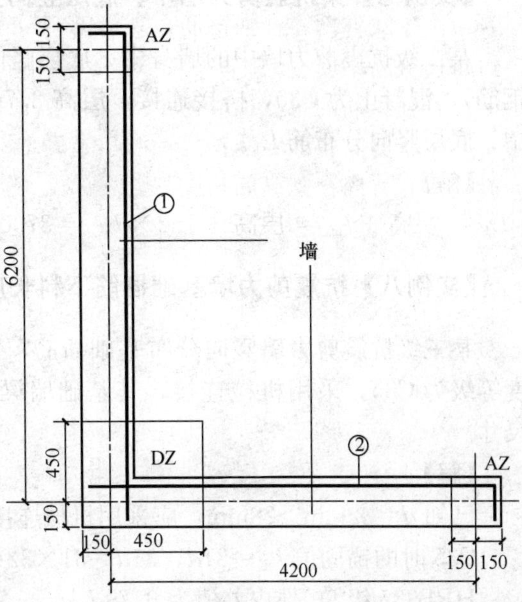

图 4-65 转角墙内侧钢筋布置示意图

【解】

判断内侧钢筋在端柱内的锚固方式：

因为$(h_c=600\text{mm})>(l_{aE}=38d=38\times15=570\text{mm})$，所以采用直锚。

①号钢筋下料长度$=(6.2+0.15-0.45)-0.015+15\times0.015+38\times0.015-2.931\times0.015=6.636\text{m}$

②号钢筋下料长度$=(4.2+0.15-0.45)-0.015+15\times0.015+38\times0.015-2.931\times0.015=4.636\text{m}$

【实例六】某抗震剪力墙顶层竖向分布筋下料长度的计算

某二级抗震剪力墙中墙身顶层竖向分布筋，钢筋直径为 $\phi32$（HRB335 级钢筋），混凝土强度等级为 C35。采用机械连接，其层高为 3.3m，屋面板厚 150mm。计算其顶层分布钢筋的下料长度。

【解】

已知 $d=32\text{mm}>28\text{mm}$，HRB335 级钢筋，则：

顶层室内净高＝层高－屋面板厚度$=3.3-0.15=3.15\text{m}$

C35 时的锚固值 $l_{aE}=34d$

HRB335 级框架顶层节点 90°外皮差值为 $4.648d$

长筋＝顶层室内净高＋l_{aE}－500mm－1 个 90°外皮差值

$=3.15+34\times0.032-0.5-4.648\times0.032=3.59\text{m}$

短筋＝顶层室内净高＋l_{aE}－500mm－35d－1 个 90°外皮差值

$=3.15+34\times0.032-0.5-35\times0.032-4.648\times0.032=2.47\text{m}$

【实例七】某抗震剪力墙中、底层竖向分布筋下料长度的计算

某二级抗震剪力墙中的墙身中、底层竖向分布筋的钢筋规格为 $d=32\text{mm}$（HRB335 级钢筋），混凝土为 C30，搭接连接，层高 3.7m 和搭接连度 $l_{aE}=30d$。计算剪力墙中的墙身中、底层竖向分布筋 L_1。

【解】

$$L_1 = 层高 + l_{lE} = 层高 + 1.2 \times l_{aE} = 3700 + 1.2 \times 30d = 3700 + 1.2 \times 960 = 4852\text{mm}$$

【实例八】抗震剪力墙基础插筋下料长度的计算一

某三级抗震剪力墙竖向分布基础插筋，钢筋直径为 $\phi32$（HRB335 级钢筋），混凝土强度等级为 C35，采用机械连接，其基础墙梁高 910mm。计算竖向分布筋基础插筋的下料尺寸。

【解】

已知 $d=32\text{mm}>28\text{mm}$，应采用机械连接，HRB335 级钢筋，则：

C35 时的锚固值 $l_{aE}=31d$，$31d=31\times32=992\text{mm}>910\text{mm}$ 不能满足 l_{aE} 的要求。

HRB335 级 90° 外皮差值为 $3.79d$

$$长筋 = 50d + 0.5l_{aE} + 500 - 1 个 90° 外皮差值$$
$$= 50 \times 0.032 + 0.5 \times 31 \times 0.032 + 0.5 - 1 \times 3.79 \times 0.032 = 2.47\text{m}$$

$$短筋 = 0.5l_{aE} + 15d + 500 - 1 个 90° 外皮差值$$
$$= 0.5 \times 31 \times 0.032 + 15 \times 0.032 + 0.5 - 1 \times 3.79 \times 0.032 = 1.36\text{m}$$

【实例九】抗震剪力墙基础插筋下料长度的计算二

某三级抗震剪力墙约束边缘暗柱，其钢筋级别为 HRB335 级钢筋，钢筋直径 $\phi32\text{mm}$，混凝土强度等级为 C30，采用机械连接，层高为 3.3m，屋面板厚 300mm，基础梁高 500mm。计算钢筋顶层、中层以及底层基础插筋的下料长度。

【解】

已知钢筋级别为 HRB335 级，$d=32\text{mm}>28\text{mm}$，混凝土保护层厚度为 30mm，层高$=3.2\text{m}$，顶层室内净高$=3.3-0.3=3\text{m}$

混凝土强度等级为 C30，三级抗震时的 $l_{aE}=34d$

90° 时的外皮差值：顶层为 $4.648d$，顶层以下为 $3.79d$

（1）计算顶层外侧与内侧的竖向钢筋下料长度

①外侧：长筋 $=$ 顶层室内净高 $+ l_{aE} - 500 - 1$ 个 90° 外皮差值
$$= 3 + 34 \times 0.032 - 0.5 - 4.648 \times 0.032 = 3.44\text{m}$$

短筋 $=$ 顶层室内净高 $+ l_{aE} - 500 - 35d - 1$ 个 90° 外皮差值
$$= 3 + 34 \times 0.032 - 0.5 - 35 \times 0.032 - 4.648 \times 0.032 = 2.32\text{m}$$

②内侧：长筋 $=$ 顶层室内净高 $+ l_{aE} - 500 - (d+30) - 1$ 个 90° 外皮差值
$$= 3 + 34 \times 0.032 - 0.5 - (0.032 + 0.03) - 4.648 \times 0.032 = 3.38\text{m}$$

短筋 $=$ 顶层室内净高 $+ l_{aE} - 500 - 35d - (d+30) - 1$ 个 90° 外皮差值
$$= 3 + 34 \times 0.032 - 0.5 - 35 \times 0.032 - (0.032 + 0.03) - 4.648 \times 0.032 = 2.26\text{m}$$

（2）计算中、底层竖向钢筋下料长度

$$中、底层竖向钢筋的下料长度＝3.2m$$

（3）计算基础插筋的钢筋下料长度

$$长筋＝35d＋500＋基础构件厚＋12d－1个90°外皮差值$$
$$＝35×0.032＋0.5＋0.5＋12×0.032－3.79×0.032＝2.32m$$
$$短筋＝500＋基础构件厚＋12d－1个保护层－1个90°外皮差值$$
$$＝0.5＋0.5＋12×0.032－3.79×0.032＝1.2m$$

【实例十】某剪力墙端部洞口连梁钢筋下料长度的计算一

某抗震二级剪力墙端部洞口连梁，钢筋级别为 HRB335 级钢筋，钢筋直径 $d＝32mm$，混凝土强度等级为 C30，跨度是 1m。计算墙端部洞口连梁的钢筋下料尺寸。

【解】

已知 C30 二级抗震，HRB335 级钢筋的 $l_{aE}＝34d$

$$90°角外皮差值为 2.931d$$
$$l_{aE}＝34d＝34×0.032＝1.088m，600mm＝0.6m$$
$$1.088＞0.6，即 l_{aE}＞600mm，故取 l_{aE} 值$$
$$L_1＝跨度总长＋0.4l_{aE}＋l_{aE}＝1＋0.4×1.088＋1.088＝2.52m$$
$$L_2＝15d＝15×0.032＝0.48m$$

$$总下料长度＝L_1＋L_2－1个90°外皮差值＝2.52＋0.48－2.931×0.032＝2.91m$$

【实例十一】某剪力墙端部洞口连梁钢筋下料长度的计算二

某二级抗震剪力墙端部洞口连梁，HRB335 级钢筋，钢筋规格为 $d＝20mm$，混凝土为 C30，跨度为 1000mm，$l_{aE}＝32d$。计算剪力墙端部洞口连梁钢筋 L_1 和 L_2 的加工尺寸和下料尺寸。

【解】

$$L_1＝\max(l_{aE},600)＋跨度＋0.4l_{aE}＝\max(32d,600)＋1000＋0.4×32d$$
$$＝\max(32×20,600)＋1100＋0.4×32×20＝640＋1000＋256$$
$$＝1896mm$$
$$L_2＝15d＝15×20＝300mm$$

下料长度 $＝L_1＋L_2－外皮差值$
$$＝1896＋300－2.931d＝1896＋300－59＝2137mm$$

【实例十二】某剪力墙暗柱顶层竖向筋下料长度的计算

某二级抗震剪力墙暗柱顶层竖向筋的钢筋规格为 $d＝20mm$（HPB300 钢筋），混凝土为 C30，搭接连接，层高 3.5m，保护层 15mm，顶板厚 150mm 和搭接长度 $l_{aE}＝25d$。计算剪力墙暗柱顶层竖向筋即墙里、外侧筋，长 L_1、短 L_1、$L_钩$ 和 L_2 的加工尺寸和下料尺寸。

【解】

（1）墙外侧筋的计算

1）墙外侧长 L_1

$$\text{长 } L_1 = \text{层高} - \text{保护层} = 3500 - 15 = 3485\text{mm}$$

2）墙外侧短 L_1

$$\text{短 } L_1 = \text{层高} - \text{保护层} - 1.3l_{aE} = 3500 - 15 - 1.3 \times 1.2l_{aE}$$
$$= 3500 - 15 - 1.3 \times 1.2 \times 25d = 2705\text{mm}$$

3）$L_{钩}$

$$L_{钩} = 6.25d = 6.25 \times 20 = 125\text{mm}$$

4）L_2

$$L_2 = l_{aE} - \text{顶板厚} + \text{保护层} = 25d - 150 + 15 = 500 - 150 + 15 = 365\text{mm}$$

5）墙外侧长筋下料长度

墙外侧长筋下料长度 $= \text{长 } L_1 + L_2 + L_{钩} - \text{外皮差值}$

$$= 3485 + 365 + 6.25d - 1.751d = 3485 + 365 + 125 - 35 = 3940\text{mm}$$

6）墙外侧短筋下料长度

墙外侧短筋下料长度 $= \text{短 } L_1 + L_2 + L_{钩} - \text{外皮差值}$

$$= 2705 + 365 + 6.25d - 1.751d = 2705 + 365 + 125 - 35 = 3160\text{mm}$$

（2）墙里侧筋的计算

1）墙里侧长 L_1

$$\text{长 } L_1 = \text{层高} - \text{保护层} - d - 30 = 3500 - 15 - 20 - 30 = 3435\text{mm}$$

2）墙里侧短 L_1

$$\text{短 } L_1 = \text{层高} - \text{保护层} - 1.3l_{1E} - d - 30 = 3500 - 15 - 1.3 \times 1.2l_{aE} - 20 - 30$$
$$= 3500 - 15 - 1.3 \times 1.2 \times 25d - 20 - 30$$
$$= 3500 - 15 - 780 - 50 = 2655\text{mm}$$

3）$L_{钩}$

$$L_{钩} = 6.25d = 6.25 \times 20 = 125\text{mm}$$

4）L_2

$$L_2 = l_{aE} - \text{顶板厚} + \text{保护层} + d + 30 = 25d - 150 + 15 + d + 30$$
$$= 500 - 150 + 15 + 20 + 30 = 415\text{mm}$$

5）墙里侧长筋下料长度

墙里侧长筋下料长度 $= \text{长 } L_1 + L_2 + L_{钩} - \text{外皮差值}$

$$= 3435 + 415 + 6.25d - 1.751d$$
$$= 3435 + 415 + 125 - 35 = 3940\text{mm}$$

6）墙里侧短筋下料长度

墙里侧短筋下料长度 $= \text{短 } L_1 + L_2 + L_{钩} - \text{外皮差值}$

$$= 2655 + 415 + 6.25d - 1.751d$$
$$= 2655 + 415 + 125 - 35 = 3160\text{mm}$$

【实例十三】剪力墙连梁和端柱钢筋下料长度的计算

剪力墙连梁和端柱，结构抗震等级为一级，C30 混凝土，墙柱保护层为 30mm，轴线居中，基础顶标高为 -1.000，基础高度为 1000mm，墙柱采用机械连接，墙身采用绑扎搭接，其他条件如图 4-66 所示。计算图中 Q1、GDZ1 和 LL1 的钢筋下料量。

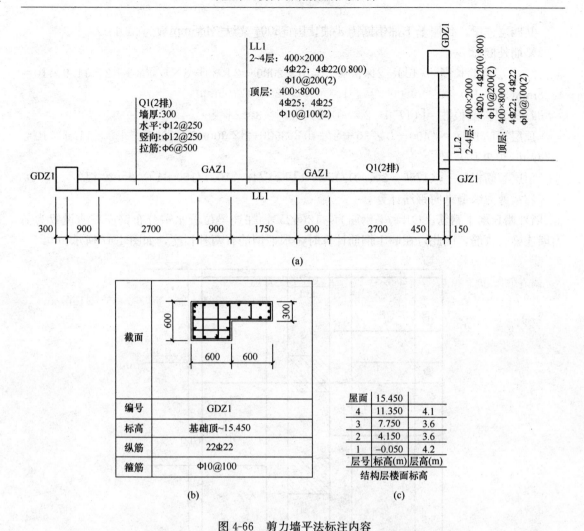

图 4-66 剪力墙平法标注内容

（a）平面布置与截面注写内容；（b）墙柱表注写内容；（c）结构层楼面标高和结构层高

【解】

LL1 标注内容：连梁 1 中间层，截面尺寸为 400mm×2000mm，上部和下部钢筋均为 4Φ22，梁顶标高相对于所在楼层标高高 0.8m，箍筋为 ϕ10 的钢筋间距 200mm，双肢箍。

连梁 1 顶层，截面尺寸为 400mm×800mm，上部和下部钢筋均为 4Φ25，梁顶标高与顶层标高相同，箍筋为 Φ10 的钢筋间距 100mm，双肢箍。

Q1 标注内容：墙 1 的钢筋网有两排，墙厚 300mm，水平和竖向分布钢筋均为 ϕ12 的钢筋，间距 250mm，拉筋为 ϕ6 的钢筋，间距 500mm。

GDZ1 标注内容：构造端柱 1 截面形式如墙柱表所示，纵筋为 22Φ22，箍筋为 Φ10 钢筋，间距 100mm，箍筋的形式，如图 4-68 所示。

（1）LL1 钢筋量计算

锚固长度：连梁纵筋的锚固为 $l_{aE}=34d=34×22=748$mm

剪力墙连梁锚入墙肢内的长度为 max（600，l_{aE}）$=748$mm

纵筋长度：$1750+2×748=3246$mm

共四层连梁，每层上下部钢筋为 8 根，因此，连梁纵筋的总根数为 32 Φ 22

箍筋长度：

2～4 层箍筋长度＝（400－2×30＋2×10＋2000－2×30＋2×10）×2＋2×11.9×10＝4878mm(30 Φ 10)

2～4 层箍筋根数＝[(1750－2×50)/200＋1]×3≈28 根

顶层箍筋长度＝（400－2×30＋2×10＋800－2×30＋2×10）×2＋2×11.9×10＝2478mm(30 Φ 10)

顶层箍筋根数＝[(1750－2×50)/100＋1]＋[(748－100)/150＋1]×2≈29 根

（2）剪力墙身纵向钢筋计算

1）墙身水平钢筋。Q1 水平钢筋为Φ 12@250，在连梁位置水平分布钢筋贯通设置为剪力墙连梁的腰筋，因此，在墙 1 钢筋计算时，水平钢筋有两种长度，如图 4-67 所示。

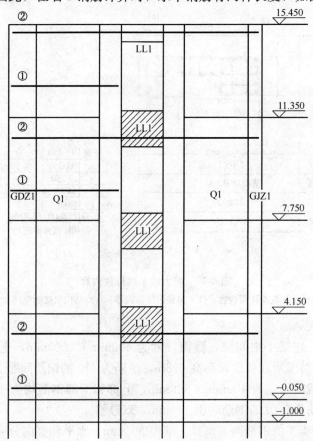

图 4-67　剪力墙身水平钢筋布置

①钢筋长度＝1200＋2700＋900－2×30＋15×12×2＝4779mm

$$根数＝\left(\frac{4150＋1000－1200－250}{250}＋1\right)＋\left(\frac{3600－2000－250}{250}＋1\right)×2$$

$$＋\left(\frac{4100－800－800－250}{250}＋1\right)$$

$$＝16＋17×2＋10＝40 根$$

②钢筋长度＝1200＋2700＋900＋1750＋900＋2700＋600－2×15

$$+15×12×2=10360mm$$

$$根数 = \left(\frac{1000-40}{500}+1\right)+\frac{2000-250}{250}×3+\frac{800-250}{250} \approx 3+21+3 = 27 根$$

2）墙身竖向钢筋。Q1竖向钢筋为$\Phi12@250$，竖向钢筋从基础插筋至顶层布置。

基础插筋：锚固长度$l_{aE}=34d=34×12=408mm$

搭接长度$1.2l_{aE}=1.2×408=489.6mm$

插筋采用直锚形式：部分钢筋（30％）伸至基础底部水平弯折max（6d，150mm），其余钢筋伸至基础中，满足最小锚固长度l_{aE}即可。

弯折钢筋长度：$1.2l_{aE}+1000-40+150=1599.6mm$（4$\Phi$12）

直锚钢筋长度：$1.2l_{aE}+408=897.6mm$（7Φ12）

中间层：$11350+1000+3×1.2l_{aE}=13818.8mm$（11$\Phi$12）

顶层：$4100-100+l_{aE}=4408mm$（11Φ12）

根数：$\frac{(2700-250)}{250}+1\approx11 根$

（3）构造边缘端柱1钢筋量计算

1）GDZ1纵筋计算

基础插筋部位：$h-c=1000-40=960mm$，$d=22mm$，$l_{aE}=34d=748mm$

基础插筋角筋长度＝500＋960＋150＝1610mm（7Φ22）

基础插筋中部钢筋长度：500＋748＝1248mm（15Φ22）

中间层钢筋长度：11350＋1000＋500－500＝12350mm（22Φ22）

顶层：$15450 - 11350 - 500 - 100 + 748 = 4248mm$（22$\Phi$22）

2）箍筋计算（图4-68）

①箍筋长度计算

①号箍筋长度＝(600－2×30＋2×10)×4＋2×11.9×10＝2478mm

②号箍筋长度＝(1200－2×30＋2×10＋300－2×30＋2×10)×2＋2×11.9×10＝3078mm

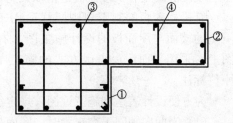

图4-68 构造端柱1箍筋示意图

③号箍筋长度＝$\left(\frac{600-2×30-22}{3}+22+2×10+600-2×30+2×10\right)×2$

$$+2×11.9×10=1787mm$$

④号箍筋长度＝300－2×30＋2×10＋2×10＋2×11.9×10＝518mm

② 箍筋根数计算

$$箍筋根数 = \frac{1000-40}{500}+1+\frac{5150-2×50}{100}+1+\left(\frac{3600-2×50}{100}+1\right)×2$$

$$+\frac{4100-2×50}{100}+1\approx168 根$$

第五章 楼板钢筋翻样与下料

重点提示：

1. 了解板平法施工图识读的基本知识，如有梁楼盖板平法施工图识读、无梁楼盖板平法施工图识读及楼板相关构造的制图规则

2. 了解楼板的钢筋构造，包括有梁楼盖（屋）面板钢筋构造、有梁楼（屋）面板端部钢筋构造、有梁楼盖不等跨板上部贯通纵筋连接构造等

3. 掌握楼板钢筋翻样与下料方法，包括板下部钢筋计算、板上部钢筋计算、板温度钢筋计算、纯悬挑板钢筋计算等

4. 通过不同楼板钢筋翻样与下料计算实例的讲解，把握不同情况下的具体计算方法

第一节 板平法施工图识读

一、有梁楼盖板平法施工图识读

1. 有梁楼盖板平法施工图表示方法

现浇混凝土有梁楼盖板是指以梁为支座的楼面与屋面板。

有梁楼盖板的制图规则同样适用于梁板式转换层、剪力墙结构、砌体结构、有梁地下室的楼面与屋面板的设计施工图。有梁楼盖板平法施工图是指在楼面板和屋面板布置图上，采用平面注写表达方式的施工图。板平面注写主要包括：板块集中标注和板支座原位标注。

为方便设计表达和施工识图，规定结构平面的坐标方向为：

（1）当两向轴网正交布置时，图面从左至右为 X 向，从下至上为 Y 向。

（2）当轴网转折时，局部坐标方向顺轴网转折角度做相应转折。

（3）当轴网向心布置时，切向为 X 向，径向为 Y 向。

此外，对于平面布置比较复杂的区域，如轴网转折交界区域、向心布置的核心区域等，其平面坐标方向应由设计者另行规定并在图上明确表示。

2. 板块集中标注

板块集中标注的主要内容为：板块编号、板厚、贯通纵筋，以及当板面标高不同时的标高高差。

（1）板块编号。对于普通楼盖，两向均以一跨为一板块；对于密肋楼盖，两向主梁（框架梁）均以一跨为一板块（非主梁密肋不计）。所有板块应逐一编号，相同编号的板块可择其一做集中标注，其他仅注写置于圆圈内的板编号，以及当板面标高不同时的标高高差。板块编号如表 5-1 所示。板块编号为板代号加序号。

（2）板厚。板厚为垂直于板面的厚度，用"$h=\times\times\times$"表示；当悬挑板的端部改变截面

厚度时，用斜线分隔根部与端部的高度值，注写方式为 $h＝×××/×××$；当设计已在图注中统一注明板厚时，此项可不注。

表 5-1 板块编号

板类型	代号	序号
楼板	LB	××
屋面板	WB	××
悬挑板	XB	××

（3）贯通纵筋。贯通纵筋按板块的下部和上部分别注写（当板块上部不设贯通纵筋时则不注），并以 B 代表下部，以 T 代表上部，B&T 代表下部与上部；X 向贯通纵筋以 X 打头，Y 向贯通纵筋以 Y 打头，两向贯通纵筋配置相同时则以 X&Y 打头。

当为单向板时，分布筋可不必注写，而在图中统一注明。

当在某些板内（例如悬挑板 XB 的下部）配置有构造钢筋时，则 X 向以 Xc，Y 向以 Yc 打头注写。

当 Y 向采用放射配筋时（切向为 X 向，径向为 Y 向），设计者应注明配筋间距的定位尺寸。

当贯通筋采用两种规格钢筋"隔一布一"方式时，表达为 $\phi ××/yy@×××$，表示直径为×× 的钢筋和直径为 yy 的钢筋二者之间间距为×××，直径 xx 的钢筋的间距为××× 的 2 倍，直径 yy 的钢筋的间距为××× 的 2 倍。

（4）板面标高高差。板面标高高差是指相对于结构层楼面标高的高差，应将其注写在括号内，且有高差则注，无高差不注。

【例 5-1】 有一楼面板块注写为：LB5 $h＝110$

B：X $\phi 12@120$；Y $\phi 10@110$

表示 5 号楼面板，板厚 110，板下部配置的贯通纵筋 X 向为 $\phi 12@120$，Y 向为 $\phi 10@110$，板上部未配置贯通纵筋。

（5）同一编号板块的类型、板厚和贯通纵筋均应相同，但板面标高、跨度、平面形状以及板支座上部非贯通纵筋可以不同，如同一编号板块的平面形状可为矩形、多边形及其他形状等。施工预算时，应根据其实际平面形状，分别计算各块板的混凝土与钢材用量。

设计与施工应注意：单向或双向连续板的中间支座上部同向贯通纵筋，不应在支座位置连接或分别锚固。当相邻两跨的板上部贯通纵筋配置相同，且跨中部位有足够空间连接时，可在两跨任意一跨的跨中连接部位连接：当相邻两跨的上部贯通纵筋配置不同时，应将配置较大者越过其标注的跨数终点或起点伸至相邻跨的跨中连接区域连接。

设计者应注意板中间支座两侧上部贯通纵筋的协调配置，施工及预算应按具体设计和相应标准构造要求实施。等跨与不等跨板上部贯通纵筋的连接有特殊要求时，其连接部位及方式应由设计者注明。

3. 板支座原位标注

（1）原位标注内容

板支座原位标注的内容为：板支座上部非贯通纵筋和悬挑板上部受力钢筋。

（2）表达方式

　　板支座原位标注的钢筋，应在配置相同跨的第一跨表达（当在梁悬挑部位单独配置时则在原位表达）。

　　表达方式：在配置相同跨的第一跨（或梁悬挑部位），垂直于板支座（梁或墙）绘制一段适宜长度的中粗实线（当该筋通长设置在悬挑板或短跨板上部时，实线段应画至对边或贯通短跨），以该线段代表支座上部非贯通纵筋，并在线段上方注写钢筋编号（如①、②等）、配筋值、横向连续布置的跨数（注写在括号内，且当为一跨时可不注），以及是否横向布置到梁的悬挑端。

　　（3）非贯通纵筋的布置方式

　　板支座上部非贯通筋自支座中线向跨内的伸出长度，注写在线段的下方位置。

　　当中间支座上部非贯通纵筋向支座两侧对称伸出时，可仅在支座一侧线段下方标注伸出长度，另一侧不注，如图5-1所示。

　　当向支座两侧非对称伸出时，应分别在支座两侧线段下方注写伸出长度，如图5-2所示。

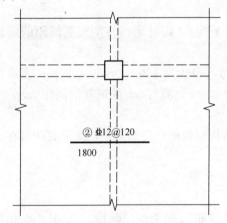

图5-1　板支座上部非贯通筋对称伸出

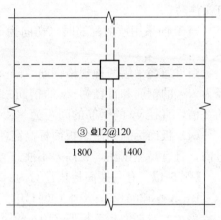

图5-2　板支座上部非贯通筋非对称伸出

　　对线段画至对边贯通全跨或贯通全悬挑长度的上部通长纵筋，贯通全跨或伸出至全悬挑一侧的长度值不注，只注明非贯通筋另一侧的伸出长度值，如图5-3所示。

　　当板支座为弧形，支座上部非贯通纵筋是放射状分布时，设计者应注明配筋间距的度量

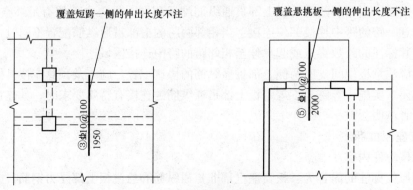

图5-3　板支座上部非贯通筋贯通全跨或伸至悬挑端

位置并加注"放射分布"四字，必要时应补绘平面配筋图，如图 5-4 所示。

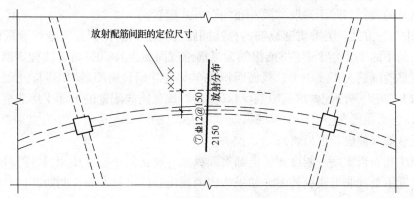

图 5-4　弧形支座处放射配筋

关于悬挑板支座非贯通筋的注写方式如图 5-5 所示。当悬挑板端部厚度不小于 150mm 时，设计者应指定板端部封边构造方式，当采用 U 形钢筋封边时，尚应指定 U 形钢筋的规格、直径。

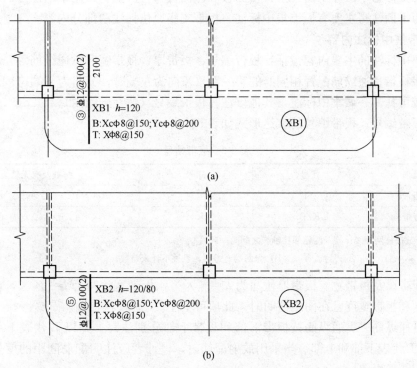

图 5-5　悬挑板支座非贯通筋

在板平面布置图中，不同部位的板支座上部非贯通纵筋及悬挑板上部受力钢筋，可仅在一个部位注写，对其他相同者则仅需在代表钢筋的线段上注写编号及按第 3 条"板支座原位标注"注写横向连续布置的跨数即可。

此外，与板支座上部非贯通纵筋垂直且绑扎在一起的构造钢筋或分布钢筋，应由设计者在图中注明。

当板的上部已配置有贯通纵筋，但需增配板支座上部非贯通纵筋时，应结合已经配置的同向贯通纵筋的直径与间距采取"隔一布一"方式配置。

"隔一布一"方式，为非贯通纵筋的标注间距与贯通纵筋相同，两者组合后的实际间距为各自标注间距的 1/2。当设定贯通纵筋为纵筋总截面面积的 50％时，两种钢筋应取相同直径；当设定贯通纵筋大于或小于总截面面积的 50％时，两种钢筋则取不同直径。

【例 5-2】 板上部已配置贯通纵筋 ϕ 12@250，该跨同向配置的上部支座非贯通纵筋为⑤ ϕ 12@250，表示在该支座上部设置的纵筋实际为 ϕ 12@125，其中 1/2 为贯通纵筋，1/2 为 ⑤号非贯通纵筋（伸出长度值略）。

施工应注意：当支座一侧设置了上部贯通纵筋（在板集中标注中以 T 打头），而在支座另一侧仅设置了上部非贯通纵筋时，如果支座两侧设置的纵筋直径、间距相同，应将二者连通，避免各自在支座上部分别锚固。

二、无梁楼盖板平法施工图识读

1. 无梁楼盖平法施工图表示方法

(1) 无梁楼盖平法施工图，系在楼面板和屋面板布置图上，采用平面注写的表达方式。

(2) 板平面注写主要有板带集中标注、板带支座原位标注两部分内容。

2. 板带集中标注内容

板带集中标注的主要内容包括：板带编号、板带厚、板带宽和贯通纵筋等几个方面。集中标注应在板带贯通纵筋配置相同跨的第一跨（X 向为左端跨，Y 向为下端跨）注写。相同编号的板带可择其一做集中标注，其他仅注写板带编号（注在圆圈内）。

(1) 板带编号。板带编号的表达形式如表 5-2 所示。

表 5-2　板带编号

板带类型	代号	序号	跨数及有无悬挑
柱上板带	ZSB	××	(××)、(××A) 或 (××B)
跨中板带	KZB	××	(××)、(××A) 或 (××B)

注：1. 跨数按柱网轴线计算（两相邻柱轴线之间为一跨）。
　　2. (××A) 为一端有悬挑，(××B) 为两端有悬挑，悬挑不计入跨数。

(2) 板带厚及板带宽。板带厚注写为 $h=×××$，板带宽注写为 $b=×××$。当无梁楼盖整体厚度和板带宽度已在图中注明时，此项可不注。

(3) 贯通纵筋。贯通纵筋按板带下部和板带上部分别注写，并以 B 代表下部，T 代表上部，B&T 代表下部和上部。当采用放射配筋时，设计者应注明配筋间距的度量位置，必要时补绘配筋平面图。

【例 5-3】 设有一板带注写为：ZSB2（5A）　　 $h=300$　 $b=3000$

　　　　　　　　 B＝ϕ 16@100；T ϕ 18@200

表示 2 号柱上板带，有 5 跨且一端有悬挑，板带厚 300，宽 3000，板带配置贯通纵筋下部为 ϕ 16@100，上部为 ϕ 18@200。

设计与施工应注意：相邻等跨板带上部贯通纵筋应在跨中 1/3 净跨长范围内连接；当同向连续板带的上部贯通纵筋配置不同时，应将配置较大者越过其标注的跨数终点或起点伸至相邻跨的跨中连接区域连接。

设计者应注意板带中间支座两侧上部贯通纵筋的协调配置，施工及预算应按具体设计和相应标准构造要求实施。等跨与不等跨板上部贯通纵筋的连接构造要求见相关标准构造详图；当具体工程对板带上部纵向钢筋的连接有特殊要求时，其连接部位及方式应由设计者注明。

当局部区域的板面标高与整体不同时，应在无梁楼盖的板平法施工图上注明板面标高高差及分布范围。

3. 板带支座原位标注

板带支座原位标注的具体内容为：板带支座上部非贯通纵筋。

以一段与板带同向的中粗实线段代表板带支座上部非贯通纵筋；对柱上板带，实线段贯穿柱上区域绘制；对跨中板带，实线段横穿柱网轴线绘制。在线段上注写钢筋编号（如①、②等）、配筋值及在线段的下方注写自支座中线向两侧跨内的伸出长度。

当板带支座非贯通纵筋自支座中线向两侧对称伸出时，其伸出长度可仅在一侧标注；当配置在有悬挑端的边柱上时，该筋伸出到悬挑尽端，设计不注。当支座上部非贯通纵筋是放射分布时，设计者应注明配筋间距的定位位置。

不同部位的板带支座上部非贯通纵筋相同者，可仅在一个部位注写，其余则在代表非贯通纵筋的线段上注写编号。

【例 5-4】 设有平面布置图的某部位，在横跨板带支座绘制的对称线段上注有⑦Φ18@250，在线段一侧的下方注有1500，表示支座上部⑦号非贯通纵筋为Φ18@250，自支座中线向两侧跨内的伸出长度均为1500。

当板带上部已经配有贯通纵筋，但需增加配置板带支座上部非贯通纵筋时，应结合已配同向贯通纵筋的直径与间距，采取"隔一布一"的方式配置。

三、楼板相关构造的制图规则

1. 楼板相关构造类型与表达方法

楼板相关构造的平法施工图设计，是在板平法施工图上采用直接引注方式表达。

楼板相关构造类型与编号，如表5-3所示。

表 5-3　楼板相关构造类型与编号

构造类型	代号	序号	说　明
纵筋加强带	JQD	××	以单向加强筋取代原位置配筋
后浇带	HJD	××	有不同的留筋方式
柱帽	ZMx	××	适用于无梁楼盖
局部升降板	SJB	××	板厚及配筋所在板相同；构造升降高度≤300
板加腋	JY	××	腋高与腋宽可选注
板开洞	BD	××	最大边长或直径<1m；加强筋长度有全跨贯通和自洞边锚固两种
板翻边	FB	××	翻边高度≤300
角部加强筋	Crs	××	以上部双向非贯通加强钢筋取代原位置的非贯通配筋
悬挑阳角放射筋	Ces	××	板悬挑阳角上部放射筋
抗冲切箍筋	Rh	××	通常用于无柱帽无梁楼盖的柱顶
抗冲切弯起筋	Rb	××	通常用于无柱帽无梁楼盖的柱顶

2. 楼板相关构造直接引注

（1）纵筋加强带

纵筋加强带的平面形状及定位由平面布置图表达，加强带内配置的加强贯通纵筋等由引注内容表达。

纵筋加强带设单向加强贯通纵筋，取代其所在位置板中原配置的同向贯通纵筋。根据受力需要，加强贯通纵筋可在板下部配置，也可在板下部和上部均设置。纵筋加强带的引注，如图 5-6 所示。

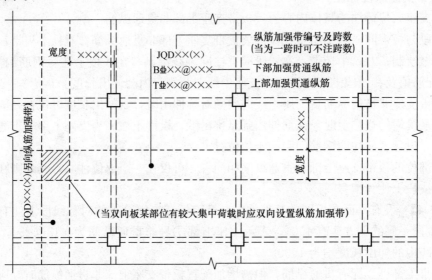

图 5-6　纵筋加强带 JQD 引注图示

当板下部和上部均设置加强贯通纵筋，而板带上部横向无配筋时，加强带上部横向配筋应由设计者注明。

当将纵筋加强带设置为暗梁形式时应注写箍筋，其引注如图 5-7 所示。

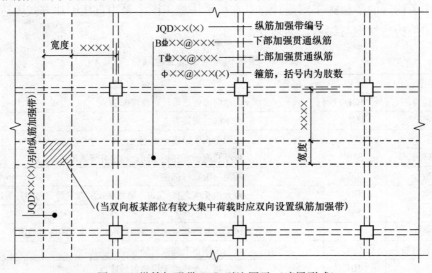

图 5-7　纵筋加强带 JQD 引注图示（暗梁形式）

（2）后浇带

后浇带的平面形状及定位由平面布置图表达，后浇带留筋方式等由引注内容表达，包括：

1）后浇带编号及留筋方式代号。后浇带的两种留筋方式，分别为贯通留筋（代号GT），100％搭接留筋（代号100％）。

2）后浇混凝土的强度等级 C××。宜采用补偿收缩混凝土，设计应注明相关施工要求。

3）留筋方式或后浇混凝土强度等级不一致时，设计者应在图中注明与图示不一致的部位及做法。

后浇带引注如图 5-8 所示。

贯通留筋的后浇带宽度通常取大于或等于 800mm；100％搭接留筋的后浇带宽度通常取 800mm 与（l_l＋60mm）的较大值（l_l 为受拉钢筋的搭接长度）。

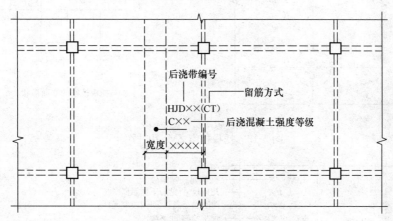

图 5-8 后浇带 HJD 引注图示

（3）柱帽

柱帽引注如图 5-9～图 5-12 所示。柱帽的平面形状有矩形、圆形或多边形等，其平面形

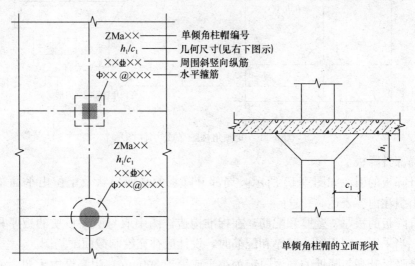

图 5-9 单倾角柱帽 ZMa 引注图示

147

状由平面布置图表达。柱帽的立面形状有单倾角柱帽 ZMa（图 5-9）、托板柱帽 ZMb（图 5-10）、变倾角柱帽 ZMc（图 5-11）和倾角托板柱帽 ZMab（图 5-12）等，其立面几何尺寸和配筋由具体的引注内容表达。图中 c_1、c_2 当 X、Y 方向不一致时，应标注（$c_{1,x}$，$c_{1,Y}$）、（$c_{2,x}$，$c_{2,Y}$）。

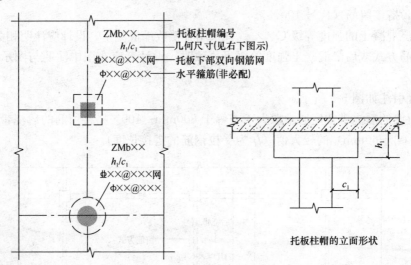

图 5-10　托板柱帽 ZMb 引注图示

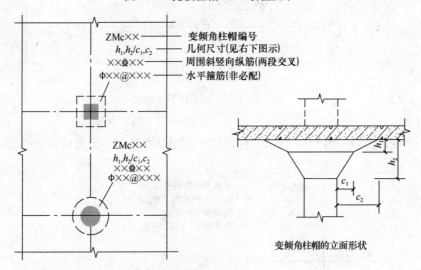

图 5-11　变倾角柱帽 ZMc 引注图示

（4）局部升降板

局部升降板的引注如图 5-13 所示。局部升降板的平面形状及定位由平面布置图表达，其他内容由引注内容表达。

局部升降板的板厚、壁厚和配筋，在标准构造详图中取与所在板块的板厚和配筋相同，设计不注；当采用不同板厚、壁厚和配筋时，设计应补充绘制截面配筋图。

局部升降板升高与降低的高度限定为小于或等于 300mm 时，当高度大于 300mm 时，设计应补充绘制截面配筋图。

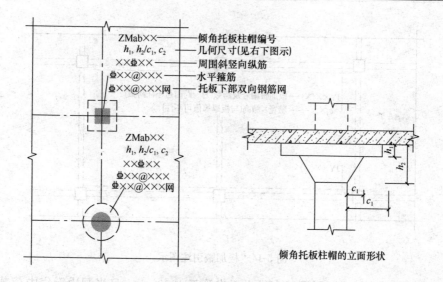

ZMab××	倾角托板柱帽编号
$h_1, h_2/c_1, c_2$	几何尺寸(见右下图示)
××$\underline{\Phi}$××	周围斜竖向纵筋
Φ××@××	水平箍筋
Φ××@×××网	托板下部双向钢筋网

ZMab××	
$h_1, h_2/c_1, c_2$	
××$\underline{\Phi}$××	
Φ××@×××	
Φ××@×××网	

倾角托板柱帽的立面形状

图 5-12　倾角托板柱帽 ZMab 引注图示

设计应注意：局部升降板的下部与上部配筋均应设计为双向贯通纵筋。

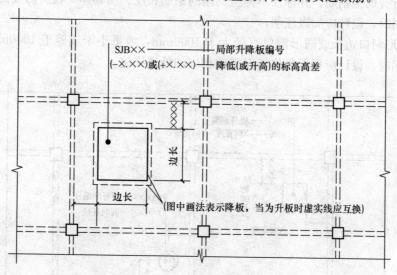

SJB××	局部升降板编号
(−×.××)或(+×.××)	降低(或升高)的标高高差

边长

边长

(图中画法表示降板，当为升板时虚实线应互换)

图 5-13　局部升降板 SJB 引注图示

（5）板加腋

板加腋的引注如图 5-14 所示。板加腋的位置与范围由平面布置图表达，腋宽、腋高及配筋等由引注内容表达。

当为板底加腋时腋线应为虚线，当为板面加腋时腋线应为实线；当腋宽与腋高同板厚时，设计不注。加腋配筋按标准构造，设计不注；当加腋配筋与标准构造不同时，设计应补充绘制截面配筋图。

（6）板开洞

板开洞的引注如图 5-15 所示。板开洞的平面形状及定位由平面布置图表达，洞的几何尺寸等由引注内容表达。

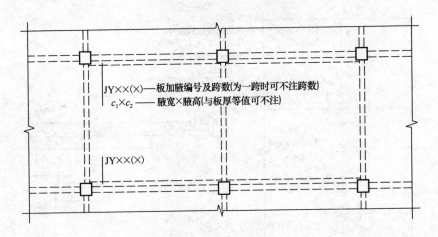

图 5-14　板加腋引注图示

1）当矩形洞口边长或圆形洞口直径小于或等于 1000mm，且当洞边无集中荷载作用时，洞边补强钢筋可按标准构造的规定设置，设计不注；当洞口周边加强钢筋不伸至支座时，应在图中画出所有加强钢筋，并标注不伸至支座的钢筋长度。当具体工程所需要的补强钢筋与标准构造不同时，设计应加以注明。

2）当矩形洞口边长或圆形洞口直径大于 1000mm，或虽小于或等于 1000mm 但洞边有集中荷载作用时，设计应根据具体情况采取相应的处理措施。

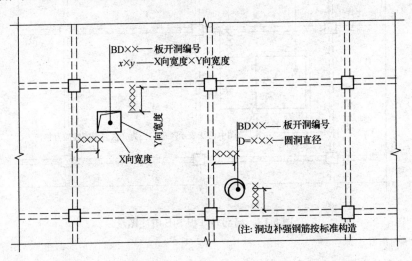

图 5-15　板开洞 BD 引注图示

（7）板翻边

板翻边的引注如图 5-16 所示。板翻边可为上翻也可为下翻，翻边尺寸等在引注内容中表达，翻边高度在标准构造详图中为小于或等于 300mm。当翻边高度大于 300mm 时，由设计自行处理。

（8）角部加强筋

角部加强筋的引注如图 5-17 所示。角部加强筋通常用于板块角区的上部，根据规范规

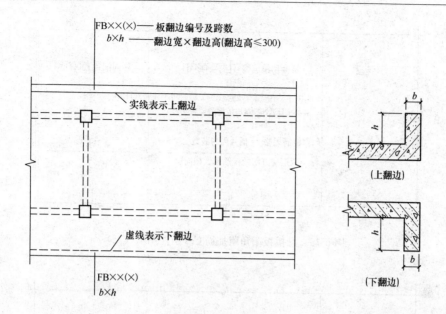

图 5-16　板翻边 FB 引注图示

定的受力要求选择配置。角部加强筋将在其分布范围内取代原配置的板支座上部非贯通纵筋，且当其分布范围内配有板上部贯通纵筋时则间隔布置。

（9）悬挑板阳角附加筋

悬挑板阳角附加筋的引注如图 5-18、图 5-19 所示。

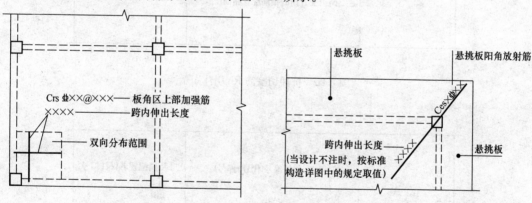

图 5-17　角部加强筋 Crs 引注图示

图 5-18　悬挑板阳角附加筋 Ces 引注图示（一）

（10）抗冲切箍筋

抗冲切箍筋的引注如图 5-20 所示。抗冲切箍筋通常在无柱帽、无梁楼盖的柱顶部位设置。

（11）抗冲切弯起筋

抗冲切弯起筋的引注如图 5-21 所示。抗冲切弯起筋通常在无柱帽无梁楼盖的柱顶部位设置。

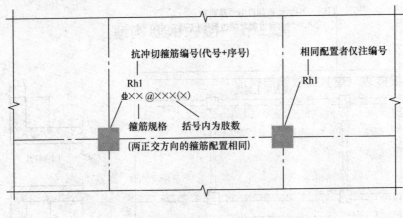

图 5-19　悬挑板阳角附加筋 Ces 引注图示（二）

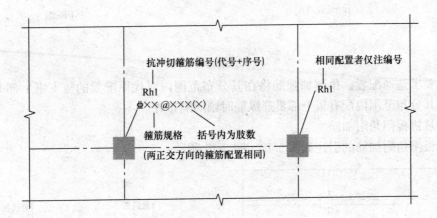

图 5-20　抗冲切箍筋 Rh 引注图示

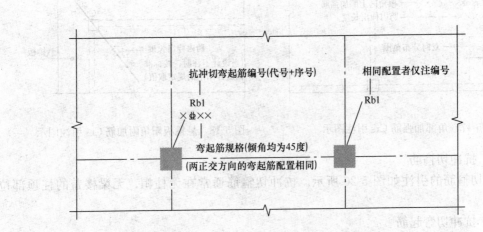

图 5-21　抗冲切弯起筋 Rb 引注图示

第二节　楼板钢筋构造

一、有梁楼盖（屋）面板钢筋构造

有梁楼盖（屋）面板钢筋构造，如图 5-22 所示。

有梁楼盖（屋）面板钢筋构造要求如下：

（1）下部纵筋

与支座垂直的贯通纵筋：伸入支座 $5d$ 且至少到梁中线。

与支座同向的贯通纵筋：第一根钢筋在距梁角筋 1/2 板筋间距处开始设置。

（2）上部纵筋

1）非贯通纵筋

向跨内伸出长度详见设计标注。

2）贯通纵筋

①与支座垂直的贯通纵筋。贯通跨越中间支座，上部贯通纵筋连接区在跨中 1/2 跨度范围之内；相邻等跨或不等跨的上部贯通纵筋配置不同时，应将配置较大者越过其标注的跨数终点或起点延伸至相邻跨的跨中连接区域连接。

②与支座同向的贯通纵筋。第一根钢筋在距梁角筋为 1/2 板筋间距处开始设置。

二、有梁楼（屋）面板端部钢筋构造

有梁楼（屋）面板和屋面板端部支座的锚固构造如图 5-23 所示。

有梁楼（屋）面板端部支座的锚固构造要求如下：

（1）端部支座为梁

1）板下部贯通纵筋。板下部贯通纵筋在端部制作的直锚长度 $\geqslant 5d$ 且至少到梁中线；梁板式转换层的板，下部贯通纵筋在端部支座的直锚长度为 l_a。

2）板上部贯通纵筋。板上部贯通纵筋伸至梁外侧角筋的内侧弯钩，弯折长度为 $15d$。

弯折水平段长度：当设计按铰接时，长度 $\geqslant 0.35 l_{ab}$；当充分利用钢筋的抗拉强度时，长度 $\geqslant 0.6 l_{ab}$。

（2）端部支座为剪力墙

1）板下部贯通纵筋。板下部贯通纵筋在端部支座的直锚长度 $\geqslant 5d$ 且至少到墙中线。

2）板上部贯通纵筋。板上部贯通纵筋伸至墙身外侧水平分布筋的内侧弯钩，弯折长度为 $15d$。

弯折水平段长度为 $0.4 l_{ab}$。

（3）端部支座为砌体墙的圈梁

1）板下部贯通纵筋。板下部贯通纵筋在端部支座的直锚长度 $\geqslant 5d$ 且至少到梁中线。

2）板上部贯通纵筋。板上部贯通纵筋伸至圈梁外侧角筋的内侧弯钩，弯折长度为 $15d$。

弯折水平段长度：当设计按铰接时，长度 $\geqslant 0.35 l_{ab}$；当充分利用钢筋的抗拉强度时，长度 $\geqslant 0.6 l_{ab}$。

（4）端部支座为砌体墙

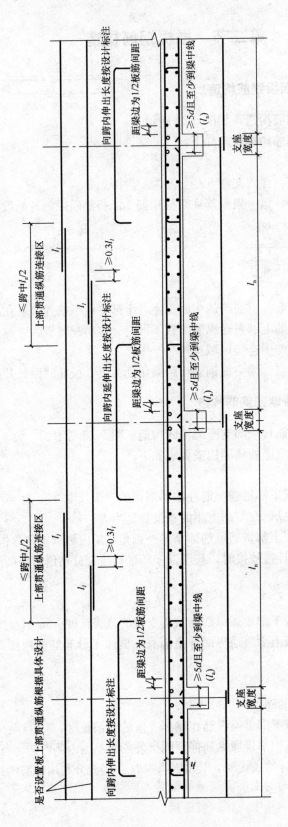

图 5-22 有梁楼盖（屋）面板钢筋构造

l_n—水平跨净跨值；l_l—纵向受拉钢筋非抗震绑扎搭接长度；

l_a—受拉钢筋非抗震锚固长度；d—受拉钢筋直径；h—板厚

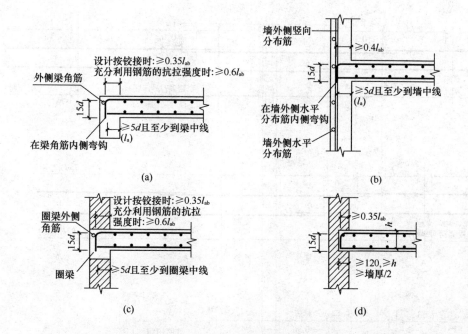

图 5-23　有梁楼面板和屋面板端部支座的锚固构造

（a）端部支座为梁；（b）端部支座为剪力墙（当用于屋面处，板上部钢筋锚固要求与图示不同时由设计明确）；

（c）端部支座为砌体墙的圈梁；（d）端部支座为砌体墙

l_{ab}—受拉钢筋的非抗震基本锚固长度；l_a—受拉钢筋的非抗震锚固长度；d—受拉钢筋直径

1）板的支承长度。板在端部支座的支承长度≥120mm，（楼板的厚度）且≥1/2 墙厚。

2）板下部贯通纵筋。板下部贯通纵筋伸至板端部（扣减一个保护层）。

3）板上部贯通纵筋。板上部贯通纵筋伸至板端部（扣减一个保护层），然后弯折 $15d$。

三、有梁楼盖不等跨板上部贯通纵筋连接构造

有梁楼盖不等跨板上部贯通纵筋连接构造，可分为三种情况，如图 5-24 所示。

四、悬挑板的钢筋构造

悬挑板的钢筋构造，如图 5-25 所示。

五、柱上板带 ZSB 和跨中板带 KZB 纵向钢筋构造

1. 柱上板带 ZSB 纵向钢筋构造

柱上板带 ZSB 纵向钢筋构造，如图 5-26 所示。

2. 跨中板带 KZB 纵向钢筋构造

跨中板带 KZB 纵向钢筋构造，如图 5-27 所示。

柱上板带 ZSB 和跨中板带 KZB 纵向钢筋构造要求如下：

（1）当相邻等跨或不等跨的上部贯通纵筋配置不同时，应将配置较大者越过其标注的跨数终点或起点伸出至相邻跨的跨中连接区域连接。

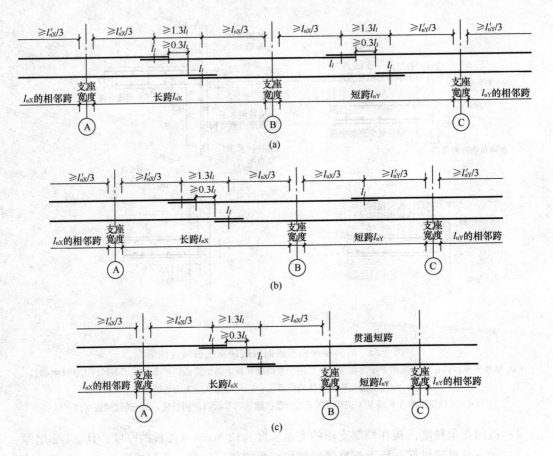

图 5-24　有梁楼盖不等跨板上部贯通纵筋连接构造

（a）构造一（当钢筋足够长时能通则通）；（b）构造二（当钢筋足够长时能通则通）；

（c）构造三（当钢筋足够长时能通则通）

l'_{nX}—轴线 A 左右两跨中较大净跨度值；l'_{nY}—轴线 C 左右两跨中较大净跨度值

（2）板贯通纵筋的连接要求参见 11G101-1 图集第 55 页纵向钢筋连接构造，且同一连接区段内钢筋接头百分率不宜大于 50%；不等跨板上部贯通纵筋连接构造参见 11G101-1 图集第 93 页。板贯通纵筋在连接区域内也可采用机械连接或焊接连接。

（3）板位于同一层面的两向交叉纵筋何向在下何向在上，应按具体设计说明。

（4）抗震设计时，无梁楼盖柱上板带内贯通纵筋搭接长度应为 l_{lE}。无柱帽柱上板带的下部贯通纵筋，宜在距柱面 2 倍板厚以外连接，采用搭接时，钢筋端部宜设置垂直于板面的弯钩。

六、板带端支座纵向钢筋构造

板带端支座纵向钢筋构造，如图 5-28 所示。

七、板带悬挑端纵向钢筋构造

板带悬挑端纵向钢筋构造，如图 5-29 所示。

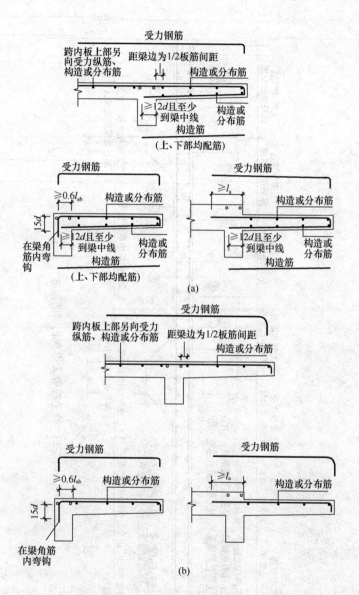

图 5-25　悬挑板的钢筋构造
（a）上、下部均配筋；（b）仅上部配筋

八、柱上板带暗梁钢筋构造

柱上板带暗梁仅用于无柱帽的无梁楼盖，箍筋加密区仅用于抗震设计时。柱上板带暗梁钢筋构造，如图 5-30 所示。

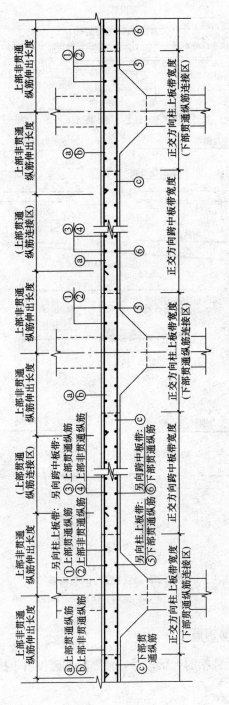

图 5-26 柱上板带 ZSB 纵向钢筋构造

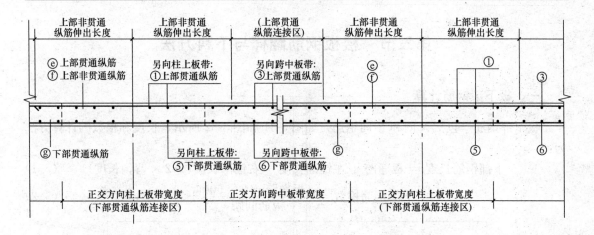

图 5-27　跨中板带 KZB 纵向钢筋构造

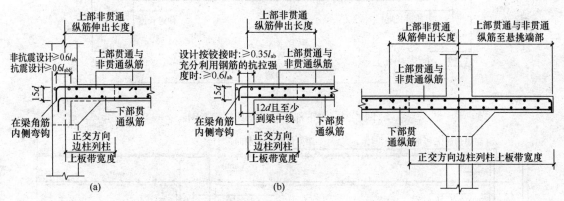

图 5-28　板带端支座纵向钢筋构造　　　　　　图 5-29　板带悬挑端纵向钢筋构造
（a）柱上板带；（b）跨中板带

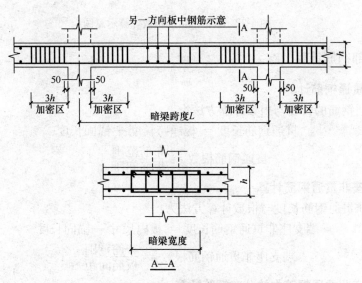

图 5-30　柱上板带暗梁钢筋构造

h—板带厚度

第三节　楼板钢筋翻样与下料方法

一、板下部钢筋计算

板下部钢筋（包括 X 向和 Y 向钢筋）如图 5-31 和图 5-32 所示，长度和根数的计算方法为：

$$下部钢筋长度 = 板净跨 + 左锚固长度 + 右锚固长度(+2×弯钩长度) \tag{5-1}$$

$$下部钢筋根数 = \frac{(板净跨 - 2×50)}{板筋间距} + 1 \tag{5-2}$$

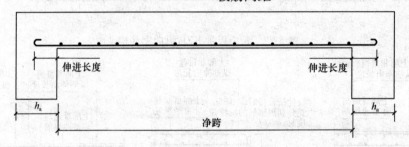

图 5-31　板下部钢筋长度计算示意图

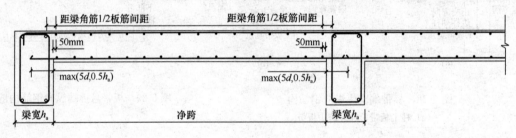

图 5-32　板下部钢筋根数计算示意图

二、板上部钢筋计算

1. 板上部贯通钢筋计算

板上部贯通钢筋的长度与根数计算方法为：

$$贯通钢筋长度 = 板净跨长度 + 锚固长度 \tag{5-3}$$

$$贯通钢筋根数 = \frac{布筋范围}{板筋间距} + 1 \tag{5-4}$$

2. 板端支座非贯通钢筋计算

板端支座非贯通钢筋长度与根数计算方法为：

$$端支座非贯通钢筋长度 = 板内尺寸 + 锚固长度 \tag{5-5}$$

$$端支座非贯通钢筋根数 = \frac{布筋范围}{板筋间距} + 1 \tag{5-6}$$

3. 板端支座非贯通钢筋中的分布钢筋计算

板端支座非贯通钢筋中的分布钢筋如图 5-33 所示，长度和根数计算方法为：

$$长度 = 板轴线长度 - 左右负筋标注长度 + 150 \times 2 \tag{5-7}$$

$$根数 = \frac{负弯矩钢筋板内净长}{分布筋间距} + 1 \tag{5-8}$$

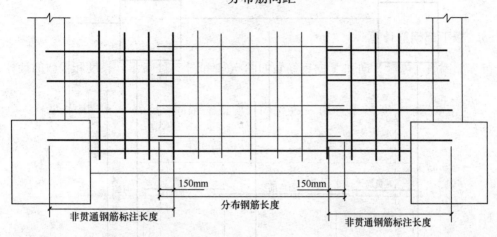

图 5-33　板端支座非贯通钢筋中的分布钢筋

4. 板中间支座非贯通钢筋计算

板中间支座非贯通钢筋如图 5-34 所示，长度和根数计算方法为：

$$中间支座非贯通钢筋长度 = 标注长度 A + 标注长度 B + 弯折长度 \times 2 \tag{5-9}$$

$$中间支座非贯通钢筋根数 = \frac{净跨 - 2 \times 50}{板筋间距} + 1 \tag{5-10}$$

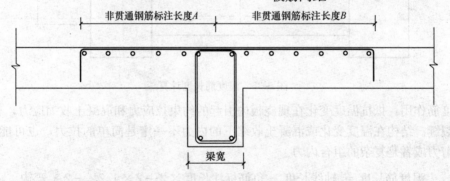

图 5-34　板中间支座非贯通钢筋布置

5. 板中间支座非贯通钢筋中的分布钢筋计算

板中间支座非贯通钢筋中的分布钢筋长度和根数计算方法为：

$$长度 = 轴线长度 - 左右负筋标注长度 + 150 \times 2 \tag{5-11}$$

$$根数 = \frac{布筋范围1}{分布筋间距} + 1 + \frac{布筋范围2}{分布筋间距} + 1 \tag{5-12}$$

三、板温度钢筋计算

1. 温度钢筋长度计算（以下简称温度筋）

$$温度筋长度 = 轴线长度 - 负筋标注长度 \times 2 + 150 \times 2 \tag{5-13}$$

温度筋设置：在温度收缩应力较大的现浇板内，应在板的未配筋表面布置温度筋，如图5-35 所示。

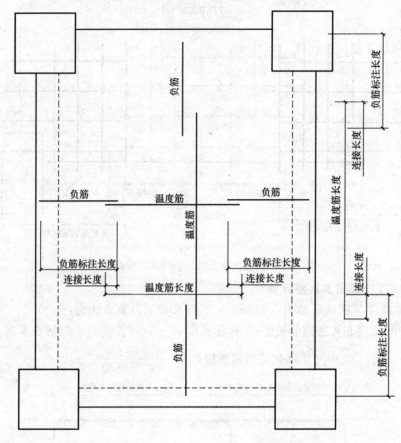

图 5-35　温度筋长度计算

温度筋作用：抵抗温度变化在现浇板内引起的约束拉应力和混凝土收缩应力，有助于减少板内裂缝。结构在温度变化或混凝土收缩下的内力不一定是简单的拉力，也可能是压力、弯矩和剪力或者是复杂的组合内力。

$$温度筋长度 = 轴线长度 - 负筋标注长度 \times 2 + 2 \times 1.2l_a + 2 \times 弯钩 \qquad (5\text{-}14)$$

2. 温度筋根数计算

$$温度筋根数 = (轴线长度 - 负筋标注长度 \times 2)/分布筋间距 - 1 \qquad (5\text{-}15)$$

四、纯悬挑板钢筋计算

1. 纯悬挑板上部钢筋计算

纯悬挑板上部受力钢筋如图 5-36 所示，长度与根数计算方法为：

$$长度 = 悬挑板净跨 - 板保护层 c + 锚固长度 + (h_1 - 板保护层 c \times 2) + 5d + 弯钩长度$$
$$(5\text{-}16)$$

$$根数 = \frac{悬挑板长度 - 板保护层 c \times 2}{上部受力钢筋间距} + 1 \qquad (5\text{-}17)$$

纯悬挑板上部分布钢筋长度与根数计算：

$$长度 = 悬挑板长度 - 板保护层 c - 50 \qquad (5\text{-}18)$$

$$根数 = \frac{悬挑板净跨 - 板保护层}{上部分布钢筋间距} + 1 \qquad (5\text{-}19)$$

2. 纯悬挑板下部钢筋计算

纯悬挑板下部构造钢筋长度与根数计算，如图 5-36 所示。

$$长度 = 悬挑板净跨 - 保护层 + \max(0.5\,支座宽度, 12d) + 弯钩长度 \qquad (5\text{-}20)$$

$$根数 = \frac{悬挑板长度 - 板保护层 \times 2}{下部构造钢筋间距} + 1 \qquad (5\text{-}21)$$

纯悬挑板下部分布钢筋长度与根数计算：

$$长度 = 悬挑板长度 - 保护层 \times 2 \qquad (5\text{-}22)$$

$$根数 = \frac{悬挑板净跨长度 - 板保护层}{分布钢筋间距} + 1 \qquad (5\text{-}23)$$

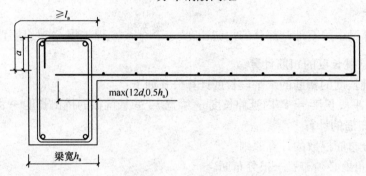

图 5-36　纯悬挑板上部受力钢筋计算示意图

五、扣筋计算

扣筋是指板支座上部非贯通筋，是一种在板中应用比较多的钢筋。在一个楼层中，扣筋的种类也是最多的，故在板钢筋计算中，扣筋的计算占了相当大的比重。

1. 扣筋计算的基本原理

扣筋的形状为"冖"形，包括两条腿和一个水平段。

（1）扣筋腿的长度与所在楼板的厚度有关。

1）单侧扣筋

$$扣筋腿的长度 = 板厚度 - 15（可把扣筋的两条腿采用同样的长度）\qquad (5\text{-}24)$$

2）双侧扣筋（横跨两块板）

$$扣筋腿 1 的长度 = 板 1 的厚度 - 15 \qquad (5\text{-}25)$$

$$扣筋腿 2 的长度 = 板 2 的厚度 - 15 \qquad (5\text{-}26)$$

（2）扣筋的水平段长度可以根据扣筋延伸长度的标注值来计算。若只根据延伸长度标注值还不能计算的话，则还需依据平面图板的相关尺寸进行计算。

2. 横跨在两块板中的"双侧扣筋"的扣筋计算

横跨在两块板中的"双侧扣筋"的扣筋计算如下：

（1）双侧扣筋（两侧都标注延伸长度）：

$$扣筋水平段长度 = 左侧延伸长度 + 右侧延伸长度 \qquad (5\text{-}27)$$

（2）双侧扣筋（单侧标注延伸长度）表明该扣筋向支座两侧对称延伸，其计算公式为：

$$扣筋水平段长度 = 单侧延伸长度 \times 2 \qquad (5\text{-}28)$$

3. 需要计算端支座部分宽度的扣筋计算

单侧扣筋，一端支承在梁（墙）上，另一端伸到板中，其计算公式为：

$$扣筋水平段长度 = 单侧延伸长度 + 端部梁中线至外侧部分长度 \qquad (5\text{-}29)$$

4. 横跨两道梁的扣筋计算

（1）在两道梁之外都有伸长度：

$$扣筋水平段长度 = 左侧延伸长度 + 两梁的中心间距 + 右侧延伸长度 \qquad (5\text{-}30)$$

（2）仅在一道梁之外有延伸长度：

$$扣筋水平段长度 = 单侧延伸长度 + 两梁的中心间距 + 端部梁中线至外侧部分长度$$

$$(5\text{-}31)$$

其中：

$$端部梁中线至外侧部分的扣筋长度 = \frac{梁宽度}{2} - 保护层 - 梁纵筋直径 \qquad (5\text{-}32)$$

5. 贯通全悬挑长度的扣筋计算

贯通全悬挑长度的扣筋的水平段长度计算公式如下：

$$扣筋水平段长度 = 跨内延伸长度 + 梁宽/2 + 悬挑板的挑出长度 - 保护层 \qquad (5\text{-}33)$$

6. 扣筋分布筋的计算

（1）扣筋分布筋根数的计算原则

1）扣筋拐角处必须布置一根分布筋。

2）在扣筋的直段范围内按照分布筋间距进行布筋。板分布筋的直径和间距在结构施工图的说明中有明确的规定。

3）当扣筋横跨梁（墙）支座时，在梁（墙）宽度范围内不布置分布筋，这时应分别对扣筋的两个延伸净长度计算分布筋的根数。

（2）扣筋分布筋的长度

扣筋分布筋的长度无需按全长计算。因为，在楼板角部矩形区域，横竖两个方向的扣筋相互交叉，互为分布筋，所以这个角部矩形区域不应再设置扣筋的分布筋，否则，四层钢筋交叉重叠在一块，混凝土无法覆盖住钢筋。

7. 一根完整扣筋的计算过程

（1）计算扣筋的腿长。若横跨两块板的厚度不同，则扣筋的两腿长度要分别进行计算。

（2）计算扣筋的水平段长度。

（3）计算扣筋的根数。若扣筋的分布范围为多跨，也还需"按跨计算根数"，相邻两跨之间的梁（墙）上不布置扣筋。

（4）计算扣筋的分布筋。

六、负筋计算

1. 负筋分布筋计算

负筋分布筋长度 = 净跨长（或两支座中心线长度）- 负筋标注长度 × 2 + 参差长度 × 2

$$(5\text{-}34)$$

$$负筋分布筋根数 = \text{ceil}\frac{(负筋板内净长 - 起步距离)}{间距} + 1 \qquad (5\text{-}35)$$

2. 中间支座负筋计算

$$中间支座负筋长度 = 水平长度 + 弯折长度 \times 2 \qquad (5\text{-}36)$$

$$弯折长度 = 板厚 - 保护层 \qquad (5\text{-}37)$$

第四节　楼板钢筋翻样和下料计算实例

【实例一】扣筋水平段翻样长度的计算一

如图 5-37 所示，⑤号扣筋覆盖整个延伸悬挑板，悬挑板的支座宽度为 280mm，其原位标注如下：

在扣筋的上部标注：⑤Φ 10@100，在扣筋下部向跨内的延伸长度标注为 2000，覆盖延伸悬挑板一侧的延伸长度不作标注。计算扣筋水平段翻样长度。

【解】

悬挑板的挑出长度（净长度）为 1000mm，悬挑板的支座梁宽为 280mm，则：

扣筋水平段长度 = 2000 + 280/2 + 1000 = 3140mm

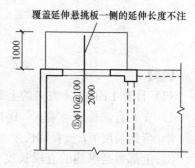

图 5-37　扣筋计算示意图

【实例二】扣筋水平段翻样长度的计算二

图 5-38 左端的④号扣筋横跨两道梁。在扣筋的上部标注：④Φ 10@100（2）；在扣筋下端延伸长度标注 1750；在扣筋横跨两梁的中段没有尺寸标注；在扣筋上端延伸长度标注 1750。计算④号扣筋的水平段翻样长度。

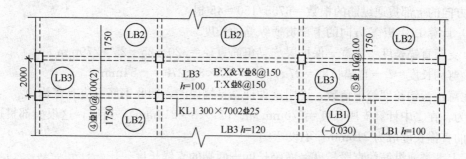

图 5-38　扣筋计算

【解】

因两道梁都是"正中轴线"，所以这两道梁中心线的距离就是轴线距离 1200mm

则：④号扣筋的水平段长度 = 1750 + 2000 + 1750 = 5500mm

【实例三】板 LB1 钢筋下料长度的计算一

如图 5-39 所示，板 LB1 的集中标注为 LB1 h=100，B：X&Y Φ8@150，T：X&Y Φ8

165

@150。板 LB1 的尺寸为 7200mm×7000mm，X 方向的梁宽度为 320mm，Y 方向梁宽度为 220mm，均为正中轴线。X 方向的 KL1 上部纵筋直径为 25mm，Y 方向的 KL5 上部纵筋直径为 22mm。混凝土强度等级为 C25，二级抗震等级为。计算板 LB1 的钢筋下料长度。

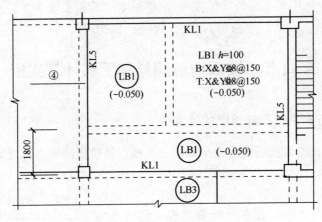

图 5-39　板 LB1 示意图

【解】

(1) 计算 LB1 板 X 方向的上部贯通纵筋的长度

1) 支座直锚长度＝梁宽－保护层－梁角筋直径＝220－25－22＝173mm

2) 弯钩长度＝l_a－直锚长度＝27d－173＝27×8－173＝43mm

3) 上部贯通纵筋的直段长度＝净跨长度＋两端的直锚长度＝（7200－220）＋173×2＝7296mm

(2) 计算 LB1 板 X 方向的上部贯通纵筋的根数

梁 KL1 角筋中心到混凝土内侧的距离＝25/2＋25＝37.5mm

板上部贯通纵筋的布筋范围＝净跨长度＋37.5×2＝7000－320＋37.5×2＝6755mm

X 方向的上部贯通纵筋的根数＝6755/150＝45 根

(3) 计算 LB1 板 Y 方向的上部贯通纵筋的长度

1) 支座直锚长度＝梁宽－保护层－梁角筋直径＝320－25－25＝270mm

2) 弯钩长度＝l_a－直锚长度＝27d－270＝27×8－270＝－54mm

(注意：弯钩长度等于负数，说明这种计算是错误的，即此钢筋不应有弯钩。)

因为，在①中计算支座长度＝270mm＞l_a（27×8＝216mm），所以；这根上部贯通纵筋在支座的直锚长度取为 216mm，不设弯钩。

3) 上部贯通纵筋的直段长度＝净跨长度＋两端的直锚长度
$$＝（7000－320）＋216×2＝7112mm$$

(4) 计算 LB1 板 Y 方向的上部贯通纵筋的根数

梁 KL5 角筋中心到混凝土内侧的距离＝22/2＋25＝36mm

板上部贯通纵筋的布筋范围＝净跨长度＋36×2＝7200－220＋36×2＝7052mm

Y 方向的上部贯通纵筋的根数＝7052/150≈47 根

【实例四】板 LB1 钢筋下料长度的计算二

如图 5-40 所示，板 LB1 的集中标注为 LB1 h＝100，B：X&YΦ8@150，T：X&YΦ8@150。板 LB1 是一块"刀把形"的楼板，板的大边尺寸为 3500mm×7000mm，在板的左下角设有两个并排的电梯井（尺寸为 2400mm×4800mm）。该板右边的支座为框架梁 KL3（250mm×650mm），板的其余各边都均为剪力墙结构（厚度为 280mm），混凝土强度等级为 C25，二级抗震等级。墙身水平分布筋直径为 14mm，KL3 上部纵筋直径为 20mm。计算该板的钢筋下料长度。

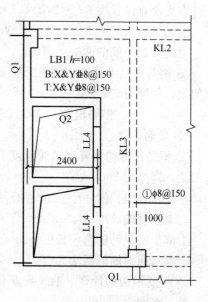

图 5-40　板 LB1 示意图

【解】

（1）X 方向的上部贯通纵筋计算

1）长筋计算

① 钢筋长度的计算（轴线跨度 3500mm；左支座为剪力墙，厚度为 280mm；右支座为框架梁，宽度为 250mm）：

左支座直锚长度＝l_a＝27d＝27×8＝216mm

右支座直锚长度＝250－25－20＝205mm

上部贯通纵筋的直段长度＝3500－150－125＋216＋205＝3646mm

右支座弯钩长度＝l_a－直锚长度＝27d－205＝27×8－205＝11mm

上部贯通纵筋的左端无弯钩。

② 钢筋根数的计算（轴线跨度 2100mm；左端到 250mm 剪力墙的右侧；右端到 280mm 框架梁的左侧）：

钢筋根数 ＝［(2100－125－150)＋21＋37.5]/150 ≈ 13 根

2）短筋计算

① 钢筋长度的计算（轴线跨度 1200mm；左支座为剪力墙，厚度为 250mm；右支座为框架梁，宽度为 250mm）：

左支座直锚长度＝l_a＝27d＝27×8＝216mm

右支座直锚长度＝250－25－20＝205mm

上部贯通纵筋的直段长度＝1200－125－125＋216＋205＝1371mm

右支座弯钩长度＝l_a－直锚长度＝27d－205＝27×8－205＝11mm

上部贯通纵筋的左端无弯钩。

② 钢筋根数的计算（轴线跨度 4800mm；左端到 280mm 剪力墙的右侧；右端到 250mm 剪力墙的右侧）：

钢筋根数 ＝［(4800－150＋125)＋21－21]/150 ≈ 32 根

（2）Y 方向的上部贯通纵筋计算

1）长筋计算

① 钢筋长度的计算（轴线跨度7000mm；左支座为剪力墙，厚度为280mm；右支座为框架梁，宽度为280mm）：

左支座直锚长度＝l_a＝27d＝27×8＝216mm

右支座直锚长度＝l_a＝27d＝27×8＝216mm

上部贯通纵筋的直段长度＝7000－150－150＋216＋216＝7132mm

上部贯通纵筋的两端无弯钩。

② 钢筋根数的计算（轴线跨度1200mm；左支座为剪力墙，厚度为250mm；右支座为框架梁，宽度为250mm）：

$$钢筋根数 = [(1200-125-125)+21+36]/150 \approx 7 \ 根$$

2）短筋计算

① 钢筋长度的计算（轴线跨度2100mm；左支座为剪力墙，厚度为250mm；右支座为框架梁，宽度为280mm）：

左支座直锚长度＝l_a＝27d＝27×8＝216mm

右支座直锚长度＝l_a＝27d＝27×8＝216mm

上部贯通纵筋的直段长度＝2100－125－150＋216＋216＝2257mm

上部贯通纵筋的两端无弯钩。

② 钢筋根数的计算（轴线跨度2400mm；左支座为剪力墙，厚度为280mm；右支座为框架梁，宽度为250mm）：

$$钢筋根数 = [(2400-150+125)+21-21]/150 \approx 16 \ 根$$

【实例五】楼板扣筋下料长度的计算一

如图5-41所示，一根横跨一道框架梁的双侧扣筋③号钢筋，扣筋的两条腿分别伸到LB1与LB2两块板中，LB1的厚度为100mm，LB2的厚度为100mm。

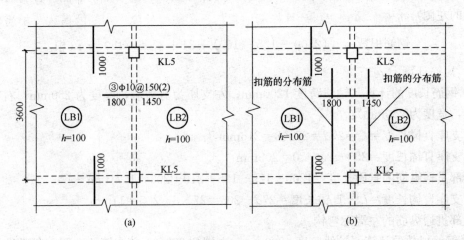

图5-41　楼板扣筋计算示意图

（a）扣筋长度及根数计算；（b）扣筋的分布筋计算

在扣筋的上部标注：③Φ10@150（2）；在扣筋下部的左侧标注1800；在扣筋下部的右侧标注1450。扣筋标注的所在跨及相邻跨的轴线跨度均为3600mm，两跨之间的框架梁

KL5 的宽度为 250mm，均为正中轴线。扣筋分布筋为Φ8@250。计算扣筋的腿长、水平段长度、分布筋的下料尺寸。

【解】

（1）扣筋的腿长

扣筋腿 1 的长度＝LB1 的厚度－15＝100－15＝85mm

扣筋腿 2 的长度＝LB2 的厚度－15＝100－15＝85mm

（2）扣筋的水平段长度

扣筋水平段长度＝1800＋1450＝3250mm

（3）扣筋的分布筋

计算扣筋分布筋长度的基数为 3250mm，还要减去另向钢筋的延伸净长度，再加上搭接长度 150mm。

若另向钢筋的延伸长度为 1000mm，延伸净长度＝1000－125＝875mm，则：

扣筋分布筋长度＝3250－875×2＋150×2＝1800mm

扣筋分布筋的根数：

扣筋左侧的分布筋根数＝(1800－125)/250＋1≈8 根

扣筋右侧的分布筋根数＝(1450－125)/250＋1≈7 根

因此，扣筋分布筋的根数＝8＋7＝15 根。

【实例六】 楼板扣筋下料长度的计算二

如图 5-42 所示，一根横跨一道框架梁的双侧扣筋③号钢筋，扣筋的两条腿分别伸到 LB1 和 LB2 两块板中，LB1 的厚度为 110mm，LB2 的厚度为 100mm。在扣筋的上部标注③ Φ10@150（2）；在扣筋下部的左侧标注 1600；在扣筋下部的右侧标注 1450。扣筋标注的所在跨及相邻跨的轴线跨度都是 3600mm，两跨之间的框架梁 KL5 宽度为 250mm，均为正中轴线。扣筋分布筋为Φ8@250。计算扣筋的腿长、水平段长度、扣筋的根数及扣筋分布筋的下料尺寸。

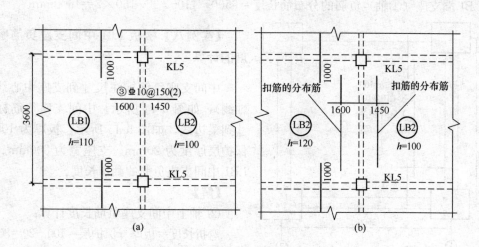

图 5-42 扣筋计算示意图

(a) 扣筋长度及根数计算；(b) 扣筋的分布筋计算

【解】

（1）计算扣筋的腿长

扣筋腿 1 的长度＝LB1 的厚度－15＝110－15＝95mm

扣筋腿 2 的长度＝LB2 的厚度－15＝100－15＝85mm

（2）计算扣筋的水平段长度

扣筋水平段长度＝1600＋1450＝3050mm

（3）扣筋的根数

每跨的轴线跨度为 3600，净跨度为 3600－250－3350mm

单跨的扣筋根数＝((3350－50×2)/150)＋1＝22＋1≈23 根

两跨的扣筋根数＝23×2＝46 根

（4）扣筋的分布筋

扣筋分布筋长度的基数为 3350mm，还要减去另向扣筋的延伸净长度，然后加上搭接长度 150mm。

若另向扣筋的延伸长度是 1000mm，则延伸净长度＝1000－125＝875mm

则扣筋分布筋长度＝3350－875×2＋150×2＝1900mm

计算扣筋分布筋的根数：

扣筋左侧的分布筋根数＝((1600－125)/250)＋1≈7 根

扣筋右侧的分布筋根数＝((1450－125)/250)＋1≈7 根

所以，扣筋分布筋的根数＝7＋7＝14 根

【实例七】楼板 LB1 负筋分布筋翻样长度的计算

LB1 负筋分布筋如图 5-43 所示，Ⓐ～Ⓑ轴之间距离为 6500mm，Ⓐ、Ⓑ轴上的负筋标注长度为 1100mm（至轴线）；分布筋和负筋参差长度 150mm。计算 LB1 负筋分布筋的翻样长度。

【解】

LB1 端支座（①轴）负筋的分布筋长度＝6500－1100×2＋150×2＝4600mm

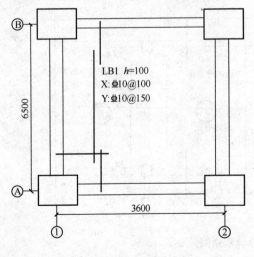

图 5-43　LB1 负筋分布筋

【实例八】楼板 LB1 中间支座负筋翻样长度的计算

中间支座负筋标注尺寸到支座中心线（或轴线），如图 5-44 所示。中间支座负筋标注尺寸到梁边线，如图 5-45 所示。板厚为 100mm，保护层厚度为 20mm，支座宽为 300mm。计算 LB1 中间支座负筋的翻样长度。

【解】

②轴上中间支座负筋长度计算：

弯折长度＝板厚－保护层＝100－20＝80mm

水平长度＝左标注＋右标注＝1000＋1000＝2000mm

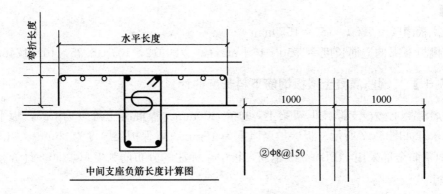

中间支座负筋长度计算图

图 5-44　中间支座负筋标注尺寸到支座中心线（或轴线）

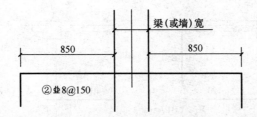

图 5-45　中间支座负筋标注尺寸到梁边线

LB1 中间支座（②轴）负筋长度＝水平长度＋弯折长度×2＝2000＋80×2＝2160mm

中间支座负筋水平长度计算：

LB1 中间支座负筋长度＝水平长度＋弯折长度×2＝左标注＋支座宽＋右标注＋（板厚－保护层）×2＝850＋300＋850＋（100－20）×2＝2160mm

【实例九】纯悬挑板下部构造筋翻样长度的计算

纯悬挑板下部构造筋如图 5-46 所示，板厚为 100mm，保护层厚度为 15mm，支座宽为 300mm。计算下部构造筋的翻样长度。

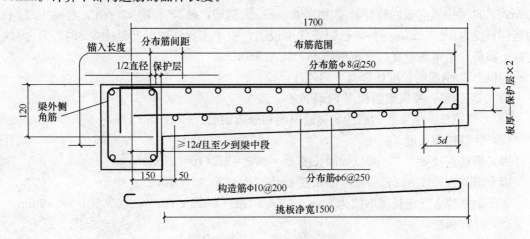

图 5-46　纯悬挑板下部构造筋

【解】

纯悬挑板净长＝1700－150＝1550mm

纯悬挑板下部构造筋长度＝1550－15＋max(300/2，12×10)＋6.25×10＝1748mm

【实例十】某钢筋混凝土楼板钢筋下料长度的计算

某钢筋混凝土楼板支撑在框架梁上，梁宽 300mm，板混凝土等级为 C25，板平法施工钢筋注写示意如图 5-47 所示。板保护层厚度为 15mm，梁保护层厚度为 25mm，锚固长度取 27d，板内钢筋全部采用 HPB300 级钢筋，板中未标注的分布筋为 Φ8@250。计算楼板钢筋的下料尺寸。

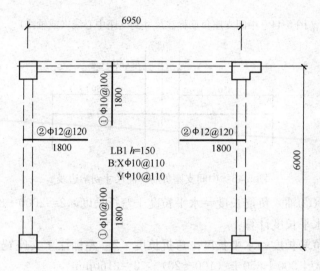

图 5-47 板钢筋标注示意图

【解】

楼板 LB1 的集中标注内容：板厚 150mm，底部 X 向和 Y 向钢筋均为 $\phi10$，间距 110mm。板支座原位标注内容：①和②为板支座上部负弯矩钢筋，①钢筋：$\phi10$，间距 100mm，自梁中线向板内延伸长度为 1800mm；②钢筋：$\phi12$，间距 120mm，自梁中线向板内延伸长度为 1800mm。另外，已知条件中说明，板中未标注的分布筋为 Φ8@250，因此，与板上部负弯矩钢筋垂直的分布钢筋 $\phi8$，间距 250mm。

楼板 LB1 钢筋的长度计算有下列几种形式：

1）下部钢筋：X 向钢筋和 Y 向钢筋。

2）上部钢筋：端支座钢筋的非贯通钢筋和分布钢筋。

（1）计算锚固长度

因为钢筋直径 $d＝10$，所以锚固长度 $l_{a1}＝27d＝27×10＝270$mm

因为钢筋直径 $d＝12$，所以锚固长度 $l_{a2}＝27d＝27×12＝324$mm

下部钢筋伸入支座长度取值为 max（$0.5b_b$，$5d$）＝max（0.5×300×10）＝150mm

（2）计算钢筋长度

下部钢筋：X 向钢筋编号为③，Y 向钢筋编号为④

③ 钢筋长度＝6950＋2l_a－300＋6.25×10×2＝7315mm（52 Φ10）

$$根数=\frac{6000-2\times150-2\times50}{110}+1\approx52\ 根$$

④ 钢筋长度$=6000+2l_a-300+6.25\times10\times2=6365mm$（60$\Phi$10）

$$根数=\frac{(6950-2\times150-2\times50)}{110}+1\approx61\ 根$$

上部负筋：

① 钢筋长度$=1800-150+270+150-15=2055mm$（132$\Phi$10）

$$根数=\left[\frac{(6950-2\times150-2\times50)}{100}+1\right]\times2\approx132\ 根$$

② 钢筋长度$=1800-150+324+150-15=2109mm$（96$\Phi$12）

$$根数=\left(\frac{6000-150-150-2\times50}{120}\right)\times2=48\times2\approx96\ 根$$

上部分布筋：X向分布筋为⑤，Y向分布筋⑥。

⑤ 钢筋长度$=6950+300-3600=3650$（16Φ8）

$$根数=\left(\frac{1800-150}{250}+1\right)\times2\approx16\ 根$$

⑥ 钢筋长度$=6000+300-3600=2700$（16Φ8）

$$根数\left(\frac{1800-150}{250}+1\right)\times2\approx16\ 根$$

（3）钢筋列表计算

钢筋列表计算如表 5-4 所示。

表 5-4 钢筋列表

编号	钢筋级别	钢筋直径/mm	单根长度/mm	钢筋根数	总长度/m	总质量/kg
①	HPB300 级	ϕ10	2055	132	273.32	167.3674
②	HPB300 级	ϕ12	2109	96	202.46	179.788
③	HPB300 级	ϕ10	7315	52	380.38	233.0903
④	HPB300 级	ϕ10	6365	61	388.27	235.6323
⑤	HPB300 级	ϕ8	3650	16	58.4	22.752
⑥	HPB300 级	ϕ8	2700	16	43.2	17.064

（4）钢筋材料及接头汇总表

钢筋材料及接头汇总表如表 5-5 所示。

表 5-5 钢筋材料及接头汇总

钢筋级别	钢筋直径/mm	总长度/m	总质量/kg
HPB300 级	ϕ10	1041.97	636.1
HPB300 级	ϕ12	202.46	179.788
HPB300 级	ϕ8	101.6	39.82

第六章　板式楼梯钢筋翻样与下料

重点提示：

1. 了解现浇混凝土板式楼梯平法施工图识读的基本知识，如现浇混凝土板式楼梯平法施工图表示方法、现浇混凝土板式楼梯类型、现浇混凝土板式楼梯平面注写方式等

2. 了解现浇混凝土板式楼梯构造，包括 AT 型楼梯板配筋构造、BT 型楼梯板配筋构造、CT 型楼梯板配筋构造等

3. 掌握现浇混凝土板式楼梯翻样方法

4. 通过不同现浇混凝土板式楼梯钢筋翻样与下料计算实例的讲解，把握不同情况下的具体计算方法

第一节　现浇混凝土板式楼梯平法施工图识读

一、现浇混凝土板式楼梯平法施工图表示方法

现浇混凝土板式楼梯平法施工图有平面注写、剖面注写和列表注写三种表达方式。

楼梯平面布置图应按照楼梯标准层，采用适当比例集中绘制，需要时绘制其剖面图。为方便施工，在集中绘制的板式楼梯平法施工图中，宜注明各结构层的楼面标高、结构层高及相应的结构层号。

二、现浇混凝土板式楼梯类型

现浇混凝土板式楼梯包含 11 种类型，详见表 6-1。

表 6-1　楼梯类型

梯板代号	适用范围		是否参与结构整体抗震计算
	抗震构造措施	适用结构	
AT	无	框架、剪力墙、砌体结构	不参与
BT			
CT	无	框架、剪力墙、砌体结构	不参与
DT			
ET	无	框架、剪力墙、砌体结构	不参与
FT			
GT	无	框架结构	不参与
HT		框架、剪力墙、砌体结构	
ATa	有	框架结构	不参与
ATb			不参与
ATc			参与

注：1. ATa 低端设滑动支座支承在梯梁上；ATb 低端设滑动支座支承在梯梁的挑板上。

2. ATa、ATb、ATc 均用于抗震设计，设计者应指定楼梯的抗震等级。

1. 楼梯注写

楼梯编号由梯板代号和序号组成；如 AT××、BT××、ATa×× 等。

2. AT～ET 型板式楼梯的特征

（1）AT～ET 型板式楼梯代号代表一段带上下支座的梯板。梯板的主体为踏步段，除踏步段之外，梯板可包括低端平板、高端平板以及中位平板。

（2）AT～ET 各型梯板的截面形状为：

AT 型梯板全部由踏步段构成。

BT 型梯板由低端平板和踏步段构成。

CT 型梯板由踏步段和高端平板构成。

DT 型梯板由低端平板、踏步板和高端平板构成。

ET 型梯板由低端踏步段、中位平板和高端踏步段构成。

（3）AT～ET 型梯板的两端分别以（低端和高端）梯梁为支座，采用该组板式楼梯的楼梯间内部既要设置楼层梯梁，也要设置层间梯梁（其中 ET 型梯板两端均为楼层梯梁），以及与其相连的楼层平台板和层间平台板。

（4）AT～ET 型梯板的型号、板厚、上下部纵向钢筋及分布钢筋等内容应在平法施工图中注明。梯板上部纵向钢筋向跨内伸出的水平投影长度见相应的标准构造详图，设计不注，但应予以校核；当标准构造详图规定的水平投影长度不满足具体工程要求时，应另行注明。

3. FT～HT 型板式楼梯的特征

（1）FT～HT 每个代号代表两跑踏步段和连接它们的楼层平板及层间平板。

（2）FT～HT 型梯板的构成分两类：

第一类：FT 型和 GT 型，由层间平板、踏步段和楼层平板构成。

第二类：HT 型，由层间平板和踏步段构成。

（3）FT～HT 型梯板的支承方式。

1）FT 型：梯板一端的层间平板采用三边支承，另一端的楼层平板也采用三边支系。

2）GT 型：梯板一端的层间平板采用单边支承，另一端的楼层平板采用三边支承。

3）HT 型：梯板一端的层间平板采用三边支承，另一端的梯板段采用单边支承（在梯梁上）。

以上各型梯板的支承方式如表 6-2 所示。

表 6-2　FT～HT 型梯板支承方式

梯板类型	层间平板端	踏步段端（楼层处）	楼层平板端
FT	三边支承		三边支承
GT	单边支承		三边支承
HT	三边支承	单边支承（梯梁上）	

注：由于 FT～HT 型梯板本身带有层间平板或楼层平板，对平板段采用三边支承方式可以有效减少梯板的计算跨度，能够减少板厚从而减轻梯板自重和减少配筋。

（4）FT～HT 型梯板的型号、板厚、上下部纵向钢筋及分布钢筋等内容由设计者在平法施工图中注明。FT～HT 型平台上部横向钢筋及其外伸长度，在平面图中原位标注。梯板上部纵向钢筋向跨内伸出的水平投影长度见相应的标准构造详图，设计不注，但设计者应予以校核；当标准构造详图规定的水平投影长度不满足具体工程要求时，应由设计者另行注明。

4. ATa、ATb 型板式楼梯的特征

（1）ATa、ATb 型为带滑动支座的板式楼梯，梯板全部由踏步段构成，其支承方式为梯板高端均支承在梯梁上，ATa 型梯板低端带滑动支座支承在梯梁上，ATb 型梯板低端带滑动支座支承在梯梁的挑板上。

（2）滑动支座做法如图 6-1、图 6-2 所示，采用何种做法应由设计指定。滑动支座垫板可选用聚四氟乙烯板（四氟板），也可选用其他能起到有效滑动的材料，其连接方式由设计者另行处理。

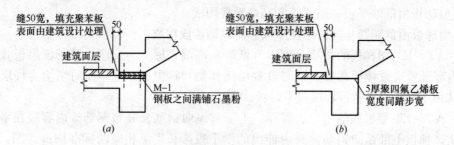

图 6-1 ATa 型楼梯滑动支座构造

（a）预埋钢板；（b）设聚四氟乙烯垫板（梯段浇筑时应在垫板上铺塑料薄膜）

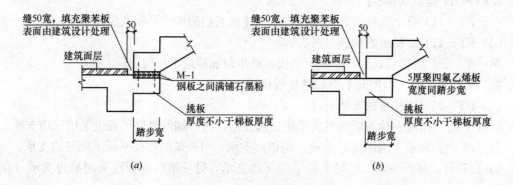

图 6-2 ATb 型楼梯滑动支座构造

（a）预埋钢板；（b）设聚四氟乙烯垫板（梯段浇筑时应在垫板上铺塑料薄膜）

（3）ATa、ATb 型梯板采用双层双向配筋。梯梁支承在梯柱上时，其构造做法按 11G101-1 图集中框架梁 KL 支承在梁上时，其构造做法按 11G101-1 图集中非框架梁 L。

5. ATc 型板式楼梯的特征

（1）ATc 型梯板全部由踏步段构成，其支承方式为梯板两端均支承在梯梁上。

（2）ATc 型楼梯休息平台与主体结构可整体连接（图 6-3），也可脱开连接（图 6-4）。

（3）ATc 型楼梯梯板厚度应按计算确定，且不宜小于 140mm；梯板采用双层配筋。

（4）ATc 型梯板两侧设置边缘构件（暗梁），边缘构件的宽度取 1.5 倍板厚；边缘构件纵筋数量，当抗震等级为一、二级时不少于 6 根，当抗震等级为三、四级时不少于 4 根；纵筋直径为 12mm 且不小于梯板纵向受力钢筋的直径；箍筋为 Φ 6@200。

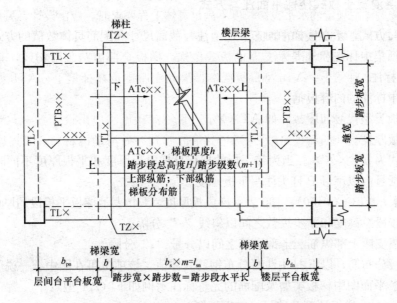

图 6-3　整体连接构造

b_{pn}—层间平台板宽；b_s—踏步宽；m—踏步数；

l_{sn}—踏步段水平长；b—梯梁宽；b_{fn}—楼层平台板宽

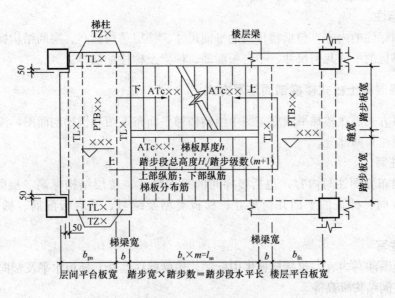

图 6-4　脱开连接构造

b_{pn}—层间平台板宽；b_s—踏步宽；m—踏步数；

l_{sn}—踏步段水平长；b—梯梁宽；b_{fn}—楼层平台板宽

梯梁按双向受弯构件计算，当支承在梯柱上时，其构造做法按 11G101-1 图集中框架梁 KL；当支承在梁上时，其构造做法按 11G101-1 图集中非框架梁 L。

平台板按双层双向配筋。

177

三、现浇混凝土板式楼梯平面注写方式

平面注写方式，系在楼梯平面布置图上注写截面尺寸和配筋具体数值的方式来表达楼梯施工图。包括集中标注和外围标注。

1. 集中标注

楼梯集中标注的内容包括：

（1）梯板类型代号与序号，如 AT××。

（2）梯板厚度。

注写方式为 $h=×××$。当为带平板的梯板且梯段板厚度和平板厚度不同时，可在梯段板厚度后面括号内以字母 P 打头注写平板厚度。

【例 6-1】 $h=130$（P150），130 表示梯段板厚度，150 表示梯板平板段的厚度。

（3）踏步段总高度和踏步级数之间以斜线"/"分隔。

（4）梯板支座上部纵筋、下部纵筋之间以分号"；"分隔。

（5）梯板分布筋，以 F 打头注写分布钢筋具体值，该项也可在图中统一说明。

【例 6-2】 平面图中梯板类型及配筋的完整标注示例如下（AT 型）：

AT1，$h=120$ 梯板类型及编号，梯板板厚

1800/12 踏步段总高度/踏步级数

$\Phi 10@200$；$\Phi 12@150$ 上部纵筋；下部纵筋

F$\phi 8@250$ 梯板分布筋（可统一说明）

2. 外围标注

楼梯外围标注的内容，包括楼梯间的平面尺寸、楼层结构标高、层间结构标高、楼梯的上下方向、梯板的平面几何尺寸、平台板配筋、梯梁及梯柱配筋等。

四、现浇混凝土板式楼梯剖面注写方式

剖面注写方式需在楼梯平法施工图中绘制楼梯平面布置图和楼梯剖面图，注写方式分平面注写、剖面注写两部分。

1. 平面注写

楼梯平面布置图注写内容，包括楼梯间的平面尺寸、楼层结构标高、层间结构标高、楼梯的上下方向、梯板的平面几何尺寸、梯板类型及编号、平台板配筋、梯梁及梯柱配筋等。

2. 剖面注写

楼梯剖面图注写内容，包括梯板集中标注、梯梁梯柱编号、梯板水平及竖向尺寸、楼层结构标高、层间结构标高等。

梯板集中标注的内容包括：

（1）梯板类型及编号，如 AT××。

（2）梯板厚度。

注写方式为 $h=×××$。当梯板由踏步段和平板构成，且踏步段梯板厚度和平板厚度不同时，可在梯板厚度后面括号内以字母 P 打头注写平板厚度。

（3）梯板配筋。注明梯板上部纵筋和梯板下部纵筋，用分号"；"将上部与下部纵筋的

配筋值分隔开来。

(4) 梯板分布筋。以 F 打头注写分布钢筋具体值,该项也可在图中统一说明。

五、现浇混凝土板式楼梯列表注写方式

列表注写方式,系用列表方式注写梯板截面尺寸和配筋具体数值的方式来表达楼梯施工图。

列表注写方式的具体要求同剖面注写方式,仅将剖面注写方式中的梯板集中标注中的梯板配筋注写项改为列表注写项即可。

梯板几何尺寸和配筋如表 6-3 所示。

表 6-3　梯板几何尺寸和配筋

梯板编号	踏步段总高度/踏步级数	板厚 h	上部纵向钢筋	下部纵向钢筋	分布筋

第二节　现浇混凝土板式楼梯钢筋构造

一、AT 型楼梯板配筋构造

AT 型楼梯板配筋构造如图 6-5 所示。

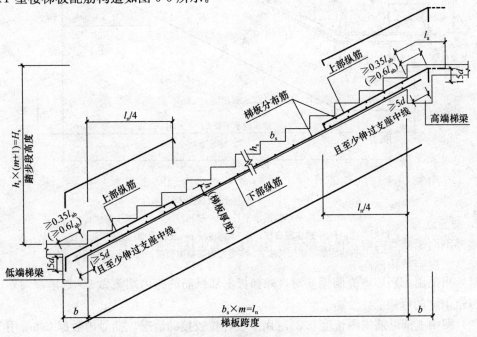

图 6-5　AT 型楼梯板配筋构造

l_n—梯板跨度;h—梯板厚度;b_s—踏步宽度;h_s—踏步高度;H_s—踏步段高度;
m—踏步数;b—支座宽度;d—钢筋直径;l_{ab}—受拉钢筋的基本锚固长度;l_a—受拉钢筋锚固长度

（1）当采用 HPB300 光圆钢筋时，除梯板上部纵筋的跨内端头做 90°直角弯钩外，所有末端应做 180°的弯钩。

（2）图中上部纵筋锚固长度 $0.35l_{ab}$ 用于设计按铰接的情况，括号内数据 $0.6l_{ab}$ 用于设计考虑充分发挥钢筋抗拉强度的情况，具体工程中设计应指明采用何种情况。

（3）上部纵筋有条件时可直接伸入平台板内锚固，从支座内边算起总锚固长度不小于 l_a，如图中虚线所示。

（4）上部纵筋需伸至支座对边再向下弯折。

（5）踏步两头高度调整见 11G101-2 图集第 45 页。

二、BT 型楼梯板配筋构造

BT 型楼梯板配筋构造如图 6-6 所示。

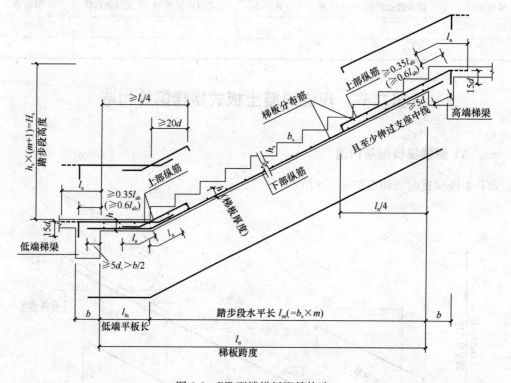

图 6-6　BT 型楼梯板配筋构造

l_n—梯板跨度；l_{sn}—踏步段水平长；h—梯板厚度；b_s—踏步宽度；

h_s—踏步高度；H_s—踏步段高度；m—踏步数；b—支座宽度；d—钢筋直径；

l_{ab}—受拉钢筋的基本锚固长度；l_a—受拉钢筋锚固长度；l_{ln}—低端平板长

（1）当采用 HPB300 光圆钢筋时，除梯板上部纵筋的跨内端头做 90°直角弯钩外，所有末端应做 180°的弯钩。

（2）图中上部纵筋锚固长度 $0.35l_{ab}$ 用于设计按铰接的情况，括号内数据 $0.6l_{ab}$ 用于设计考虑充分发挥钢筋抗拉强度的情况，具体工程中设计应指明采用何种情况。

（3）上部纵筋有条件时可直接伸入平台板内锚固，从支座内边算起总锚固长度不小于 l_a，如图中虚线所示。

（4）上部纵筋需伸至支座对边再向下弯折。

（5）踏步两头高度调整见 11G101-2 图集第 45 页。

三、CT 型楼梯板配筋构造

CT 型楼梯板配筋构造如图 6-7 所示。

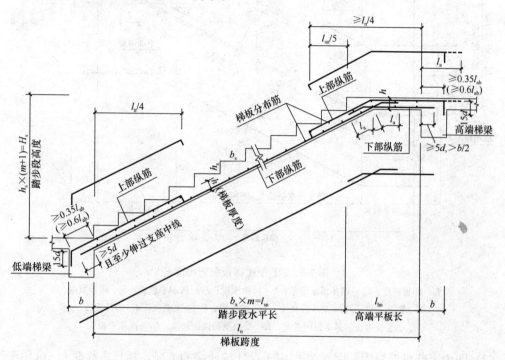

图 6-7　CT 型楼梯板配筋构造

l_n—梯板跨度；l_{sn}—踏步段水平长；h—梯板厚度；b_s—踏步宽度；

h_s—踏步高度；H_s—踏步段高度；m—踏步数；b—支座宽度；d—钢筋直径；

l_{ab}—受拉钢筋的基本锚固长度；l_a—受拉钢筋锚固长度；l_{hn}—高端平板长

（1）当采用 HPB300 光圆钢筋时，除梯板上部纵筋的跨内端头做 90°直角弯钩外，所有末端应做 180°的弯钩。

（2）图中上部纵筋锚固长度 $0.35l_{ab}$ 用于设计按铰接的情况，括号内数据 $0.6l_{ab}$ 用于设计考虑充分发挥钢筋抗拉强度的情况，具体工程中设计应指明采用何种情况。

（3）上部纵筋有条件时可直接伸入平台板内锚固，从支座内边算起总锚固长度不小于 l_a，如图中虚线所示。

（4）上部纵筋需伸至支座对边再向下弯折。

（5）踏步两头高度调整见 11G101-2 图集第 45 页。

四、DT 型楼梯板配筋构造

DT 型楼梯板配筋构造如图 6-8 所示。

（1）当采用 HPB300 光圆钢筋时，除梯板上部纵筋的跨内端头做 90°直角弯钩外，所有末端应做 180°的弯钩。

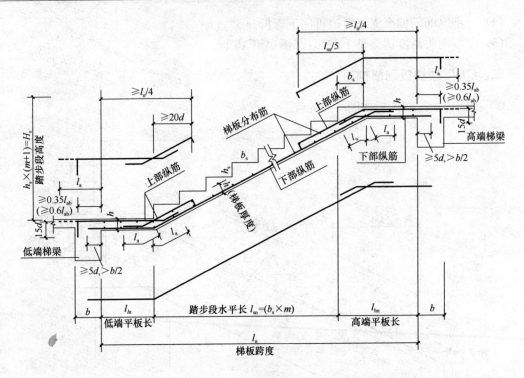

图 6-8　DT 型楼梯板配筋构造

l_n—梯板跨度；l_{sn}—踏步段水平长；h—梯板厚度；l_{ln}—低端平板长；b_s—踏步宽度；
h_s—踏步高度；H_s—踏步段高度；m—踏步数；b—支座宽度；d—钢筋直径；
l_{ab}—受拉钢筋的基本锚固长度；l_a—受拉钢筋锚固长度；l_{hn}—高端平板长

（2）图中上部纵筋锚固长度 $0.35l_{ab}$ 用于设计按铰接的情况，括号内数据 $0.6l_{ab}$ 用于设计考虑充分发挥钢筋抗拉强度的情况，具体工程中设计应指明采用何种情况。

（3）上部纵筋有条件时可直接伸入平台板内锚固，从支座内边算起总锚固长度不小于 l_a，如图中虚线所示。

（4）上部纵筋需伸至支座对边再向下弯折。

（5）踏步两头高度调整见 11G101-2 图集第 45 页。

五、ET 型楼梯板配筋构造

ET 型楼梯板配筋构造如图 6-9 所示。

（1）当采用 HPB300 光圆钢筋时，除梯板上部纵筋的跨内端头做 90°直角弯钩外，所有末端应做 180°的弯钩。

（2）图中上部纵筋锚固长度 $0.35l_{ab}$ 用于设计按铰接的情况，括号内数据 $0.6l_{ab}$ 用于设计考虑充分发挥钢筋抗拉强度的情况，具体工程中设计应指明采用何种情况。

（3）上部纵筋有条件时可直接伸入平台板内锚固，从支座内边算起总锚固长度不小于 l_a，如图中虚线所示。

（4）上部纵筋需伸至支座对边再向下弯折。

（5）踏步两头高度调整见 11G101-2 图集第 45 页。

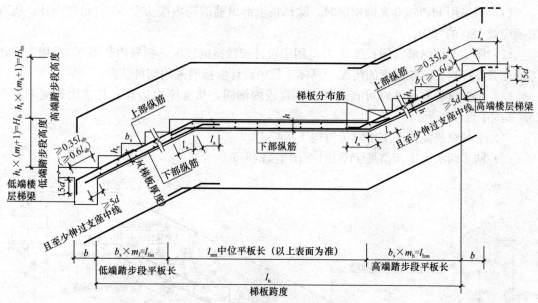

图 6-9　ET 型楼梯板配筋构造

l_n—梯板跨度；h—梯板厚度；l_{lsn}—低端踏步段平板长；l_{mn}—中位平板长；l_{hsn}—高端踏步段平板长；b_s—踏步宽度；
h_s—踏步高度；H_{ls}—低端踏步段高度；H_{hs}—高端踏步段高度；m_l—低端踏步数；
m_h—高端踏步数；b—支座宽度；d—钢筋直径；l_{ab}—受拉钢筋的基本锚固长度；l_a—受拉钢筋锚固长度

六、FT 型楼梯板配筋构造

FT 型楼梯板配筋构造（A-A）如图 6-10 所示；FT 型楼梯板配筋构造（B-B）如图 6-11 所示。

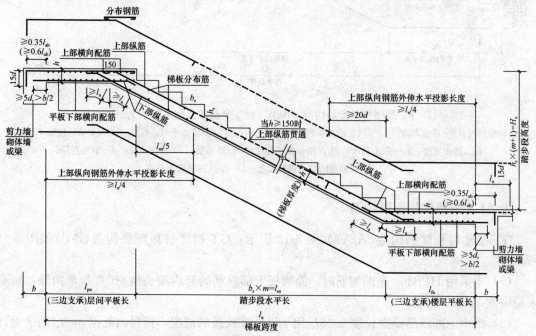

图 6-10　FT 型楼梯板配筋构造（A-A）（楼层平板和层间平板均为三边支承）

l_n—梯板跨度；h—梯板厚度；l_{pn}—（三边支承）层间平板长；
l_{sn}—踏步段水平长；l_{fn}—（三边支承）楼层平板长；b_s—踏步宽度；h_s—踏步高度；H_s—踏步段总高度；
m—踏步数；b—支座宽度；d—钢筋直径；l_{ab}—受拉钢筋的基本锚固长度；l_a—受拉钢筋锚固长度

183

（1）当采用 HPB300 光圆钢筋时，除梯板上部纵筋的跨内端头做 90°直角弯钩外，所有末端应做 180°的弯钩。

（2）图中上部纵筋锚固长度 $0.35l_{ab}$ 用于设计按铰接的情况，括号内数据 $0.6l_{ab}$ 用于设计考虑充分发挥钢筋抗拉强度的情况，具体工程中设计应指明采用何种情况。

（3）上部纵筋有条件时可直接伸入平台板内锚固，从支座内边算起总锚固长度不小于 l_a，如图中虚线所示。

（4）上部纵筋需伸至支座对边再向下弯折。

（5）踏步两头高度调整见 11G101-2 图集第 45 页。

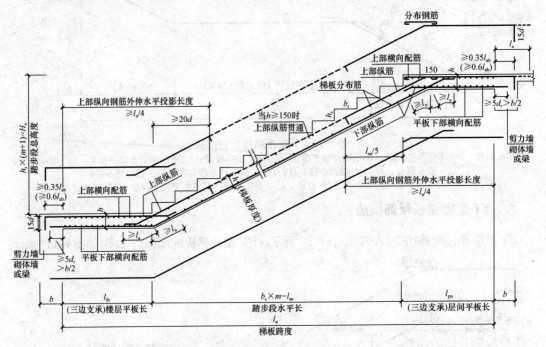

图 6-11　FT 型楼梯板配筋构造（B-B）（楼层平板和层间平板均为三边支承）

l_n—梯板跨度；h—梯板厚度；l_{pn}—（三边支承）层间平板长；l_{sn}—踏步段水平长；l_{fn}—（三边支承）楼层平板长；b_s—踏步宽度；h_s—踏步高度；H_s—踏步段总高度；m—踏步数；b—支座宽度；d—钢筋直径；l_{ab}—受拉钢筋的基本锚固长度；l_a—受拉钢筋锚固长度

七、GT 型楼梯板配筋构造

GT 型楼梯板配筋构造（A-A）如图 6-12 所示；GT 型楼梯板配筋构造（B-B）如图 6-13 所示。

（1）当采用 HPB300 光圆钢筋时，除梯板上部纵筋的跨内端头做 90°直角弯钩外，所有末端应做 180°的弯钩。

（2）图中上部纵筋锚固长度 $0.35l_{ab}$ 用于设计按铰接的情况，括号内数据 $0.6l_{ab}$ 用于设计考虑充分发挥钢筋抗拉强度的情况，具体工程中设计应指明采用何种情况。

（3）上部纵筋有条件时可直接伸入平台板内锚固，从支座内边算起总锚固长度不小于 l_a，如图中虚线所示。

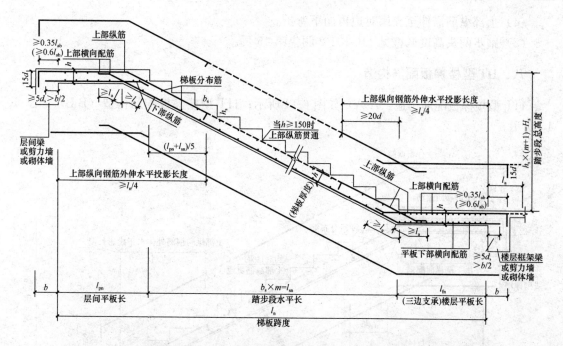

图 6-12 GT 型楼梯板配筋构造（A-A）（楼层平板为三边支承，层间平板为单边支承）

l_n—梯板跨度；h—梯板厚度；l_{pn}—层间平板长；l_{sn}—踏步段水平长；l_{fn}—（三边支承）楼层平板长；b_s—踏步宽度；h_s—踏步高度；H_s—踏步段总高度；m—踏步数；b—支座宽度；d—钢筋直径；l_{ab}—受拉钢筋的基本锚固长度；l_a—受拉钢筋锚固长度

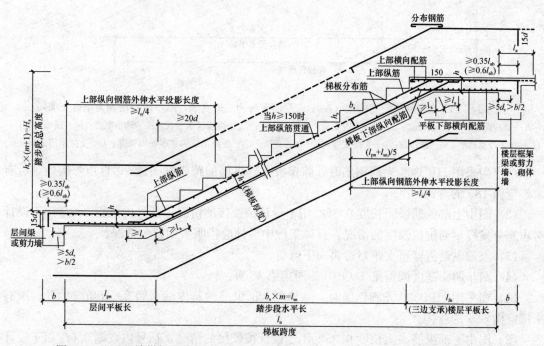

图 6-13 GT 型楼梯板配筋构造（B-B）（楼层平板为三边支承，层间平板为单边支承）

l_n—梯板跨度；h—梯板厚度；l_{pn}—层间平板长；l_{sn}—踏步段水平长；l_{fn}—（三边支承）楼层平板长；b_s—踏步宽度；h_s—踏步高度；H_s—踏步段总高度；m—踏步数；b—支座宽度；d—钢筋直径；l_{ab}—受拉钢筋的基本锚固长度；l_a—受拉钢筋锚固长度

185

（4）上部纵筋需伸至支座对边再向下弯折。

（5）踏步两头高度调整见 11G101-2 图集第 45 页。

八、HT 型楼梯板配筋构造

HT 型楼梯板配筋构造（A-A）如图 6-14 所示；HT 型楼梯板配筋构造（B-B）如图 6-15 所示。

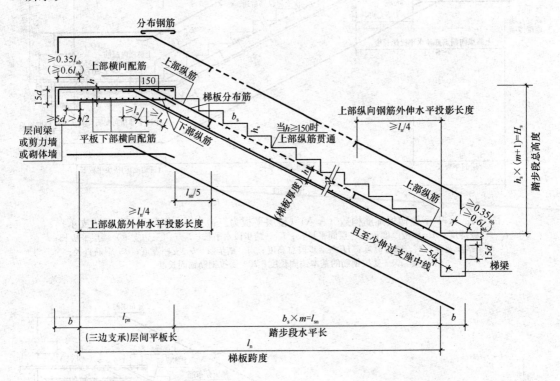

图 6-14　HT 型楼梯板配筋构造（A-A）（层间平板为三边支承，踏步段楼层端为单边支承）

l_n—梯板跨度；h—梯板厚度；l_{pn}—（三边支承）层间平板长；l_{sn}—踏步段水平长；b_s—踏步宽度；h_s—踏步高度；H_s—踏步段总高度；m—踏步数；b—支座宽度；d—钢筋直径；l_{ab}—受拉钢筋的基本锚固长度；l_a—受拉钢筋锚固长度

（1）当采用 HPB300 光圆钢筋时，除梯板上部纵筋的跨内端头做 90°直角弯钩外，所有末端应做 180°的弯钩。

（2）图中上部纵筋锚固长度 $0.35l_{ab}$ 用于设计按铰接的情况，括号内数据 $0.6l_{ab}$ 用于设计考虑充分发挥钢筋抗拉强度的情况，具体工程中设计应指明采用何种情况。

（3）上部纵筋需伸至支座对边再向下弯折。

（4）踏步两头高度调整见 11G101-2 图集第 45 页。

（1）当采用 HPB300 光圆钢筋时，除梯板上部纵筋的跨内端头做 90°直角弯钩外，所有末端应做 180°的弯钩。

（2）图中上部纵筋锚固长度 $0.35l_{ab}$ 用于设计按铰接的情况，括号内数据 $0.6l_{ab}$ 用于设计考虑充分发挥钢筋抗拉强度的情况，具体工程中设计应指明采用何种情况。

（3）上部纵筋有条件时可直接伸入平台板内锚固，从支座内边算起总锚固长度不小于

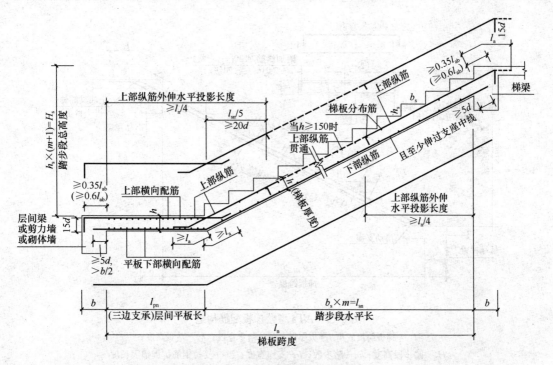

图 6-15　HT 型楼梯板配筋构造（B-B）（层间平板为三边支承，踏步段楼层端为单边支承）

l_n—梯板跨度；h—梯板厚度；l_{pn}—（三边支承）层间平板长；l_{sn}—踏步段水平长；b_s—踏步宽度；h_s—踏步高度；H_s—踏步段总高度；m—踏步数；b—支座宽度；d—钢筋直径；l_{ab}—受拉钢筋的基本锚固长度；l_a—受拉钢筋锚固长度

l_a，如图中虚线所示。

（4）上部纵筋需伸至支座对边再向下弯折。

（5）踏步两头高度调整见 11G101-2 图集第 45 页。

九、ATa 型楼梯板配筋构造

ATa 型楼梯板配筋构造如图 6-16 所示。

（1）当采用 HPB300 光圆钢筋时，除梯板上部纵筋的跨内端头做 90°直角弯钩外，所有末端应做 180°的弯钩。

（2）踏步两头高度调整见 11G101-2 图集第 45 页。

十、ATb 型楼梯板配筋构造

ATb 型楼梯板配筋构造如图 6-17 所示。

（1）当采用 HPB300 光圆钢筋时，除梯板上部纵筋的跨内端头做 90°直角弯钩外，所有末端应做 180°的弯钩。

（2）踏步两头高度调整见 11G101-2 图集第 45 页。

十一、ATc 型楼梯板配筋构造

ATc 型楼梯板配筋构造如图 6-18 所示。

（1）当采用 HPB300 光圆钢筋时，除梯板上部纵筋的跨内端头做 90°直角弯钩外，所有

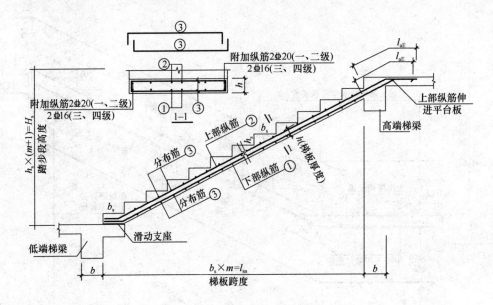

图 6-16 ATa 型楼梯板配筋构造

l_{sn}—梯板跨度；h—梯板厚度；b_s—踏步宽度；h_s—踏步高度；

H_s—踏步段高度；m—踏步数；b—支座宽度；l_{aE}—受拉钢筋抗震锚固长度

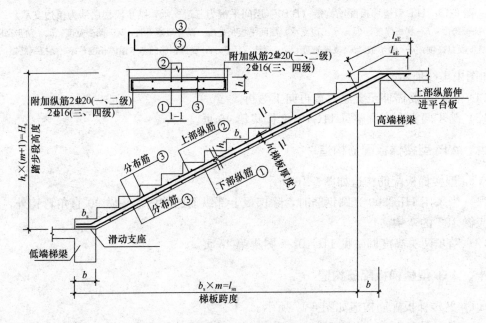

图 6-17 ATb 型楼梯板配筋构造

l_{sn}—梯板跨度；h—梯板厚度；b_s—踏步宽度；h_s—踏步高度；

H_s—踏步段高度；m—踏步数；b—支座宽度；l_{aE}—受拉钢筋抗震锚固长度

末端应做 $180°$ 的弯钩。

（2）上部纵筋需伸至支座对边再向下弯折。

（3）踏步两头高度调整见 11G101-2 图集第 45 页。

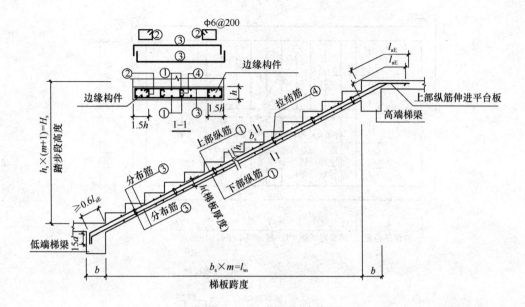

图 6-18　ATc 型楼梯板配筋构造

l_{sn}—梯板跨度；h—梯板厚度；b_s—踏步宽度；h_s—踏步高度；

H_s—踏步段高度；d—钢筋直径；m—踏步数；b—支座宽度；

l_{aE}—受拉钢筋抗震锚固长度；l_{abE}—受拉钢筋抗震基本锚固长度

（4）梯板拉结筋 $\phi6$，拉结筋间距为 600mm。

第三节　现浇混凝土板式楼梯钢筋翻样

下面以 AT 型楼梯为例（图 6-5）分析楼梯板钢筋的计算过程。

AT 型楼梯平法标注的一般模式如图 6-19 所示。

1. AT 型楼梯板的基本尺寸数据

基本尺寸数据有：梯板跨度 l_n、梯板宽 b_n、梯板厚度 h、踏步宽度 b_s、踏步高度 h_s。

2. 楼梯板钢筋计算中可能用到的系数

斜坡系数 k（在钢筋计算中，经常需要用到）

$$斜长 = 水平投影长度 \times 斜坡系数\ k \qquad (6-1)$$

其中，斜坡系数可以通过踏步宽度和踏步高度来进行计算（如图 6-19 所示）。

$$斜坡系数\ k = \frac{\sqrt{b_s^2 + h_s^2}}{b_s} \qquad (6-2)$$

3. AT 型楼梯板的纵向受力钢筋

（1）梯板下部纵筋位于 AT 型楼梯板踏步段斜板的下部，其计算依据为梯板跨度 l_n。且其两端分别锚入高端梯梁和低端梯梁。其锚固长度满足 $\geqslant 5d$ 且至少过支座中线。

在具体计算中，可以取锚固长度 $a = \max\left(5d, \dfrac{1}{2}kb\right)$。

由上所述，梯板下部纵筋的计算过程为：

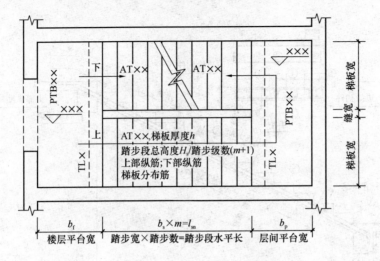

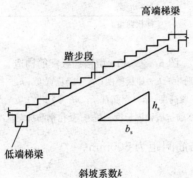

斜坡系数k

图 6-19　AT 型楼梯平法标注的一般模式

1）下部纵筋以及分布筋长度的计算

$$\text{梯板下部纵筋的长度 } l = l_n \times k + 2 \times a \qquad (6\text{-}3)$$

$$\text{分布筋的长度} = b_n - 2 \times \text{保护层厚度} \qquad (6\text{-}4)$$

2）下部纵筋以及分布筋根数的计算

$$\text{梯板下部纵筋的根数} = \frac{(b_n - 2 \times \text{保护层厚度})}{\text{间距}} + 1 \qquad (6\text{-}5)$$

$$\text{分布筋的根数} = \frac{(l_n \times k - 50 \times 2)}{\text{间距}} + 1 \qquad (6\text{-}6)$$

（2）梯板低端扣筋位于踏步段斜板的低端，扣筋的一端扣在踏步段斜板上，直钩长度为h_1。扣筋的另一端锚入低端梯梁内，锚固长度为 $0.35 l_{ab}$（$0.6 l_{ab}$）$+15d$。扣筋的延伸长度投影长度为 $l_n/4$。（$0.35 l_{ab}$用于设计按铰接的情况，$0.6 l_{ab}$用于设计考虑充分发挥钢筋抗拉强度的情况）

由上所述，梯板低端扣筋的计算过程为：

1）低端扣筋以及分布筋长度的计算过程如下：

$$l_1 = \left[l_n/4 + (b - \text{保护层}) \right] \times \text{斜坡系数 } k \qquad (6\text{-}7)$$

$$l_2 = 0.35 l_{ab}(0.6 l_{ab}) - (b - \text{保护层}) \times \text{斜坡系数 } k \qquad (6\text{-}8)$$

$$h_1 = h - 保护层 \tag{6-9}$$

$$分布筋 = b_n - 2 \times 保护层 \tag{6-10}$$

2）低端扣筋以及分布筋根数的计算过程如下：

$$梯板低端扣筋的根数 = \frac{(b_n - 2 \times 保护层)}{间距} + 1 \tag{6-11}$$

$$分布筋的根数 = \frac{(l_n/4 \times 斜坡系数后)}{间距} + 1 \tag{6-12}$$

（3）梯板高端扣筋位于踏步段斜板的高端，扣筋的一端扣在踏步段斜板上，直钩长度为 h_1，扣筋的另一端锚入高端梯梁内，锚入直段长度不小于 $0.35l_{ab}$（$0.6l_{ab}$），直钩长度 l_2 为 $15d$。扣筋的延伸长度水平投影长度为 $l_n/4$。由上所述，梯板高端扣筋的计算过程为：

1）高端扣筋以及分布筋长度的计算过程如下：

$$h_1 = h - 保护层 \tag{6-13}$$

$$l_1 = l_n/4 \times 斜坡系数 k + 0.35l_{ab}(0.6l_{ab}) \tag{6-14}$$

$$l_2 = 15d \tag{6-15}$$

$$分布筋 = b_n - 2 \times 保护层 \tag{6-16}$$

2）高端扣筋以及分布筋根数的计算过程如下：

$$梯板高端扣筋的根数 = \frac{(b_n - 2 \times 保护层)}{间距} + 1 \tag{6-17}$$

$$分布筋的根数 = \frac{(l_n/4 \times 斜坡 - 2 \times 保护层系数 k)}{间距} + 1 \tag{6-18}$$

第四节　现浇混凝土板式楼梯钢筋翻样和下料计算实例

【实例一】板式楼梯 AT1 钢筋翻样长度的计算一

板式楼梯 AT1 的平面布置图如图 6-20 所示。混凝土强度为 C30，梯梁宽度 $b = 200mm$。计算 AT1 钢筋翻样的长度。

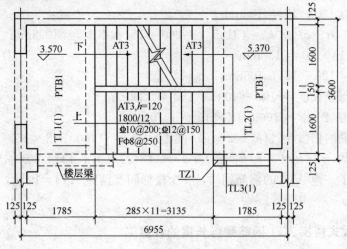

图 6-20　板式楼梯 AT1 的平面布置图

【解】

(1) AT 型楼梯板的基本尺寸数据

1）楼梯板净跨度 $l_n = 3135mm$；

2）梯板净宽度 $b_n = 1600mm$；

3）梯板厚度 $h = 120mm$；

4）踏步宽度 $b_s = 285mm$；

5）踏步总高度 $H_s = 1800mm$；

6）踏步高度 $h_s = 1800/12 = 150mm$；

(2) 计算步骤

1）斜坡系数 $k = \sqrt{h_s^2 + b_s^2}/b_s = \sqrt{150^2 + 285^2}/285 = 1.13$

2）梯板下部纵筋以及分布筋

① 梯板下部纵筋

长度 $l = l_n \times k + 2 \times a = 3135 \times 1.13 + 2 \times \max(5d, b/2) = 3135 \times 1.13 + 2 \times \max(5 \times 12, 200/2) = 3743mm$

根数 $= ((b_n - 2 \times c)/$间距$) + 1 = ((1600 - 2 \times 15)/150) + 1 = 12$ 根

② 分布筋

长度 $= b_n - 2 \times c = 1600 - 2 \times 15 = 1570mm$

根数 $= ((l_n \times k - 50 \times 2)/$间距$) + 1 = ((3135 \times 1.13 - 50 \times 2)/250) + 1 = 15$ 根

3）梯板低端扣筋

$l_1 = [l_n/4 + (b - c)] \times k = (3135/4 + 200 - 15) \times 1.13 = 1095mm$

$l_2 = 15d = 15 \times 10 = 150mm$

$h_1 = h - c = 120 - 15 = 105mm$

分布筋 $= b_n - 2 \times c = 1600 - 2 \times 15 = 1570mm$

梯板低端扣筋的根数 $= ((b_n - 2 \times c)/$间距$) + 1 = ((1600 - 2 \times 15)/250) + 1 = 8$ 根

分布筋的根数 $= ((l_n/4 \times k)/$间距$) + 1 = ((3135/4 \times 1.13)/250) + 1 = 5$ 根

4）梯板高端扣筋

$h_1 = h - c = 120 - 15 = 105mm$

$l_1 = [l_n/4 + (b - c)] \times k = (3135/4 + 200 - 15) \times 1.13 = 1095mm$

$l_2 = 15d = 15 \times 10 = 150mm$

$h_1 = h - c = 120 - 15 = 105mm$

高端扣筋的每根长度 $= 105 + 1095 + 150 = 1350mm$

分布筋 $= b_n - 2 \times c = 1600 - 2 \times 15 = 1570mm$

梯板高端扣筋的根数 $= ((b_n - 2 \times c)/$间距$) + 1 = ((1600 - 2 \times 15)/150) + 1 = 12$ 根

分布筋的根数 $= ((l_n/4 \times k)/$间距$) + 1 = ((3135/4 \times 1.13)/250) + 1 = 5$ 根

上面只计算了一跑 AT1 的钢筋翻样，一个楼梯间有两跑 AT1，因此，应将上述数据乘以 2。

【实例二】板式楼梯 AT1 钢筋翻样长度的计算二

板式楼梯 AT1 平面布置如图 6-21 所示。混凝土强度等级为 C30，梯梁宽度 b 为

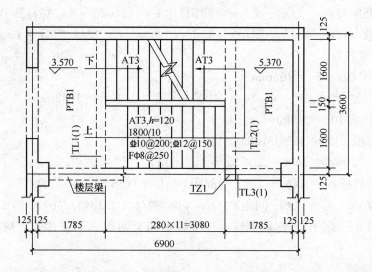

图 6-21　板式楼梯 AT1 平面布置图

200mm。计算 AT1 钢筋翻样的长度。

【解】

（1）AT 型楼梯板的基本尺寸数据

1）楼梯板净跨度 $l_n = 3080$mm

2）梯板净宽度 $b_n = 1600$mm

3）梯板厚度 $h = 120$mm

4）踏步宽度 $b_s = 280$mm

5）踏步总高度 $H_s = 1800$mm

6）踏步高度 $h_s = 1800/12 = 150$mm

（2）计算步骤

1）斜坡系数 $k = \sqrt{b_s^2 + h_s^2}/b_s = \sqrt{280^2 + 150^2}/280 = 1.134$

2）梯板下部纵筋以及分布筋

① 梯板下部纵筋

长度 $l = l_n \times k + 2 \times a = 3080 \times 1.134 + 2 \times \max(5d, b/2)$

$= 3080 \times 1.134 + 2 \times \max(5 \times 12, 200/2) = 3693$mm

根数 $= ((b_n - 2 \times c)/$ 间距$) + 1 = ((1600 - 2 \times 15)/150) + 1 = 12$ 根

② 分布筋

长度 $= b_n - 2 \times c = 1600 - 2 \times 15 = 1570$mm

根数 $= ((l_n \times k - 50 \times 2)/$ 间距$) + 1 = ((3080 \times 1.134 - 50 \times 2)/250) + 1 = 15$ 根

3）梯板低端扣筋

$l_1 = [l_n/4 + (b - c)] \times k = (3080/4 + 200 - 15) \times 1.134 = 1083$mm

$l_2 = 15d = 15 \times 10 = 150$mm

$h_1 = h - c = 120 - 15 = 105$mm

分布筋 $= b_n - 2 \times c = 1600 - 2 \times 15 = 1570$mm

梯板低端扣筋的根数 $= ((b_n - 2 \times c) / \text{间距}) + 1 = ((1600 - 2 \times 15)/250) + 1 \approx 8 \text{ 根}$

分布筋的根数 $= ((l_n / 4 \times k) / \text{间距}) + 1 = ((3080 / 4 \times 1.134)/250) + 1 \approx 5 \text{ 根}$

4）梯板高端扣筋

$h_1 = h - c = 120 - 15 = 105 \text{mm}$

$l_1 = [l_n / 4 + (b - c)] \times k = (3080 / 4 + 200 - 15) \times 1.134 = 1083 \text{mm}$

$l_2 = 15d = 15 \times 10 = 150 \text{mm}$

高端扣筋的每根长度 $= 105 + 1083 + 150 = 1338 \text{mm}$

分布筋 $= b_n - 2 \times c = 1600 - 2 \times 15 = 1570 \text{mm}$

梯板高端扣筋的根数 $= ((b_n - 2 \times c) / \text{间距}) + 1 = ((1600 - 2 \times 15)/150) + 1 \approx 12 \text{ 根}$

分布筋的根数 $= ((l_n / 4 \times k) / \text{间距}) + 1 = ((3080 / 4 \times 1.134)/250) + 1 \approx 5 \text{ 根}$

上面只计算了一跑 AT1 钢筋翻样，一个楼梯间有两跑 AT1，因此，应将上述数据乘以 2。

【实例三】某板式楼梯一个梯段板钢筋翻样的计算

某板式楼梯结构如图 6-22 所示，混凝土强度等级为 C30，计算一个梯段板的钢筋翻样长度。

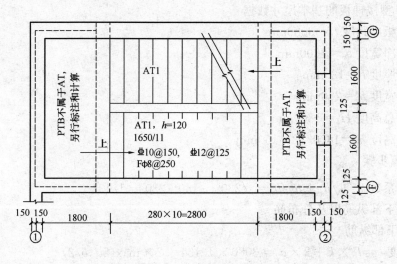

图 6-22 楼梯结构平面图

【解】

从图 6-22 可知：该梯段属于 AT 型楼梯，梯板厚 120mm，踏步高 $h_s = 1650/11 = 150 \text{mm}$，低端和高端的上部纵筋为 $\Phi 10@150$，梯板底部纵筋为 $\Phi 12@125$，分布筋为 $\phi 8@250$，梯段净宽为 1600mm，梯段净长为 2800mm，踏步宽 $b_s = 280 \text{mm}$，本题中梯梁宽没有给出，此处假设梯梁宽 250mm，保护层厚 20mm。

（1）梯段底部纵筋及分布筋

$$ \text{本楼梯的斜坡系数} = \frac{\sqrt{(b_s^2 + h_s^2)}}{b_s} = \frac{\sqrt{(280^2 + 150^2)}}{280} = 1.134 $$

梯段底部纵筋：

$$单根长度 = 梯段水平投影长度 \times 斜坡系数 + 2 \times 锚固长度$$

$$= 2800 \times 1.134 + 2 \times \max(5 \times 12, 250/2 \times 1.134)$$

$$= 3459(mm) = 3.459(m)$$

$$根数 = \frac{(梯板宽度 - 2 \times 保护层)}{间距} + 1$$

$$= \frac{(1600 - 2 \times 20)}{125} + 1 \approx 14 \ 根$$

分布筋：

$$单根长度 = 梯板净宽 - 2 \times 保护层$$

$$= 1600 - 40 = 1560(mm) = 1.560(m)$$

$$根数 = \frac{(L_n \times 斜坡系数 - 间距)}{间距} + 1$$

$$= \frac{(2800 \times 1.134 - 250)}{250} + 1 \approx 13 \ 根$$

（2）梯板低端上部纵筋（低端扣筋）及分布筋

低端扣筋：

$$单根长度 = \left(\frac{L_n}{4} + b - 保护层\right) \times 斜坡系数 \times 15d + h - 保护层$$

$$= (2800/4 + 250 - 20) \times 1.134 + 15 \times 10 + 120 - 20$$

$$= 1305(mm) = 1.305(m)$$

$$根数 = \frac{(1600 - 2 \times 20)}{150} + 1 \approx 12 \ 根$$

分布筋：

$$单根长度 = 1.560(m)$$

$$根数 = \frac{\left(\frac{L_n}{4} \times 斜坡系数 - 间距/2\right)}{间距} + 1$$

$$= \frac{(2800/4 \times 1.134 - 250/2)}{250} + 1 \approx 4 \ 根$$

（3）梯板高端上部纵筋（高端扣筋）及分布筋

与梯板低端上部纵筋（低端扣筋）及分布筋的计算相同。

【实例四】板式楼梯 ATc 钢筋下料长度的计算

板式楼梯 ATc3 平面布置如图 6-23 所示。混凝土强度等级为 C30，抗震等级为一级，梯梁宽度为 $b = 200mm$。计算 ATc3 钢筋下料量。

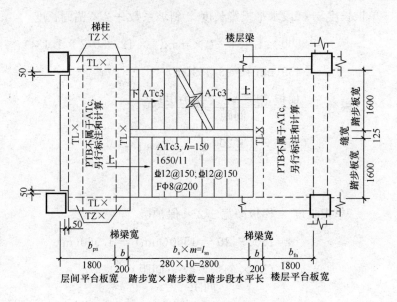

图 6-23 板式楼梯 ATc3 型楼梯平面布置

【解】

（1）ATc3 楼梯板的基本尺寸数据

1）楼梯板净跨度 l_n＝2800mm

2）梯板净宽度 b_n＝1600mm

3）梯板厚度 h＝150mm

4）踏步宽度 b_s＝280mm

5）踏步总高度 H_s＝1650mm

6）踏步高度 h_s＝1650/11＝150mm

（2）计算步骤

1）斜坡系数 $k = \sqrt{b_s^2 + h_s^2}/b_s = \sqrt{280^2 + 150^2}/280 = 1.134$

2）梯板下部纵筋和上部纵筋

下部纵筋长度＝$15d+(b-$保护层$+l_{sn})\times k+l_{aE}$

$\qquad\qquad =15\times12+(200-15+2800)\times1.134+40\times12=4045$mm

下部纵筋范围＝$b_n-2\times1.5h=1600-3\times150=1150$mm

下部纵筋根数＝1150/150≈8 根

本题的上部纵筋长度与下部纵筋相同

上部纵筋长度＝4045mm

上部纵筋范围与下部纵筋相同

上部纵筋根数＝1150/150≈8 根

3）梯板分布筋（③号钢筋）的计算：（"扣筋"形状）

分布筋的水平段长度＝$b_n-2\times$保护层＝$1600-2\times15=1570$mm

分布筋的直钩长度＝$h-2\times$保护层＝$150-2\times15=120$mm

分布筋每根长度＝$1570+2\times120=1810$mm

分布筋根数的计算：

分布筋设置范围＝$l_{sn}×k$＝2800×1.134＝3175mm

分布筋根数＝3175/200＝16（这仅是上部纵筋的分布筋根数）

上下纵筋的分布筋总数＝2×16＝32 根

4）梯板拉结筋（④号钢筋）的计算：

根据 11G101-2 图集第 44 页的注 4，梯板拉结筋 ϕ6，间距 600mm

拉结筋长度＝h－2×保护层＋2×拉筋直径＝150－2×15＋2×6＝132mm

拉结筋根数＝3175/600＝6 根（这是一对上下纵筋的拉结筋根数）

每一对上下纵筋都应该设置拉结筋（相邻上下纵筋错开设置）

拉结筋总根数＝8×6＝48 根

5）梯板暗梁箍筋（②号钢筋）的计算：

梯板暗梁箍筋为Φ6@200

箍筋尺寸计算：（箍筋仍按内围尺寸计算）

箍筋宽度＝1.5h－保护层－2d＝1.5×150－15－2×6＝198mm

箍筋高度＝h－2×保护层－2d＝150－2×15－2×6＝108mm

箍筋每根长度＝（198＋108）×2＋26×6＝768mm

箍筋分布范围＝$l_{sn}×k$＝2800×1.134＝3175mm

箍筋根数＝3175/200＝16 根（这是一道暗梁的箍筋根数）

两道暗梁的箍筋根数＝2×16＝32 根

6）梯板暗梁纵筋的计算：

每道暗梁纵筋根数 6 根（一、二级抗震时），暗梁纵筋直径Φ12（不小于纵向受力钢筋直径）

两道暗梁的纵筋根数＝2×6＝12 根

本题的暗梁纵筋长度同下部纵筋

暗梁纵筋长度＝4045mm

以上是一跑 ATc 楼梯的钢筋下料量，一个楼梯间有两跑 ATc 楼梯，应将上述钢筋下料量乘以 2。

第七章 筏形基础钢筋翻样与下料

重点提示：

1. 了解筏形基础平法施工图识读的基本知识，包括梁板式筏形基础与平板式筏形基础

2. 了解筏形基础的钢筋构造，包括基础主梁纵向钢筋与箍筋构造、基础主梁竖向加腋钢筋构造、基础梁端部与外伸部位钢筋构造等。

3. 掌握筏形基础钢筋翻样方法，包括基础主梁钢筋翻样、基础次梁钢筋翻样等

4. 通过不同筏形基础钢筋翻样与下料计算实例的讲解，把握不同情况下的具体计算方法

第一节　筏形基础平法施工图识读

一、梁板式筏形基础平法施工图识读

1. 梁板式筏形基础平法施工图的表示方法

（1）梁板式筏形基础平法施工图，是在基础平面布置图上采用平面注写方式进行表达。

（2）当绘制基础平面布置图时，应将梁板式筏形基础与其所支承的柱、墙一起绘制。当基础底面标高不同时，需注明与基础底面基准标高不同之处的范围和标高。

（3）通过选注基础梁底面与基础平板底面的标高高差来表达两者间的位置关系，可以明确其"高板位"（梁顶与板顶一平）、"低板位"（梁底与板底一平）以及"中板位"（板在梁的中部）三种不同位置组合的筏形基础，方便设计表达。

（4）对于轴线未居中的基础梁，应标注其定位尺寸。

2. 梁板式筏形基础构件的类型与编号

梁板式筏形基础由基础主梁、基础次梁、基础平板等构成，编号按表 7-1 的规定。

表 7-1　梁板式筏形基础构件编号

构件类型	代号	序号	跨数及有无外伸
基础主梁（柱下）	JL	××	（××）或（××A）或（××B）
基础次梁	JCL	××	（××）或（××A）或（××B）
梁板筏形基础平板	LPB	××	—

注：1.（××A）为一端有外伸，（××B）为两端有外伸，外伸不计入跨数。

2. 梁板式筏形基础平板跨数及是否有外伸分别在 X、Y 两向的贯通纵筋之后表达。图面从左至右为 X 向，从下至上为 Y 向。

3. 梁板式筏形基础主梁与条形基础梁编号与标准构造详图一致。

3. 基础主梁与基础次梁的平面注写方式

（1）基础主梁 JL 与基础次梁 JCL 的平面注写，分集中标注与原位标注两部分内容。

（2）基础主梁 JL 与基础次梁 JCL 的集中标注内容为：基础梁编号、截面尺寸、配筋三项必注内容，以及基础梁底面标高高差（相对于筏形基础平板底面标高）一项选注内容。具体规定如下：

1）注写基础梁的编号，如表 7-1 所示。

2）注写基础梁的截面尺寸。以 $b \times h$ 表示梁截面宽度与高度；当为加腋梁时，用 $b \times h$ $Yc_1 \times c_2$ 表示，其中 c_1 为腋长，c_2 为腋高。

3）注写基础梁的配筋。

① 注写基础梁箍筋

a. 当采用一种箍筋间距时，注写钢筋级别、直径、间距与肢数（写在括号内）。

b. 当采用两种箍筋时，用斜线"/"分隔不同箍筋，按照从基础梁两端向跨中的顺序注写。先注写第 1 段箍筋（在前面加注箍数），在斜线后再注写第 2 段箍筋（不再加注箍数）。

【例 7-1】9Φ16@100/Φ16@200（6），表示箍筋为 HPB300 级钢筋，直径Φ16，从梁端向跨内，间距 100，设置 9 道，其余间距为 200，均为六肢箍。

施工时应注意：两向基础主梁相交的柱下区域，应有一向截面较高的基础主梁按梁端箍筋贯通设置；当两向基础主梁高度相同时，任选一向基础主梁箍筋贯通设置。

② 注写基础梁的底部、顶部及侧面纵向钢筋

a. 以 B 打头，先注写梁底部贯通纵筋（不应少于底部受力钢筋总截面面积的 1/3）。当跨中所注根数少于箍筋肢数时，需要在跨中加设架立筋以固定箍筋，注写时，用加号"+"将贯通纵筋与架立筋相连，架立筋注写在加号后面的括号内。

b. 以 T 打头，注写梁顶部贯通纵筋值。注写时用分号"；"将底部与顶部纵筋分隔开。

c. 当梁底部或顶部贯通筋多于一排时，用斜线"/"将各排纵筋自上而下分开。

【例 7-2】梁底部贯通纵筋注写为 B8Φ28 3/5，则表示上一排纵筋为 3Φ28，下一排纵筋为 5Φ28。

d. 以大写字母 G 打头注写基础梁两侧面对称设置的纵向构造钢筋的总配筋值（当梁腹板高度 h_w 不小于 450mm 时，根据需要配置）。

【例 7-3】G8Φ16，表示梁的两个侧面共配置 8Φ16 的纵向构造钢筋，每侧各配置 4Φ16。

当需要配置抗扭纵向钢筋时，梁两个侧面设置的抗扭纵向钢筋以 N 打头。

【例 7-4】N8Φ16，表示梁的两个侧面共配置 8Φ16 的纵向抗扭钢筋，沿截面周边均匀对称设置。

4）注写基础梁底面标高高差（系指相对于筏形基础平板底面标高的高差值），该项为选注值。有高差时需将高差写入括号内（如"高板位"与"中板位"基础梁的底面与基础平板底面标高的高差值），无高差时不注（如"低板位"筏形基础的基础梁）。

（3）基础主梁与基础次梁的原位标注规定如下：

1）注写梁端（支座）区域的底部全部纵筋，是包括已经集中注写过的贯通纵筋在内的所有纵筋：

① 当梁端（支座）区域的底部纵筋多于一排时，用斜线"/"将各排纵筋自上而下分开。

【例 7-5】 梁端（支座）区域底部纵筋注写为 10 Φ 25 4/6，表示上一排纵筋为 4 Φ 25，下一排纵筋为 6 Φ 25。

② 当同排纵筋有两种直径时，用加号"＋"将两种直径的纵筋相连。

【例 7-6】 梁端（支座）区域底部纵筋注写为 4 Φ 28＋2 Φ 25，表示一排纵筋由两种不同直径钢筋组合。

③ 当梁中间支座两边的底部纵筋配置不同时，需在支座两边分别标注；当梁中间支座两边的底部纵筋相同时，可仅在支座的一边标注配筋值。

④ 当梁端（支座）区域的底部全部纵筋与集中注写过的贯通纵筋相同时，可不再重复做原位标注。

⑤ 加腋梁加腋部位钢筋，需在设置加腋的支座处以 Y 打头注写在括号内。

【例 7-7】 加腋梁端（支座）处注写为 Y4 Φ 25，表示加腋部位斜纵筋为 4 Φ 25。

设计时应注意：当对底部一平的梁支座两边的底部非贯通纵筋采用不同配筋值时，应先按较小一边的配筋值选配相同直径的纵筋贯穿支座，再将较大一边的配筋差值选配适当直径的钢筋锚入支座，避免造成两边大部分钢筋直径不相同的不合理配置结果。

施工及预算方面应注意：当底部贯通纵筋经原位修正注写后，两种不同配置的底部贯通纵筋应在两毗邻跨中配置较小一跨的跨中连接区域连接（即配置较大一跨的底部贯通纵筋需越过其跨数终点或起点伸至毗邻跨的跨中连接区域）。

2）注写基础梁的附加箍筋或（反扣）吊筋。将其直接画在平面图中的主梁上，用线引注总配筋值（附加箍筋的肢数注写在括号内），当多数附加箍筋或（反扣）吊筋相同时，可在基础梁平法施工图上统一注明，少数与统一注明值不同时，再原位引注。

施工时应注意：附加箍筋或（反扣）吊筋的几何尺寸应按照标准构造详图，结合其所在位置的主梁和次梁的截面尺寸确定。

3）当基础梁外伸部位变截面高度时，在该部位原位注写 $b \times h_1/h_2$，h_1 为根部截面高度，h_2 为尽端截面高度。

4）注写修正内容。当在基础梁上集中标注的某项内容（如梁截面尺寸、箍筋、底部与顶部贯通纵筋或架立筋、梁侧面纵向构造钢筋、梁底面标高高差等）不适用于某跨或某外伸部分时，则将其修正内容原位标注在该跨或该外伸部位，施工时原位标注取值优先。

当在多跨基础梁的集中标注中已注明加腋，而该梁某跨的根部不需要加腋时，则应在该跨原位标注等截面的 $b \times h$，以修正集中标注中的加腋信息。

（4）基础主梁与基础次梁的平法标注示意图，如图 7-1 所示。

4. 基础梁底部非贯通纵筋的长度规定

（1）为方便施工，凡基础主梁柱下区域和基础次梁支座区域底部非贯通纵筋的伸出长度 a_0 值，当配置不多于两排时，在标准构造详图中统一取值为自支座边向跨内伸出至 $l_n/3$ 位置；当非贯通纵筋配置多于两排时，从第三排起向跨内的伸出长度值应由设计者注明。l_n 的取值规定为：边跨边支座的底部非贯通纵筋，l_n 取本边跨的净跨长度值；中间支座的底部非贯通纵筋，l_n 取支座两边较大一跨的净跨长度值。

（2）基础主梁与基础次梁外伸部位底部纵筋的伸出长度 a_0 值，在标准构造详图中统一

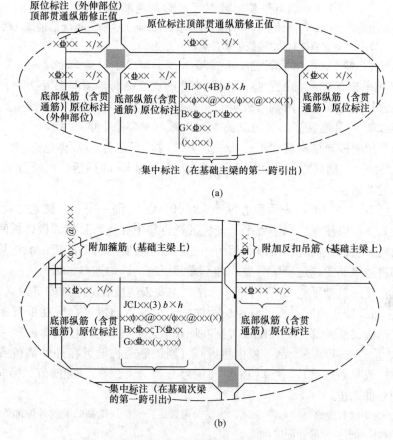

图 7-1　基础主梁与基础次梁的平法标注示意图

（a）基础主梁；（b）基础次梁

取值为：第一排伸出至梁端头后，全部上弯 12d；其他排伸至梁端头后截断。

5. 梁板式筏形基础平板的平面注写方式

（1）梁板式筏形基础平板 LPB 的平面注写，分板底部与顶部贯通纵筋的集中标注与板底部附加非贯通纵筋的原位标注两部分内容。当仅设置贯通纵筋而未设置附加非贯通纵筋时，则仅做集中标注。

（2）梁板式筏形基础平板 LPB 贯通纵筋的集中标注，应在所表达的板区双向均为第一跨（X 与 Y 双向首跨）的板上引出（图面从左至右为 X 向，从下至上为 Y 向）。

板区划分条件：板厚相同、基础平板底部与顶部贯通纵筋配置相同的区域为同一板区。

集中标注的内容规定如下：

1）注写基础平板的编号，如表 7-1 所示。

2）注写基础平板的截面尺寸。注写 h＝×××表示板厚。

3）注写基础平板的底部与顶部贯通纵筋及其总长度。先注写 X 向底部（B 打头）贯通纵筋与顶部（T 打头）贯通纵筋及纵向长度范围；再注写 Y 向底部（B 打头）贯通纵筋与顶部（T 打头）贯通纵筋及纵向长度范围（图面从左至右为 X 向，从下至上为 Y 向）。

贯通纵筋的总长度注写在括号中，注写方式为"跨数及有无外伸"，其表达形式为：（×

201

×）（无外伸）、（××A）（一端有外伸）或（××B）（两端有外伸）。

注：基础平板的跨数以构成柱网的主轴线为准；两主轴线之间无论有几道辅助轴线（例如框筒结构中混凝土内筒中的多道墙体），均可按一跨考虑。

【例7-8】 X：B Φ 22@150，T Φ 20@150，（5B）；Y：B Φ 20@200，T Φ 18@200，（7A）。表示基础平板 X 向底部配置Φ 22 间距 150 的贯通纵筋，顶部配置Φ 20 间距 150 的贯通纵筋，纵向总长度为 5 跨，两端有外伸；Y 向底部配置Φ 20 间距 200 的贯通纵筋，顶部配置Φ 18 间距 200 的贯通纵筋，纵向总长度为 7 跨，一端有外伸。

当贯通筋采用两种规格钢筋"隔一布一"方式时，表达为 ϕxx/yy@×××，表示直径 xx 的钢筋和直径 yy 的钢筋之间的间距为×××，直径为 xx 的钢筋、直径为 yy 的钢筋间距分别为×××的 2 倍。

【例7-9】 Φ 10/12@100，表示贯通纵筋为Φ 10、Φ 12 隔一布一，彼此之间间距为 100。

施工及预算方面应注意：当基础平板分板区进行集中标注，且相邻板区板底一平时，两种不同配置的底部贯通纵筋应在两毗邻板跨中配筋较小板跨的跨中连接区域连接（即配置较大板跨的底部贯通纵筋需越过板区分界线伸至毗邻板跨的跨中连接区域）。

（3）梁板式筏形基础平板 LPB 的原位标注，主要表达板底部附加非贯通纵筋。

1）原位注写位置及内容。板底部原位标注的附加非贯通纵筋，应在配置相同跨的第一跨表达（当在基础梁悬挑部位单独配置时则在原位表达）。在配置相同跨的第一跨（或基础梁外伸部位），垂直于基础梁绘制一段中粗虚线（当该筋通长设置在外伸部位或短跨板下部时，应画至对边或贯通短跨），在虚线上注写编号（如①、②等）、配筋值、横向布置的跨数及是否布置到外伸部位。

注：（××）为横向布置的跨数，（××A）为横向布置的跨数及一端基础梁的外伸部位，（××B）为横向布置的跨数及两端基础梁外伸部位。

板底部附加非贯通纵筋向两边跨内的伸出长度值注写在线段的下方位置。当该筋向两侧对称伸出时，可仅在一侧标注，另一侧不注；当布置在边梁下部时，向基础平板外伸部位一侧的伸出长度与方式按标准构造，设计不注。底部附加非贯通筋相同者，可仅注写一处，其他只注写编号。

横向连续布置的跨数及是否布置到外伸部位，不受集中标注贯通纵筋的板区限制。

原位注写的底部附加非贯通纵筋与集中标注的底部贯通钢筋，宜采用"隔一布一"方式布置，即基础平板（X 向或 Y 向）底部附加非贯通纵筋与贯通纵筋间隔布置，其标注间距与底部纵筋相同（两者实际组合后的间距为各自标注间距的 1/2）

2）注写修正内容。当集中标注的某些内容不适用于梁板式筏形基础平板某板区的某一板跨时，应由设计者在该板跨内注明，施工时应按注明内容取用。

3）当若干基础梁下基础平板的底部附加非贯通纵筋配置相同时（其底部、顶部的贯通纵筋可以不同），可仅在一根基础梁下做原位注写，并在其他梁上注明"该梁下基础平板底部附加非贯通纵筋同××基础梁"。

（4）梁板式筏形基础平板 LPB 的平面注写规定，同样适用于钢筋混凝土墙下的基础平板。

（5）梁板式筏形基础平板的标注示意图，如图 7-2 所示。

6. 其他

应在图中注明的其他内容：

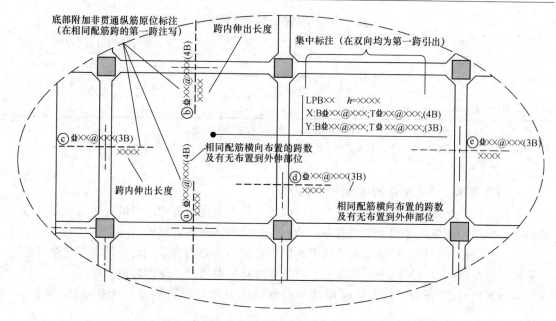

图 7-2　梁板式筏形基础平板的标注示意图

（1）当在基础平板周边沿侧面设置纵向构造钢筋时，应在图中注明。

（2）应注明基础平板外伸部位的封边方式，当采用 U 形钢筋封边时应注明其规格、直径及间距。

（3）当基础平板外伸变截面高度时，应注明外伸部位的 h_1/h_2，h_1 为板根部截面高度，h_2 为板尽端截面高度。

（4）当基础平板厚度大于 2m 时，应注明具体构造要求。

（5）当在基础平板外伸阳角部位设置放射筋时，应注明放射筋的强度等级、直径、根数以及设置方式等。

（6）当在板的分布范围内采用拉筋时，应注明拉筋的强度等级、直径、双向间距等。

（7）应注明混凝土垫层厚度与强度等级。

（8）结合基础主梁交叉纵筋的上下关系，当基础平板同一层面的纵筋相交叉时，应注明何向纵筋在下，何向纵筋在上。

（9）设计需注明的其他内容。

二、平板式筏形基础平法施工图识读

1. 平板式筏形基础平法施工图的表示方法

（1）平板式筏形基础平法施工图，是在基础平面布置图上采用平面注写方式表达。

（2）当绘制基础平面布置图时，应将平板式筏形基础与其所支承的柱、墙一起绘制。当基础底面标高不同时，需注明与基础底面基准标高不同之处的范围和标高。

2. 平板式筏形基础构件的类型与编号

平板式筏形基础由柱下板带、跨中板带构成，设计不区分板带时，可按基础平板进行表达。其编号规定如表 7-2 所示。

表 7-2　柱下板带、跨中板带编号

构件类型	代号	序号	跨数及有无外伸
柱下板带	ZXB	××	（××）或（××A）或（××B）
跨中板带	KZB	××	（××）或（××A）或（××B）
平板式筏形基础平板	BPB	××	—

注：1. （××A）为一端有外伸，（××B）为两端有外伸，外伸不计入跨数。

　　2. 平板式筏形基础平板，其跨数及是否有外伸分别在 X、Y 两向的贯通纵筋之后表达。图面从左至右为 X 向，从下至上为 Y 向。

3. 柱下板带、跨中板带的平面注写方式

平板式筏形基础由柱下板带和跨中板带构成，其平面注写方式由板带底部与顶部贯通纵筋的集中标注和板带底部附加非贯通纵筋的原位标注两部分内容组成。

（1）集中标注。柱下板带与跨中板带的集中标注，主要内容是注写板带底部与顶部贯通纵筋的，应在第一跨（X 向为左端跨，Y 向为下端跨）引出，具体内容包括：

1）编号。柱下板带、跨中板带编号（板带代号＋序号＋跨数及有无悬挑），如表 7-2 所示。

2）截面尺寸。柱下板带、跨中板带的截面尺寸用 b 表示。注写"b＝××××"，表示板带宽度（在图注中注明基础平板厚度），随之确定的是跨中板带宽度（即相邻两平行柱下板带间的距离）。当柱下板带中心线偏离柱中心线时，应在平面图上标注其定位尺寸。

3）注写底部与顶部贯通纵筋。注写底部贯通纵筋（B 打头）与顶部贯通纵筋（T 打头）的规格与间距，用分号";"将其分隔开。柱下板带的柱下区域，通常在其底部贯通纵筋的间隔内插空设有（原位注写的）底部附加非贯通纵筋。

【例 7-10】 B Φ 22@300，T Φ 25@150，表示板带底部配置Φ 22 间距 300 的贯通纵筋，板带顶部配置Φ 25 间距 150 的贯通纵筋。

施工及预算方面应注意：当柱下板带的底部贯通纵筋配置从某跨开始改变时，两种不同配置的底部贯通纵筋应在两毗邻跨中配置较小跨的跨中连接区域连接（即配置较大跨的底部贯通纵筋需越过其跨数终点或起点伸至毗邻跨的跨中连接区域）。

（2）原位标注。柱下板带与跨中板带的原位标注的主要内容是注写底部附加非贯通纵筋。具体内容包括：

1）注写内容。以一段与板带同向的中粗虚线代表附加非贯通纵筋。柱下板带：贯穿其柱下区域绘制；跨中板带：横贯柱中线绘制。在虚线上注写底部附加非贯通纵筋的编号（如①、②等）、钢筋级别、直径、间距，以及自柱中线分别向两侧跨内的伸出长度值。当向两侧对称伸出时，长度值可仅在一侧标注，另一侧不注。

外伸部位的伸出长度与方式按标准构造，设计不注。对同一板带中底部附加非贯通筋相同者，可仅在一根钢筋上注写，其他可仅在中粗虚线上注写编号。

原位注写的底部附加非贯通纵筋与集中标注的底部贯通纵筋，宜采用"隔一布一"的方式布置，即柱下板带或跨中板带底部附加纵筋与贯通纵筋交错插空布置，其标注间距与底部贯通纵筋相同（两者实际组合后的间距为各自标注间距的 1/2）。

【例 7-11】 柱下区域注写底部附加非贯通纵筋③Φ 22@300，集中标注的底部贯通纵筋也为 B Φ 22@300，表示在柱下区域实际设置的底部纵筋为Φ 22@150，其他部位与③号筋相同的附加非贯通纵筋仅注写编号③。

当跨中板带在轴线区域不设置底部附加非贯通纵筋时，则不进行原位注写。

2）注写修正内容。当在柱下板带、跨中板带上集中标注的某些内容（如截面尺寸、底部与顶部贯通纵筋等）不适用于某跨或某外伸部分时，则将修正的数值原位标注在该跨或该外伸部位，施工时原位标注取值优先。

设计时应注意：对于支座两边不同配筋值的（经注写修正的）底部贯通纵筋，应按较小一边的配筋值选配相同直径的纵筋贯穿支座，较大一边的配筋差值选配适当直径的钢筋锚入支座，避免造成两边大部分钢筋直径不相同的不合理配置结果。

（3）柱下板带 ZXB 与跨中板带 KZB 的注写规定，同样适用于平板式筏形基础上局部有剪力墙的情况。

（4）柱下板带与跨中板带平法标注示意图，如图 7-3 所示。

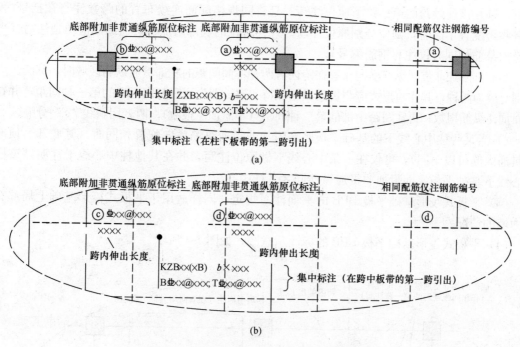

图 7-3　柱下板带与跨中板带平法标注示意图
（a）柱下板带；（b）跨中板带

4. 平板式筏形基础平板 BPB 的平面注写方式

平板式筏形基础平板 BPB 的平面注写，分板底部与顶部贯通纵筋的集中标注与板底部附加非贯通纵筋的集中标注两部分内容。当仅设置底部与顶部贯通纵筋而未设置底部附加非贯通纵筋时，则仅做集中标注。

基础平板 BPB 的平面注写与柱下板带 ZXB、跨中板带 KZB 的平面注写为不同的表达方式，但可以表达同样的内容。当整片板式筏形基础配筋比较规律时，宜采用 BPB 表达方式。

（1）集中标注。平板式筏形基础平板 BPB 集中标注的主要内容为注写板底部与顶部贯通纵筋。

当某向底部贯通纵筋或顶部贯通纵筋的配置，在跨内有两种不同间距时，先注写跨内两端的第一种间距，并在前面加注纵筋根数（以表示其分布的范围）；再注写跨中部的第二种间距（不需加注根数）；两者用斜线"/"分隔。

【例 7-12】 X：B12 Φ 22@150/200，T10 Φ 20@150/200，表示基础平板 X 向底部配置 Φ 22 的贯通纵筋，跨两端间距为 150 配 12 根，跨中间距为 200；X 向顶部配置Φ 20 的贯通纵筋，跨两端间距为 150 配 10 根，跨中间距为 200（纵向总长度略）。

（2）原位标注。平板式筏形基础平板 BPB 的原位标注，主要表达横跨柱中心线下的底部附加非贯通纵筋。内容包括：

1）原位注写位置及内容。在配置相同的若干跨的第一跨下，垂直于柱中线绘制一段中粗虚线代表底部附加非贯通纵筋，在虚线上注写编号（如①、②等）、配筋值、横向布置的跨数及是否布置到外伸部位。

当柱中心线下的底部附加非贯通纵筋（与柱中心线正交）沿柱中心线连续若干跨配置相同时，则在该连续跨的第一跨下原位注写，且将同规格配筋连续布置的跨数注写在括号内；当有些跨配置不同时，则应分别原位注写。外伸部位的底部附加非贯通纵筋应单独注写（当与跨内某筋相同时仅注写钢筋编号）。

当底部附加非贯通纵筋横向布置在跨内有两种不同间距的底部贯通纵筋区域时，其间距应分别对应为两种，其注写形式应与贯通纵筋保持一致，即先注写跨内两端的第一种间距，并在前面加注纵筋根数；再注写跨中部的第二种间距（不需加注根数）；两者用斜线"/"分隔。

2）当某些柱中心线下的基础平板底部附加非贯通纵筋横向配置相同时（其底部、顶部的贯通纵筋可以不同），可仅在一条中心线下做原位注写，并在其他柱中心线上注明"该柱中心线下基础平板底部附加非贯通纵筋同××柱中心线。

（3）平板式筏形基础平板 BPB 的平面注写规定，同样适用于平板式筏形基础上局部有剪力墙的情况。

（4）平板式筏形基础平板 BPB 的标注示意图，如图 7-4 所示。

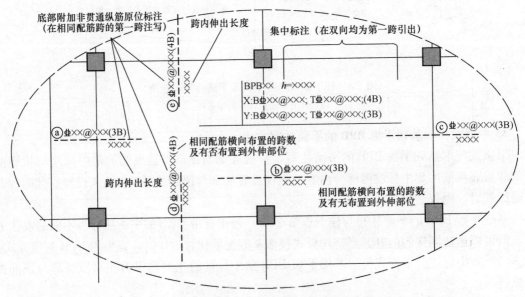

图 7-4 平板式筏形基础平板 BPB 的标注示意图

5. 其他

平板式筏形基础应在图中标明的其他内容包括：

（1）注明板厚。整片平板式筏形基础有不同板厚时，应分别注明各板厚值及其各自的分布范围。

（2）当在基础平板周边沿侧面设置纵向构造钢筋时，应在图注中注明。

（3）应注明基础平板外伸部位的封边方式，当采用 U 形钢筋封边时，应注明其规格、直径及间距。

（4）当基础平板外伸变截面高度时，应注明外伸部位的 h_1/h_2，h_1 为板根部截面高度，h_2 为板尽端截面高度。

（5）当基础平板厚度大于 2m 时，应注明设置在基础平板中部的水平构造钢筋网。

（6）当在基础平板外伸阳角部位设置放射筋时，应注明放射筋的强度等级、直径、根数以及设置方式等。

（7）当在板的分布范围内采用拉筋时，应注明拉筋的强度等级、直径、双向间距等。

（8）应注明混凝土垫层厚度与强度等级。

（9）当基础平板同一层面的纵筋相互交叉时，应注明何向纵筋在下，何向纵筋在上。

第二节　筏形基础钢筋构造

一、基础主梁纵向钢筋与箍筋构造

基础主梁纵向钢筋与箍筋构造要求如图 7-5 所示，主要内容有：

（1）顶部钢筋。基础主梁纵向钢筋的顶部钢筋在梁顶部应连续贯通；其连接区位于柱轴线 $l_n/4$ 左右范围，在同一连接区内的接头面积百分率不应大于 50%。

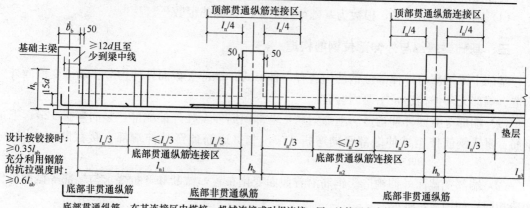

图 7-5　基础主梁纵向钢筋与箍筋构造

l_{ni}—左跨净跨值；l_{ni+1}—右跨净跨值；

l_n—左跨 l_{ni} 和右跨 l_{ni+1} 之较大值；h_c—柱截面沿基础梁方向的高度

（2）底部钢筋。基础主梁纵向钢筋的底部非贯通纵筋向跨内延伸长度为：自柱轴线算起，左右各 $l_n/3$ 长度值；底部钢筋连接区位于跨中 $\leqslant l_n/3$ 范围，在同一连接区内的接头面积百分率不应大于 50%。

当两毗邻跨的底部贯通纵筋配置不同时，应将配置较大一跨的底部贯通纵筋越过其标注的跨数终点或起点，伸至配置较小的毗邻跨的跨中连接区域进行连接。

（3）箍筋。节点区内箍筋按梁端箍筋设置。梁相互交叉宽度内的箍筋按截面高度较大的基础梁设置。同跨箍筋有两种时，各自设置范围按具体设计注写。

二、基础主梁竖向加腋钢筋构造

基础主梁竖向加腋钢筋构造，如图 7-6 所示。

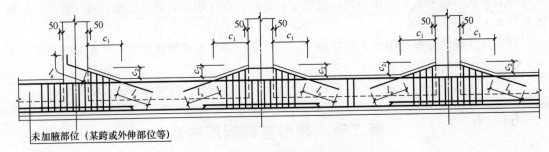

图 7-6 基础主梁竖向加腋钢筋构造

c_1—腋长；c_2—腋高；l_a—纵向受拉钢筋非抗震锚固长度

其构造要求可概括为：

（1）加腋筋的两端分别伸入基础主梁和柱内锚固长度为 l_a。

（2）加腋范围内的箍筋与基础梁的箍筋配置相同，仅箍筋高度为变值。

（3）基础梁高加腋筋规格，若施工图未注明，则同基础梁顶部纵筋；若施工图有标注，则按其标注规格。

（4）基础梁高加腋筋，根数为基础梁顶部第一排纵筋根数 -1。

三、基础梁端部与外伸部位钢筋构造

基础主梁端部与外伸部位钢筋构造有三种形式：端部等截面外伸构造、端部变截面外伸构造、端部无外伸构造，主要内容有：

（1）端部等截面外伸构造。上部钢筋：上部钢筋伸至柱外伸端部，竖向弯折 $12d$；下部钢筋：贯通钢筋伸至外伸端部竖向弯折 $12d$，非贯通筋伸至外伸端部直接截断，如图 7-7 所示。

（2）端部变截面外伸构造。钢筋沿着截面变化布置，截断和弯折要求与端部等截面外伸构造相同，如图 7-8 所示。

当 $l'_n + h_c \leqslant l_a$ 时，基础梁下部钢筋应伸至端部后弯折，且从柱内边算起水平段长度 $\geqslant 0.4 l_{ab}$，弯折长度 $15d$。

（3）端部无外伸构造。基础梁底部与顶部纵筋成对连通设置，可采用通长钢筋或将底部与顶部钢筋对焊连接后弯折成形，并向跨内延伸或在跨内规定区域连接。成对连通后，顶部或底部多余的钢筋伸至端部弯折。

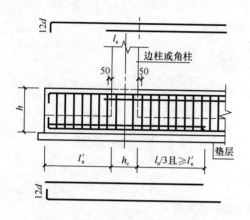

图 7-7 基础梁端部等截面外伸构造

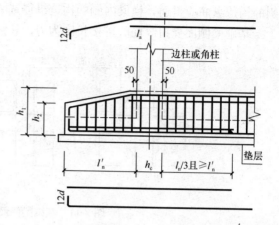

图 7-8 基础梁端部变截面外伸构造

基础梁底部下排与顶部上排纵筋伸至梁包柱侧腋，与侧腋的水平构造钢筋绑扎在一起。上部钢筋伸至尽端钢筋内侧弯折 $15d$，当直段长度 $\geqslant l_a$ 时可不弯折；下部钢筋伸至尽端钢筋内侧弯折，水平段 $\geqslant 0.4l_{ab}$，如图 7-9 所示。

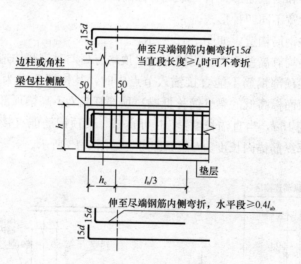

图 7-9 基础梁端部无外伸构造

四、基础梁侧面构造纵筋和拉筋

基础梁侧面构造纵筋和拉筋如图 7-10 所示。梁侧钢筋的拉筋直径除注明者外均为 8mm，间距为箍筋间距的 2 倍。当设有多排拉筋时，上下两排拉筋竖向错开设置。

基础梁侧面纵向构造钢筋搭接长度为 $15d$。十字相交的基础梁，当相交位置有柱时，侧面构造纵筋锚入梁包柱侧腋内 $15d$，如图 7-11（a）所示；当无柱时侧面构造纵筋

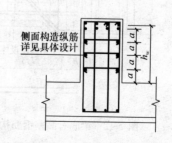

图 7-10 梁侧面构造钢筋和拉筋
a—钢筋间距；h_w—梁腹板高度

锚入交叉梁内 15d，如图 7-11（b）所示。丁字相交的基础梁，当相交位置无柱时，横梁外侧的构造纵筋应贯通，横梁内侧的构造纵筋锚入交叉梁内 15d，如图 7-11（c）所示。

基础梁侧面受扭纵筋的搭接长度为 l_l，其锚固长度为 l_a。

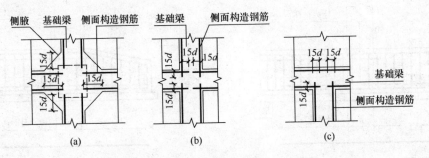

图 7-11 基础梁侧面纵向钢筋锚固要求

（a）十字相交基础梁，相交位置有柱；（b）十字相交基础梁，相交位置无柱；

（c）丁字相交的基础梁，相交位置无柱

五、基础梁梁底不平和变截面部位钢筋构造

基础梁梁底不平和变截面形式有：梁底有标高高差、梁底与梁顶均有标高高差、梁顶有标高高差和柱两边梁宽不同四种形式。

（1）梁底有高差钢筋构造，如图 7-12 所示。

（2）梁底、梁顶均有高差构造。当梁底、梁顶均有高差时钢筋构造与前两种形式的构造相近。可概括为：梁顶部钢筋不能直接锚入节点中时，其构造要求为：第一排纵筋伸至尽端，弯折长度自梁顶面标高低的梁（简称低梁）顶部算起 l_a；高梁顶部第二排纵筋伸至尽端钢筋内侧，弯折长度 15d，当直锚长度≥l_a 时可直锚。梁顶钢筋能直接锚入节点中时，其构造要求为：低梁上部纵筋锚固长度≥l_a 截断即可，如图 7-13 所示。

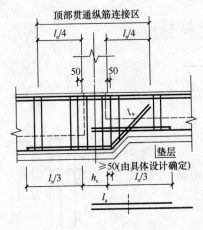

图 7-12 梁底有高差钢筋构造

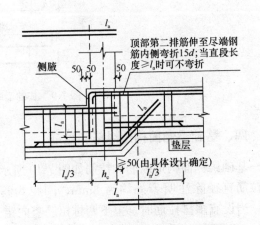

图 7-13 梁顶和梁底均有高差钢筋构造

（3）梁顶有高差钢筋构造。梁顶面标高高的梁（简称高梁）顶部第一排纵筋伸至尽端，

弯折长度自梁顶面标高低的梁（简称低梁）顶部算起 l_a；高梁顶部第二排纵筋伸至尽端钢筋内侧，弯折长度 $15d$，当直锚长度 $\geqslant l_a$ 时可直锚。低梁上部纵筋锚固长度 $\geqslant l_a$ 截断即可，如图 7-14 所示。

（4）柱两边梁宽不同钢筋构造。柱两边梁宽不同时，宽出部位梁的上、下部第一排纵筋连通设置；在宽出部位，不能连通的钢筋，上、下部第二排纵筋伸至尽端钢筋内侧，弯折长度 $15d$，当直锚长度 $\geqslant l_a$ 时，可采用直锚，如图 7-15 所示。

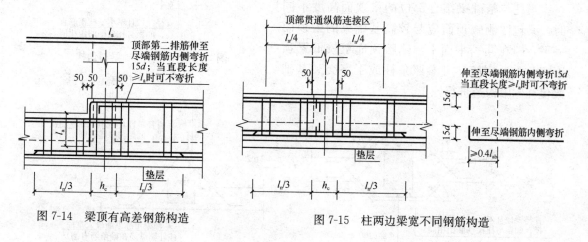

图 7-14　梁顶有高差钢筋构造　　　图 7-15　柱两边梁宽不同钢筋构造

六、基础梁与柱结合部侧腋构造

基础梁与柱结合部的侧腋设置的部位有：十字交叉基础梁与柱结合部、丁字交叉基础梁与柱结合部、无外伸基础梁与柱结合部、基础梁中心穿柱侧腋、基础梁偏心穿柱与柱结合部等形式，如图 7-16～图 7-20 所示，其构造要求有：

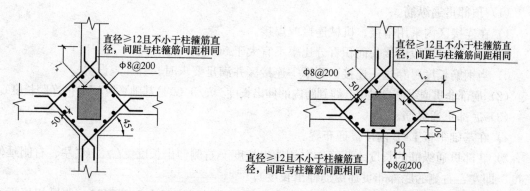

图 7-16　十字交叉基础梁与柱结合部侧腋构造　　图 7-17　丁字交叉基础梁与柱结合部侧腋构造

（1）侧腋配筋

纵筋：直径 $\geqslant 12\text{mm}$，且不小于柱箍筋直径，间距与柱箍筋相同；

分布钢筋：$\Phi 8@200$；

锚固长度：伸入柱内总锚固长度 $\geqslant l_a$；

211

侧腋尺寸：各边侧腋宽出尺寸为 50mm。

（2）梁柱等宽设置

当基础梁与柱等宽，或柱与梁的某一侧面相平时，存在因梁纵筋与柱纵筋同在一个平面内导致直通交叉遇阻情况，应适当调整基础梁宽度使柱纵筋直通锚固。

当柱与基础梁结合部位的梁顶面高度不同时，梁包柱侧腋顶面应与较高基础梁的梁顶面一平，即在同一平面上，侧腋顶面至较低梁顶面高差内的侧腋，可参照角柱或丁字交叉基础梁包柱侧腋构造进行施工。

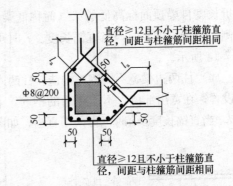

图 7-18　无外伸基础梁与角柱
结合部侧腋构造

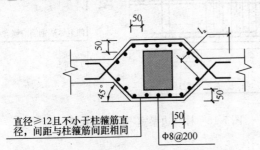

图 7-19　基础梁中心穿柱侧腋构造

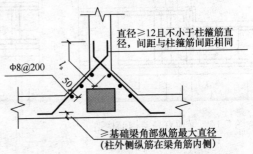

图 7-20　基础梁偏心穿柱与柱结合部侧腋构造

七、梁板式筏形基础平板钢筋构造

梁板式筏形基础平板钢筋构造（柱下区域），如图 7-21 所示。

梁板式筏形基础平板钢筋构造（跨中区域），如图 7-22 所示。

其构造要求：

（1）顶部贯通纵筋。

1）在连接区内采用搭接、机械连接或焊接。

2）同一连接区段内接头面积百分比率不宜大于 50%。

3）当钢筋长度可穿过一连接区到下一连接区并满足要求时，宜穿越设置。

（2）底部非贯通纵筋自梁中心线到跨内的伸出长度 $\geqslant l_n/3$（l_n 是基础平板 LPB 的净跨长度）。

（3）底部贯通纵筋。

1）在基础平板 LPB 内按贯通布置。

2）底部贯通纵筋的长度＝跨度－左侧伸出长度－右侧伸出长度 $\leqslant l_n/3$（"左、右侧延伸长度"即左、右侧的底部非贯通纵筋伸出长度）。

3）底部贯通纵筋直径不一致时：当某跨底部贯通纵筋直径大于邻跨时，如果相邻板区板底一平，则应在两毗邻跨中配置较小一跨的跨中连接区域内进行连接（即配置较大板跨的底部贯通纵筋需越过板区分界线伸至毗邻板跨的跨中连接区域）。

八、平板式筏形基础柱下板带与跨中板带纵向钢筋构造

（1）平板式筏形基础柱下板带纵向钢筋构造。平板式筏形基础柱下板带纵向钢筋构造，如图 7-23 所示。

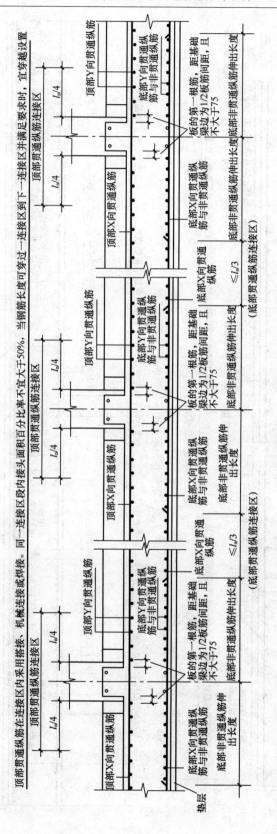

图 7-21 梁板式筏形基础平板钢筋构造（柱下区域）

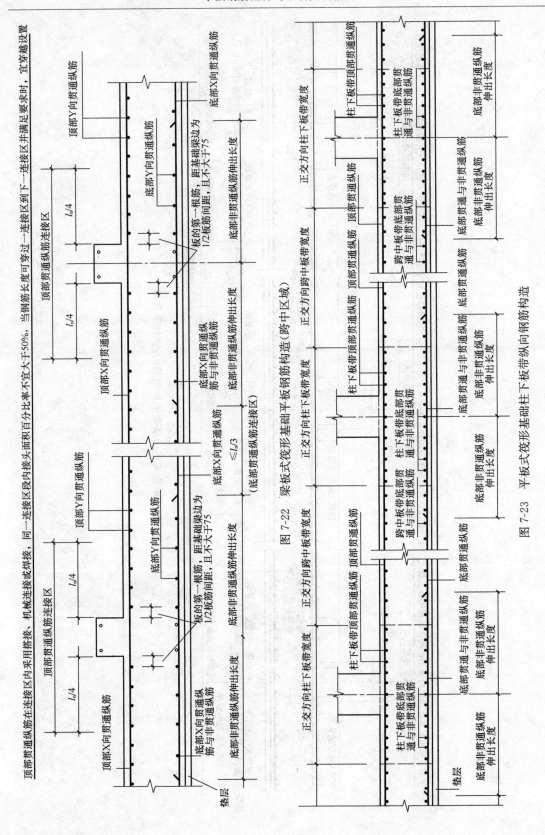

图 7-22　梁板式筏形基础平板钢筋构造(跨中区域)

图 7-23　平板式筏形基础柱下板带纵向钢筋构造

平板式筏形基础柱下板带纵向钢筋构造要求：

1）底部非贯通纵筋由设计注明。

2）底部贯通纵筋贯通布置。

底部贯通纵筋连接区长度＝跨度－左侧延伸长度－右侧延伸长度。

3）顶部贯通纵筋按全长贯通布置。

（2）平板式筏形基础跨中板带纵向钢筋构造。平板式筏形基础跨中板带纵向钢筋构造，如图 7-24 所示。

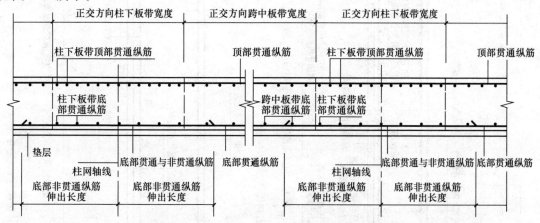

图 7-24　平板式筏形基础跨中板带纵向钢筋构造

由图 7-24 可知：

1）底部非贯通纵筋由设计注明。

2）底部贯通纵筋贯通布置。

底部贯通纵筋连接区长度＝跨度－左侧延伸长度－右侧延伸长度。

3）顶部贯通纵筋按全长贯通布置，顶部贯通纵筋的连接区的长度为正交方向柱下板带的宽度。

九、平板式筏形基础平板钢筋构造

（1）平板式筏形基础平板钢筋构造（柱下区域）。平板式筏形基础平板钢筋构造（柱下区域），如图 7-25 所示。

平板式筏形基础平板钢筋构造要求：

1）底部附加非贯通纵筋自梁中线到跨内的伸出长度$\geqslant l_n/3$（l_n 为基础平板的净跨长度）。

2）底部贯通纵筋连接区长度＝跨度－左侧延伸长度－右侧延伸长度$\leqslant l_n/3$（左、右侧延伸长度即左、右侧的底部非贯通纵筋延伸长度）。

当底部贯通纵筋直径不一致时：当某跨底部贯通纵筋直径大于邻跨时，如果相邻板区板底一平，则应在两毗邻跨中配置较小一跨的跨中连接区内进行连接。

3）顶部贯通纵筋按全长贯通设置，连接区的长度为正交方向的柱下板带宽度。

4）跨中部位为顶部贯通纵筋的非连接区。

（2）平板式筏形基础平板 BPB 钢筋构造（跨中区域）。平板式筏形基础平板 BPB 钢筋构造（跨中区域），如图 7-26 所示。

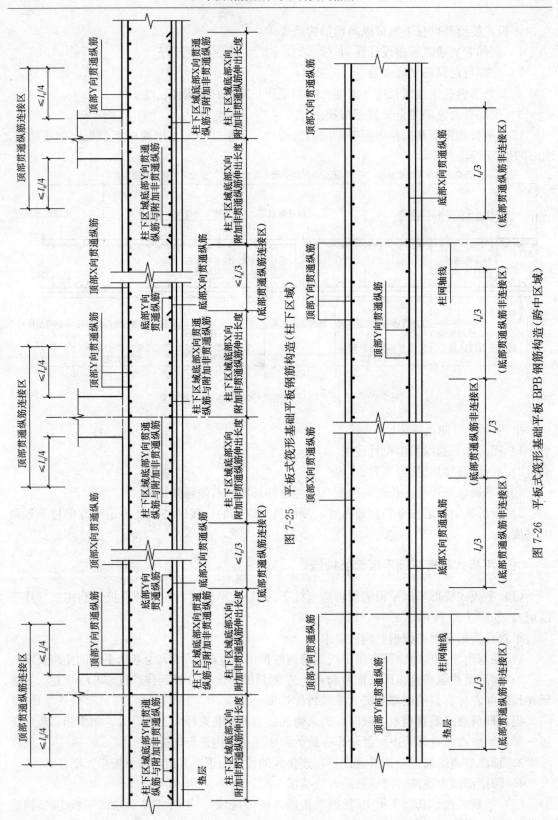

图 7-25 平板式筏形基础平板钢筋构造（柱下区域）

图 7-26 平板式筏形基础平板 BPB 钢筋构造（跨中区域）

第三节 筏形基础钢筋翻样方法

一、基础主梁钢筋翻样

1. 基础梁纵筋翻样

（1）基础梁无外伸

$$上部贯通筋长度＝梁长－2×c_1＋（h_c－2×c_2）/2 \tag{7-1}$$

$$下部贯通筋长度＝梁长－2×c_1＋（h_c－2×c_2）/2 \tag{7-2}$$

式中 h_c——基础梁高度；

c_1——基础梁端保护层厚度；

c_2——基础梁上下保护层厚度。

上部或者下部钢筋根数不同时：

$$多出的钢筋长度＝梁长－2×c＋左弯折15d＋右弯折15d \tag{7-3}$$

式中 c——基础梁保护层厚度（当基础梁端、基础梁底、基础梁顶保护层不同时应分别计算）；

d——钢筋直径。

（2）基础梁等截面外伸

$$上部贯通筋长度＝梁长－2×保护层＋左弯折12d＋右弯折12d \tag{7-4}$$

$$下部贯通筋长度＝梁长－2×保护层＋左弯折12d＋右弯折12d \tag{7-5}$$

2. 基础主梁非贯通筋翻样

（1）基础梁无外伸

$$下部端支座非贯通钢筋长度＝0.5h_c＋\max(l_n/3, 1.2l_a＋h_b＋0.5h_c)＋(h_b－2×c)/2$$

$$\tag{7-6}$$

$$下部多出的端支座非贯通钢筋长度＝0.5h_c＋\max(l_n/3, 1.2l_a＋h_b＋0.5h_c)＋15d \tag{7-7}$$

$$下部中间支座非贯通钢筋长度＝\max(l_n/3, 1.2l_a＋h_b＋0.5h_c)×2 \tag{7-8}$$

式中 l_n——左跨与右跨之较大值；

h_b——基础梁截面高度；

h_c——沿基础梁跨度方向柱截面高度；

c——基础梁保护层厚度。

（2）基础梁等截面外伸

$$下部端支座非贯通钢筋长度＝外伸长度l＋\max（l_n/3, l_n'）＋12d \tag{7-9}$$

$$下部中间支座非贯通钢筋长度＝\max（l_n/3, l_n'）×2 \tag{7-10}$$

3. 基础梁架立筋翻样

当梁下部贯通筋的根数少于箍筋的肢数时，在梁的跨中1/3跨度范围内必须设置架立筋用来固定箍筋，架立筋与支座负筋搭接150mm。

$$基础梁首跨架立筋长度＝l_1－\max(l_1/3, 1.2l_a＋h_b＋0.5h_c)－\max(l_1/3, l_2/3,$$
$$1.2l_a＋h_b＋0.5h_c)＋2×150 \tag{7-11}$$

式中 l_1——首跨轴线至轴线长度；

l_2——第二跨轴线至轴线长度；

l_3——第三跨轴线至轴线长度；

l_n——中间第 n 跨轴线至轴线长度；

l_{n2}——中间第 2 跨轴线至轴线长度。

4. 基础梁拉筋翻样

$$梁侧面拉筋根数＝侧面筋道数 n×[(l_n－50×2)/非加密区间距的 2 倍)＋1] \quad (7-12)$$

$$梁侧面拉筋长度＝(梁宽 b－保护层厚度 c×2)＋4d＋2×11.9d \quad (7-13)$$

5. 基础梁箍筋翻样

$$根数＝根数 1＋根数 2＋\{[梁净长－2×50－(根数 1－1)×间距 1$$
$$－((根数 2－1)×间距 2]\}/间距 3)－1 \quad (7-14)$$

当设计未标注加密箍筋范围时，箍筋加密区长度 $L_1＝\max(1.5×h_b，500)$。

$$箍筋根数＝2×[((L_1－50)/加密区间距)＋1]＋\sum((梁宽－2×50)/加密区间距)－1$$
$$＋((l_n－2×L_1)/非加密区间距)－1 \quad (7-15)$$

为方便计算，箍筋与拉筋弯钩平直段长度按 $10d$ 计算。实际钢筋预算与下料时应根据箍筋直径和构件是否抗震而定。

$$箍筋预算长度＝(b＋h)×2－8×c＋2×11.9d＋8d \quad (7-16)$$

$$箍筋下料长度＝(b＋h)×2－8×c＋2×11.9d＋8d－3×1.75d \quad (7-17)$$

$$内箍预算长度＝\{[(b－2×c－D)/n－1]×j＋D\}×2＋2×(h－c)＋2$$
$$×11.9d＋8d \quad (7-18)$$

$$内箍下料长度＝\{[(b－2×c－D)/n－1]×j＋D\}×2＋2×(h－c)＋2×11.9d$$
$$＋8d － 3×1.75d \quad (7-19)$$

式中　b——梁宽度；

　　c——梁侧保护层厚度；

　　D——梁纵筋直径；

　　n——梁箍筋肢数；

　　j——梁内箍包含的主筋孔数；

　　d——梁箍筋直径。

6. 基础梁附加箍筋翻样

附加箍筋间距 $8d$（d 是箍筋直径）且不大于梁正常箍筋间距。

附加箍筋根数若设计注明则按设计，若设计只注明间距而没注写具体数量则按平法构造，计算如下：

$$附加箍筋根数＝2×((次梁宽度/附加箍筋间距)＋1) \quad (7-20)$$

7. 基础梁附加吊筋翻样

$$附加吊筋长度＝次梁宽＋2×50＋2×(主梁高－保护层厚度)/\sin45°(60°)＋2×20d$$
$$(7-21)$$

8. 变截面基础梁钢筋翻样

梁变截面包括几种情况：上平下不平，下平上不平，上下均不平，左平右不平，右平左不平，左右无不平。

当基础梁下部有高差时，低跨的基础梁必须做成 45°或者 60°梁底台阶或者斜坡。

当基础梁有高差时，不能贯通的纵筋必须相互锚固。

（1）当基础下平上不平时：

低跨的基础梁上部纵筋伸入高跨内一个 l_a；

$$\text{高跨梁上部第一排纵筋弯折长度}=\text{高差值}+l_a \tag{7-22}$$

（2）当基础上平下不平时：

$$\text{高跨基础梁下部纵筋伸入低跨梁}=l_a$$

$$\text{低跨梁下部第一排纵筋斜弯折长度}=\text{高差值}/\sin45°（60°）+l_a \tag{7-23}$$

（3）当基础梁上下均不平时：

低跨的基础梁上部纵筋伸入高跨内一个 l_a；

$$\text{高跨梁上部第一排纵筋弯折长度}=\text{高差值}+l_a \tag{7-24}$$

$$\text{高跨基础梁下部纵筋伸入低跨内长度}=l_a \tag{7-25}$$

$$\text{低跨梁下部第一排纵筋斜弯折长度}=\text{高差值}/\sin45°（60°）+l_a \tag{7-26}$$

当支座两边基础梁宽不同或者梁不对齐时，将不能拉通的纵筋伸入支座对边后弯折 $15d$；

当支座两边纵筋根数不同时，可以将多出的纵筋伸入支座对边后弯折 $15d$。

9. 基础梁侧腋钢筋翻样

除了基础梁比柱宽且完全形成梁包柱的情形外，基础梁必须加腋，加腋钢筋直径不小于 12mm 并且不小于柱箍筋直径，间距同柱箍筋间距。在加腋筋内侧梁高位置布置分布筋Φ8 @200。

$$\text{加腋纵筋长度}=\Sigma\text{侧腋边净长}+2\times l_a \tag{7-27}$$

10. 基础梁竖向加腋钢筋翻样

加腋上部斜纵筋根数＝梁下部纵筋根数－1且不少于两根，并插空放置。其箍筋与梁端部箍筋相同。

$$\text{箍筋根数}=2\times[(1.5\times h_b)/\text{加密区间距}]+((l_n-3h_b-2\times c_1)/\text{非加密区间距})-1 \tag{7-28}$$

$$\text{加腋区箍筋根数}=((c_1-50)/\text{箍筋加密区间距})+1 \tag{7-29}$$

$$\text{加腋区箍筋理论长度}=2\times b+2\times(2\times h+c_2)-8\times c+2\times11.9d+8d \tag{7-30}$$

$$\text{加腋区箍筋下料长度}=2\times b+2\times(2\times h+c_2)-8\times c+2\times11.9d+8d-3\times1.75d \tag{7-31}$$

$$\text{加腋区箍筋最长预算长度}=2\times(b+h+c_2)-8\times c+2\times11.9d+8d \tag{7-32}$$

$$\text{加腋区箍筋最长下料长度}=2\times(b+h+c_2)-8\times c+2\times11.9d+8d-3\times1.75d \tag{7-33}$$

$$\text{加腋区箍筋最短预算长度}=2\times(b+h)-8\times c+2\times11.9d+8d \tag{7-34}$$

$$\text{加腋区箍筋最短下料长度}=2\times(b+h)-8\times c+2\times11.9d+8d-3\times1.75d \tag{7-35}$$

$$\text{加腋区箍筋总长缩尺量差}=((\text{加腋区箍筋中心线最长长度}-\text{加腋区箍筋中心线最短长度})/\text{加腋区箍筋数量})-1 \tag{7-36}$$

$$\text{加腋区箍筋高度缩尺量差}=0.5\times((\text{加腋区箍筋中心线最长长度}-\text{加腋区箍筋中心线最短长度})/\text{加腋区箍筋数量})-1 \tag{7-37}$$

$$\text{加腋纵筋长度}=\sqrt{c_1^2+c_2^2}+2\times l_a \tag{7-38}$$

二、基础次梁钢筋翻样

1. 基础次梁纵筋

(1) 当基础次梁无外伸时：

$$上部贯通筋长度＝梁净跨长＋左\max(12d，0.5h_b)＋右\max(12d，0.5h_b) \tag{7-39}$$

$$下部贯通筋长度＝梁净跨长＋2×l_a \tag{7-40}$$

(2) 当基础次梁外伸时：

$$上部贯通筋长度＝梁长＝2×保护层厚度＋左弯折12d＋右弯折12d \tag{7-41}$$

$$下部贯通筋长度＝梁长－2×保护层＋左弯折12d＋右弯折12d \tag{7-42}$$

2. 基础次梁非贯通筋

(1) 基础次梁无外伸时：

$$下部端支座非贯通钢筋长度＝0.5b_b＋\max(l_n/3，1.2l_a＋h_b＋0.5b_b)＋12d \tag{7-43}$$

$$下部中间支座非贯通钢筋长度＝\max(l_n/3，1.2l_a＋h_b＋0.5b_b)×2 \tag{7-44}$$

式中　l_n——左跨和右跨之较大值；

　　　h_b——基础次梁截面高度；

　　　b_b——基础主梁宽度；

　　　c——基础梁保护层厚度。

(2) 基础次梁外伸时：

$$下部端支座非贯通钢筋长度＝外伸长度l＋\max(l_n/3，1.2l_a＋h_b＋0.5b_b)＋12d \tag{7-45}$$

$$下部端支座非贯通第二排钢筋长度＝外伸长度l＋\max(l_n/3，1.2l_a＋h_b＋0.5b_b) \tag{7-46}$$

$$下部中间支座非贯通钢筋长度＝\max(l_n/3，1.2l_a＋h_b＋0.5b_b)×2 \tag{7-47}$$

3. 基础次梁侧面纵筋算法

$$梁侧面筋根数＝2×[((梁高h－保护层厚度－筏板厚b)/梁侧面筋间距)-1] \tag{7-48}$$

$$梁侧面构造纵筋长度＝l_{n1}＋2×15d \tag{7-49}$$

4. 基础次梁架立筋算法

由于梁下部贯通筋的根数少于箍筋的肢数时在梁的跨中1/3跨度范围内须设置架立筋用来固定箍筋，架立筋与支座负筋搭接150mm。

$$基础梁首跨架立筋长度＝l_1－\max(l_1/3，1.2l_a＋h_b＋0.5b_b)－\max(l_1/3，l_2/3，1.2l_a＋h_b＋0.5b_b)＋2×150 \tag{7-50}$$

$$基础梁中间跨架立筋长度＝l_{n2}－\max(l_1/3，l_2/3，1.2l_a＋h_b＋0.5b_b)－\max(l_2/3，l_3/3，1.2l_a＋h_b＋0.5b_b)＋2×150 \tag{7-51}$$

式中　l_1——首跨轴线到轴线长度；

　　　l_2——第二跨轴线到轴线长度；

　　　l_3——第三跨轴线到轴线长度；

　　　l_n——中间第n跨轴线到轴线长度；

　　　l_{n2}——中间第2跨轴线到轴线长度。

5. 基础次梁拉筋算法

$$梁侧面拉筋根数＝侧面筋道数n×[((l_n－50×2)/非加密区间距的2倍)＋1] \tag{7-52}$$

$$梁侧面拉筋长度＝(梁宽b－保护层厚度c×2)＋4d＋2×11.9d \tag{7-53}$$

6. 基础次梁箍筋算法

箍筋根数＝Σ根数 1＋根数 2＋[梁净长－2×50－（根数 1－1）×间距 1

－（根数 2－1）×间距 2]/间距 3－1　　　　　　　　　　　　(7-54)

当设计未注明加密箍筋范围时：

$$箍筋加密区长度 L_1＝\max(1.5×h_b，500) \tag{7-55}$$

$$箍筋根数＝2×\left(\frac{(L_1－50)}{加密区间距}＋1\right)＋\frac{(l_n－2×L_1)}{非加密区间距}－1 \tag{7-56}$$

$$箍筋预算长度＝(b＋h)×2－8×c＋2×11.9d＋8d \tag{7-57}$$

$$箍筋下料长度＝(b＋h)×2－8×c＋2×11.9d＋8d－3×1.75d \tag{7-58}$$

$$内箍预算长度＝[(b－2×c－D)/n－l]×j＋d]×2＋2×(h－c)$$
$$＋2×11.9d＋8d \tag{7-59}$$

$$内箍下料长度＝[(b－2×c－D)/n－l]×j＋d]×2＋2×(h－c)$$
$$＋2×11.9d＋8d－3×1.75d \tag{7-60}$$

式中　b——梁宽度；

c——梁侧保护层厚度；

D——梁纵筋直径；

n——梁箍筋肢数；

j——内箍包含的主筋孔数；

d——梁箍筋直径。

7. 变截面基础次梁钢筋算法

梁变截面有几种情况：上平下不平，下平上不平，上下均不平，左平右不平，右平左不平，左右无不平。

当基础梁下部有高差时，低跨的基础梁必须做成 45°或 60°梁底台阶或斜坡。

当基础梁有高差时，不能贯通的纵筋必须相互锚固。

当基础下平上不平时：

低跨梁上部纵筋伸入基础主梁内 $\max(12d，0.5h_b)$；

高跨梁上部纵筋伸入基础主梁内 $\max(12d，0.5h_b)$。

当基础上平下不平时：

高跨的基础梁下部纵筋伸入高跨内长度＝l_a

$$低跨梁下部第一排纵筋斜弯折长度＝高差值/\sin45°(60°)＋l_a \tag{7-61}$$

当基础梁上下均不平时：

低跨梁上部纵筋伸入基础主梁内 $\max(12d，0.5h_b)$；

高跨梁上部纵筋伸入基础主梁内 $\max(12d，0.5h_b)$。

高跨的基础梁下部纵筋伸入高跨内长度＝l_a

$$低跨梁下部第一排纵筋斜弯折长度＝高差值/\sin45°(60°)＋l_a \tag{7-62}$$

当支座两边基础梁宽不同或梁不对齐时，将不能拉通的纵筋伸入支座对边后弯折 15d；

当支座两边纵筋根数不同时，可将多出的纵筋伸入支座对边后弯折 15d。

三、梁板式筏形基础底板钢筋翻样

1. 端部无外伸构造

$$底部贯通筋长度＝筏板长度－2×保护层厚度＋弯折长度2×15d \qquad (7-63)$$

即使底部锚固区水平段长度满足不小于 $0.4l_a$ 时，底部纵筋也必须要伸至基础梁箍筋内侧。

$$上部贯通筋长度＝筏板净跨长＋\max(12d，0.5h_c) \qquad (7-64)$$

2. 端部有外伸构造

$$底部贯通筋长度＝筏板长度－2×保护层厚度＋弯折长度 \qquad (7-65)$$

$$上部贯通筋长度＝筏板长度－2×保护层厚度＋弯折长度 \qquad (7-66)$$

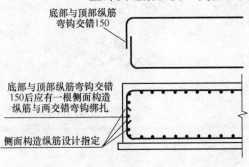

图 7-27　弯钩交错封边构造

弯折长度算法：

（1）弯钩交错封边。弯钩交错封边构造，如图 7-27 所示。

$$弯折长度＝筏板高度/2－保护层厚度＋75mm \qquad (7-67)$$

（2）U 形封边构造。U 形封边构造，如图 7-28 所示。

$$弯折长度＝12d$$

$$U 形封边长度＝筏板高度－2×保护层厚度＋2×12d \qquad (7-68)$$

（3）无封边构造。无封边构造，如图 7-29 所示。

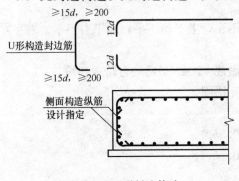

图 7-28　U 形封边构造

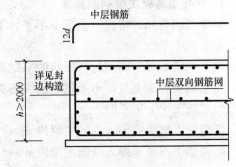

图 7-29　无封边构造

$$弯折长度＝12d$$

$$中层钢筋网片长度＝筏板长度－2×保护层厚度＋2×12d \qquad (7-69)$$

3. 梁板式筏形基础平板变截面钢筋翻样

筏板变截面包括几种情况：板底有高差，板顶有高差，板底、板顶均有高差。

当筏板下部有高差时，低跨的筏板必须做成 45° 或者 60° 梁底台阶或者斜坡。

当筏板梁有高差时，不能贯通的纵筋必须相互锚固。

（1）板顶有高差。基础筏板板顶有高差构造，如图 7-30 所示。

$$低跨筏板上部纵筋伸入基础梁内长度＝\max(12d，0.5h_b) \qquad (7-70)$$

$$\text{高跨筏板上部纵筋伸入基础梁内长度} = \max(12d, 0.5h_b) \qquad (7\text{-}71)$$

（2）板底有高差。板底有高差构造，如图7-31所示。

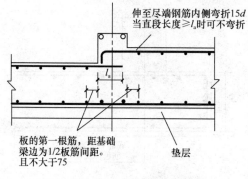

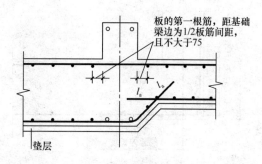

图7-30 基础筏板板顶有高差 　　　　图7-31 板底有高差

$$\text{高跨基础筏板下部纵筋伸入高跨内长度} = l_a$$
$$\text{低跨基础筏板下部纵筋斜弯折长度} = \text{高差值}/\sin 45°(60°) + l_a \qquad (7\text{-}72)$$

（3）板顶、板底均有高差。板顶、板底均有高差构造，如图7-32所示。

低跨基础筏板上部纵筋伸入基础主梁内 $\max(12d, 0.5h_b)$；

高跨基础筏板上部纵筋伸入基础主梁内 $\max(12d, 0.5h_b)$。

高跨的基础筏板下部纵筋伸入高跨内长度 $= l_a$

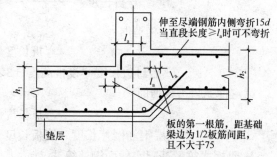

图7-32 板顶、板底均有高差

$$\text{低跨的基础筏板下部纵筋斜弯折长度} = \frac{\text{高差值}}{\sin 45°(60°)} + l_a \qquad (7\text{-}73)$$

四、平板式筏形基础底板钢筋翻样

平板式筏形基础相当于无梁板，是无梁基础底板。

1. 端部无外伸时

端部无外伸时，如图7-33所示。

板边缘遇墙身或柱时：

底部贯通筋长度＝筏板长度－2×保护层厚度＋弯折长度 $2 \times \max(1.7l_a,$
　　　　　　　　　筏板高度 h－保护层厚度） $\qquad (7\text{-}74)$

其他部位按侧面封边构造。

$$\text{上部贯通筋长度} = \text{筏板净跨长} + \max(\text{边柱宽} + 15d, l_a) \qquad (7\text{-}75)$$

2. 端部外伸时

端部外伸时，如图7-34所示。

$$\text{底部贯通筋长度} = \text{筏板长度} - 2 \times \text{保护层厚度} + \text{弯折长度} \qquad (7\text{-}76)$$
$$\text{上部贯通筋长度} = \text{筏板长度} - 2 \times \text{保护层厚度} + \text{弯折长度} \qquad (7\text{-}77)$$

弯折长度算法：

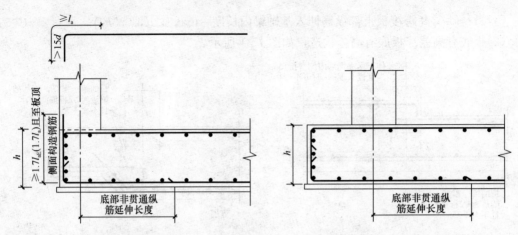

图 7-33　平板式筏形基础钢筋长度计算（端部无外伸）　图 7-34　平板式筏形基础钢筋长度（端部外伸）

第一种弯钩交错封边时：

$$弯折长度＝\frac{筏板高度}{2}－保护层厚度＋75\text{mm} \tag{7-78}$$

第二种 U 形封边构造时：

$$弯折长度＝12d$$

$$U 形封边长度＝筏板高度－2×保护层厚度＋12d＋12d \tag{7-79}$$

第三种无封边构造时：

$$弯折长度＝12d$$

$$中层钢筋网片长度＝筏板长度－2×保护层厚度＋2×12d \tag{7-80}$$

3. 平板式筏形基础变截面钢筋算法

平板式筏板变截面有几种情况：板顶有高差，板底有高差，板顶、板底均有高差。

当平板式筏形基础下部有高差时，低跨的基础梁必须做成 $45°$ 或 $60°$ 梁底台阶或斜坡。

当平板式筏形基础有高差时，不能贯通的纵筋必须相互锚固。

(1)当筏板顶有高差时（图 7-35），低跨的筏板上部纵筋伸入高跨内一个 l_a。

$$高跨筏板上部第一排纵筋弯折长度＝高差值＋l_a \tag{7-81}$$

(2)当筏板底有高差时（图 7-36）：

$$高跨的筏板下部纵筋伸入高跨内长度＝l_a$$

$$低跨的筏板下部第一排纵筋斜弯折长度＝高差值/\sin 45°(60°)＋l_a \tag{7-82}$$

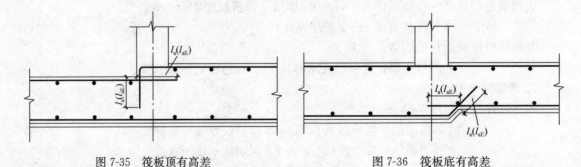

图 7-35　筏板顶有高差　　　　　　　　图 7-36　筏板底有高差

(3)当基础筏板顶、板底均有高差时(图 7-37)，低跨的筏板上部纵筋伸入高跨内一个 l_a。

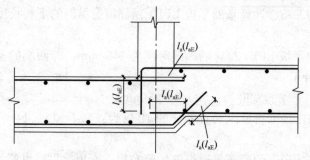

图 7-37　筏板顶、板底均有高差

$$高跨筏板上部第一排纵筋弯折长度＝高差值＋l_a \tag{7-83}$$

$$高跨的筏板下部纵筋伸入高跨内长度＝l_a$$

$$低跨的筏板下部第一排纵筋斜弯折长度＝\frac{高差值}{\sin45°(60°)}＋l_a \tag{7-84}$$

4. 筏形基础拉筋算法

$$拉筋长度＝筏板高度－上下保护层＋2×11.9d＋2d \tag{7-85}$$

$$拉筋根数＝筏板净面积/(拉筋 X 方向间距×拉筋 Y 方向间距) \tag{7-86}$$

5. 筏形基础马凳筋算法

$$马凳筋长度＝上平直段长＋2×下平直段长度＋筏板高度－上下保护层$$

$$－\Sigma(筏板上部纵筋直径＋筏板底部最下层纵筋直径) \tag{7-87}$$

$$马凳筋根数＝筏板净面积/(间距×间距) \tag{7-88}$$

马凳筋间距一般为 1000mm。

第四节　筏形基础钢筋翻样和下料计算实例

【实例一】基础平板 LPB1 每跨底部贯通纵筋下料的计算

梁板式筏形基础平板 LPB1 每跨的轴线跨度为 4600mm，该方向布置的底部贯通纵筋为 Φ14@150，两端的基础梁 JL1 的截面尺寸为 500mm×900mm，纵筋直径为 22mm，基础梁的混凝土强度等级为 C25。计算基础平板 LPB1 每跨的底部贯通纵筋根数。

【解】

梁板式筏形基础平板 LPB1 每跨的轴线跨度为 4600mm，即两端的基础梁 JL1 的中心线之间的距离是 4600mm。

两端的基础梁 JL1 的梁角筋中心线之间的距离为：$4600－250×2＋22×2＋(22/2)×2＝4166mm$

所以底部贯通纵筋根数为：$4166/150＝28$ 根。

【实例二】基础平板 LPB1 每跨顶部贯通纵筋下料的计算

梁板式筏形基础平板 LPB1 每跨的轴线跨度为 4400mm，该方向布置的顶部贯通纵筋为

Φ 14@150，两端的基础梁 JL1 的截面尺寸为 500mm×900mm，纵筋直径为 22mm，基础梁的混凝土强度等级为 C25。计算基础平板 LPB1 顶部贯通纵筋的下料长度。

【解】

梁板式筏形基础平板 LPB1 每跨的轴线跨度为 4400mm，即两端的基础梁 JL1 的中心线之间的距离为 4400mm。

基础梁 JL1 的半个梁的宽度为：500/2＝250mm。

而基础平板 LPB1 顶部贯通纵筋直径 d 的 12 倍为：$12d＝12×14＝168$mm，显然，$12d$ ＜250mm。

所以，基础平板 LPB1 的顶部贯通纵筋按跨布置，而顶部贯通纵筋的长度为 4400mm。

【实例三】LPB2 底部贯通纵筋和底部附加非贯通纵筋下料的计算

梁板式筏形基础平板 LPB2 每跨的轴线跨度为 4500mm，该方向原位标注的基础平板底部附加非贯通纵筋为 B Φ 20@300（3），而在该 3 跨范围内集中标注的底部贯通纵筋为 B Φ 20@300；两端的基础梁 JL1 的截面尺寸为 500mm×900mm，纵筋直径为 22mm，基础梁的混凝土强度等级为 C25。求基础平板 LPB2 每跨的底部贯通纵筋和底部附加非贯通纵筋的根数。

【解】

原位标注的基础平板底部附加非贯通纵筋为：B Φ 20@300（3），而在该 3 跨范围内集中标注的底部贯通纵筋为 B Φ 20@300，这样就形成了"隔一布一"的布筋方式。该 3 跨实际横向设置的底部纵筋合计为Φ 20@150。

梁板式筏形基础平板 LPB2 每跨的轴线跨度为 4500mm，即两端的基础梁 JL1 中心线之间的距离为 4500mm，则两端的基础梁 JL1 的梁角筋中心线之间的距离为：

$$4500－250×2＋22×2＋（22/2）×2＝4066mm$$

所以，底部贯通纵筋和底部附加非贯通纵筋的总根数为：4066/150＝28 根。

【实例四】某工程基础主梁纵筋下料长度的计算

某工程的平面图（图 7-38）是轴线 5000mm 的正方形，四角为 KZ1（500mm×500mm）轴线正中，基础梁 JL1 截面尺寸为 600mm×900mm，混凝土强度等级为 C20。

基础梁纵筋：底部和顶部贯通纵筋均为 7 Φ 25，侧面构造钢筋为 8 Φ 12。

基础梁箍筋：11 Φ 10@100/200（4）。

计算基础主梁纵筋的下料长度。

【解】

基础主梁的长度计算到相交的基础主梁的外皮为 5000 ＋300×2＝5600mm

所以，基础主梁纵筋长度为 5600－30×2＝5540mm。

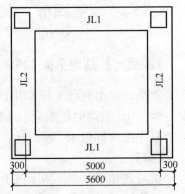

图 7-38 基础主梁平面图

【实例五】箍筋下料长度的计算

某箍筋示意如图 7-39 所示，$bh_c＝20$mm，计算箍筋的下料长度。

【解】

已知箍筋弯钩平直段长度 $10d = 10×6 = 60mm < 75mm$

所以，箍筋的下料长度应采用如下公式：

$$L = 2×(h+b) - 8bh_c + 13.266d + 150$$
$$= 2×(0.4+0.2) - 8×0.02 + 13.266×0.006 + 0.015$$
$$= 1.1m$$

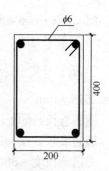

图 7-39　箍筋示意图

【实例六】基础主梁 JL1 钢筋翻样的计算

基础主梁 JL1，基础为非抗震结构，C35 混凝土，保护层 40mm，锚固长度 27d，框架柱轴线居中，其他条件如图 7-40 所示。计算基础主梁 JL1 的钢筋翻样。

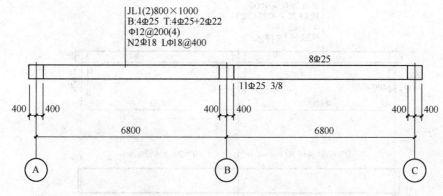

JL1(2)800×1000
B:4Φ25 T:4Φ25+2Φ22
Φ12@200(4)
N2Φ18 LΦ18@400

8Φ25

11Φ25 3/8

400　400　　　　　　600　400　　　　　　400　400

6800　　　　　　　　　　6800

Ⓐ　　　　　　　　　　Ⓑ　　　　　　　　　　Ⓒ

图 7-40　基础主梁标注示意图

【解】

基础主梁集中标注的内容为：截面尺寸 800×1000，底部钢筋为 4 Φ 25，顶部钢筋为 4 Φ 25 和 2 Φ 22，箍筋为 Φ 12，间距 200mm，4 肢箍，侧面受扭钢筋为 2 Φ 18，拉筋为 Φ 18，间距 400mm。

基础主梁上原位标注内容有 B 轴基础梁下部钢筋为 11 Φ 25，第一排 8 根，第二排 3 根（自下而上）；BC 轴梁上部钢筋为 8 Φ 25，需要计算的钢筋如图 7-41 所示。

（1）钢筋的锚固长度

Φ 25 在中间支座处的锚固长度：max $(l_a, 0.5h_c + 5d)$ = max $(27d, 400+5×25)$ = 675mm

Φ 22 在中间支座处的锚固长度：max $(l_a, 0.5h_c + 5d)$ = max $(22d, 400+5×25)$ = 594mm

（2）钢筋计算过程

① 钢筋长度 = 6800×4 + 4×(400−40) + 2×(1000−40×2) = 30480mm（4 Φ 25）

② 钢筋长度 = 6800−400×2 + 675 + 800−40 + 15×25 = 7810mm（4 Φ 25）

③ 钢筋长度 = 6800−400×2 + 594 + 800−40 + 15×22 = 7684mm（2 Φ 22）

④ 钢筋长度 = 6800×2 − 400×2 + 2l_a = 13772mm（2 Φ 18）

⑤ 钢筋长度 = 支座两端取延伸值 = $l_n/3$ = 6000/3 = 2000mm

227

$2000 \times 2 + 800 = 4800$mm（7 Φ 25）

⑥ 钢筋长度＝（$800 - 40 \times 2 + 2 \times 12 + 1000 - 40 \times 2 + 2 \times 12$）$\times 2 + 2l_w = 3541.6$mm

⑦ 钢筋长度＝$\left(\dfrac{800 - 40 \times 2 - 25}{3} + 25 + 2 \times 12 + 1000 - 40 \times 2 + 120 \times 2 \right) \times 2 + 2 \times$

$l_w = 2615.6$mm

箍筋总长：⑥＋⑦＝6157.2mm（72 Φ 12）

箍筋根数：（（$6800 \times 2 + 400 \times 2 - 40 \times 2$）/200）＋1＝73 根

⑧ 钢筋长度＝$800 - 40 \times 2 + 12 \times 2 + 2 \times 18 + 2 \times l_w = 1028.4$mm(37 Φ 18)

拉筋根数：（（$6800 \times 2 + 400 \times 2 - 40 \times 2$）/400）＋1＝37 根

（3）基础主梁的钢筋翻样图

基础主梁的钢筋翻样图，如图 7-41 所示。

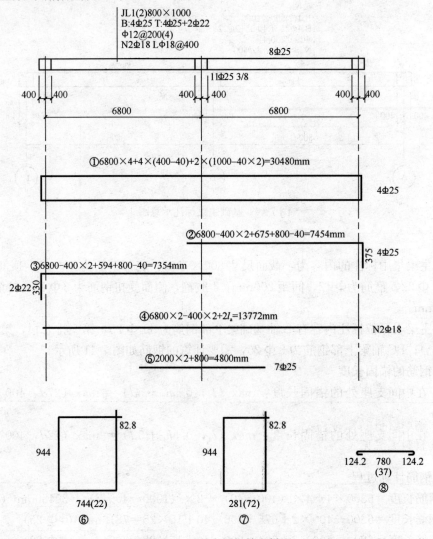

图 7-41　基础主梁钢筋翻样图

（4）钢筋列表计算

钢筋列表见表 7-3。

表 7-3　钢　筋　列　表

编号	形　　状	钢筋级别	钢筋直径/mm	根数	单根长度/mm	总长度/m
①	 30480	HRB335	Φ25	4	30480	121.92
②	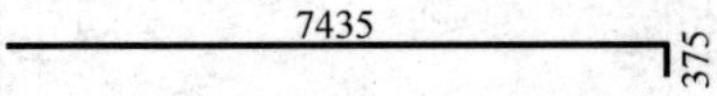 7435　375	HRB335	Φ25	4	7810	31.24
③	 330　7354	HRB335	Φ22	2	7684	15.37
④	 13772	HRB335	Φ18	2	13772	27.54
⑤	 4800	HRB335	Φ25	7	4800	33.6
⑥	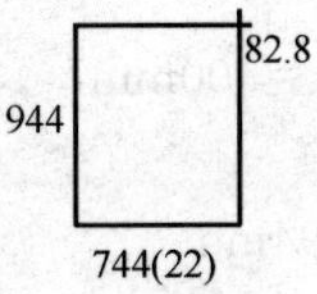 944　82.8　744(22)	HPB300	Φ12	72	3541.6	255
⑦	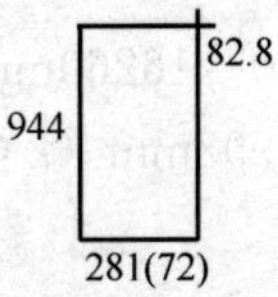 944　82.8　281(72)	HPB300	Φ12	73	2615.6	190.94
⑧	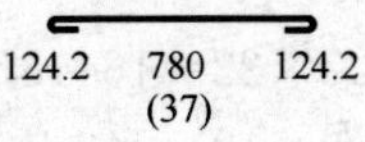 124.2　780　124.2 (37)	HPB300	Φ18	37	1028.4	38.05

（5）钢筋材料汇总表

钢筋材料汇总见表 7-4。

表 7-4　钢筋材料汇总表

钢筋直径	总长度/m	总质量/t	钢筋直径	总长度/m	总质量/t
Φ25	186.76	0.702	Φ12	445.94	0.389
Φ22	15.37	0.045	Φ18	38.05	0.076
Φ18	27.54	0.055	合计	713.66	1.267

【实例七】基础次梁 JCL2 钢筋翻样的计算

基础次梁 JCL2（2A），C35 混凝土，基础为非抗震结构，保护层 40mm，轴线居中，锚固长度为 27d。其余条件如图 7-42 所示。计算基础次梁 JCL2 的钢筋翻样。

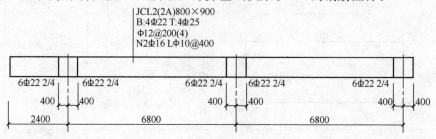

图 7-42　基础次梁标注示意图

【解】

基础次梁集中标注的内容为：截面尺寸 800mm×900mm，底部钢筋为 4 Φ 22，顶部钢筋为 4 Φ 25，箍筋为Φ 12，间距 200mm，4 肢箍，侧面受扭钢筋为 2 Φ 16，拉筋为Φ 10。基础次梁上原位标注内容有基础梁下部钢筋均为 6 Φ 22，第一排 4 根第二排 2 根（自下而上）。需要计算的钢筋如图 7-43 所示。

（1）钢筋的锚固长度

上部钢筋在端支座处的锚固满足 max（$12d$，$0.5b_b$）＝400mm

下部钢筋外延长度＝$l_n/3$＝2000mm

下部钢筋在端支座的锚固长度：l_a＝27d＝27×22＝594mm

（2）钢筋计算过程

① 钢筋长度＝6800×2＋2400－40＋12×25－400＋400＝16260mm（4 Φ 25）

② 钢筋长度＝6800×2＋2400－40－400＋27×16＝15992mm（2 Φ 16）

③ 钢筋长度＝2400－40＋2000＝4360mm（2 Φ 22）

④ 钢筋长度＝2000×2＋800＝4800mm（2 Φ 22）

⑤ 钢筋长度＝2000－400＋27×22＝2194mm（2 Φ 22）

⑥ 钢筋长度＝6800×2＋2400－40＋12×22－400＋27×22＝16418mm（4 Φ 22）

⑦ 钢筋长度＝（800－40×2＋2×12＋900－40×2＋2×12）×2＋2×82.8＝3341.6mm

⑧ 钢筋长度＝［（800－40×2－22）/3＋22＋2×12＋900－40×2＋2×12］×2＋2×82.8＝2411mm

箍筋单长：⑦＋⑧＝5752.6mm（75 Φ 12）

⑨ 钢筋长度＝800－40×2＋2×12＋2×10＋2l_w＝929.6mm（39 Φ 10）

箍筋根数：（2400－40－50）/200＋1＋［（6800－400×2－50×2）/200＋1］×2＝75 根

拉筋根数：（2400－40－50）/400＋1＋［（6800－400×2－50×2）/400＋1］×2＝39 根

（3）基础次梁的钢筋翻样图

基础次梁的钢筋翻样图，如图 7-43 所示。

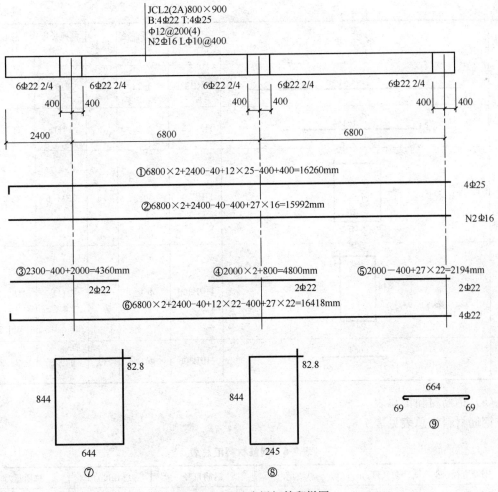

图 7-43　基础次梁钢筋翻样图

（4）钢筋列表计算

钢筋列表见表 7-5。

表 7-5　钢 筋 列 表

编号	形　状	钢筋级别	钢筋直径 /mm	根数	单根长度 /mm	总长度 /m
①	300 　15960	HRB335	Φ 25	4	16260	65.04
②	15992	HRB335	Φ 16	2	15992	31.98
③	4360	HRB335	Φ 22	2	4360	8.72
④	4800	HRB335	Φ 22	2	4800	9.6

231

续表

编号	形　状	钢筋级别	钢筋直径/mm	根数	单根长度/mm	总长度/m
⑤	2194	HRB335	Φ22	2	2194	4.39
⑥	264 ⌐ 16154	HRB335	Φ22	4	16418	65.672
⑦	82.8 844 644	HPB300	Φ12	75	3341.6	250.62
⑧	82.8 844 245	HPB300	Φ12	75	2411	180.83
⑨	664 69 69	HPB300	Φ10	39	929.6	36.25

（5）钢筋材料汇总表

钢筋材料汇总表见表 7-6。

表 7-6　钢筋材料汇总表

钢筋直径	总长度/m	总质量/t	钢筋直径	总长度/m	总质量/t
Φ25	65.04	0.251	Φ12	431.45	0.366
Φ22	88.38	0.266	Φ10	36.25	0.091
Φ16	31.98	0.051	合计	653.1	1.025

【实例八】梁板式筏形基础平板 LPB1 钢筋翻样的计算

梁板式筏形基础平板 LPB1 如图 7-44 所示，C30 混凝土，保护层 40mm，轴线居中，LPB1 厚 800mm。柱的截面尺寸 700mm×700mm，基础主梁宽均为 800mm。计算梁板式筏形基础平板的钢筋翻样。

【解】

LPB1 集中标注的内容为：底部贯通钢筋 X 向①、Y 向②为 Φ18@200，上部贯通钢筋 X 向③、Y 向④为 Φ16@150。

LPB1 底部非贯通纵筋分别为⑤、⑥、⑦和⑧号钢筋，均为 HRB335 钢筋。④、⑥钢筋 Φ18，间距 200mm，分别从 B 轴、A 轴线向板内延伸 2200mm⑦、⑧号钢筋Φ20mm，间距 200mm，分别从 2 轴、1 轴线向板内延伸 2200mm、2400mm。

（1）上下不贯通钢筋弯折长度计算

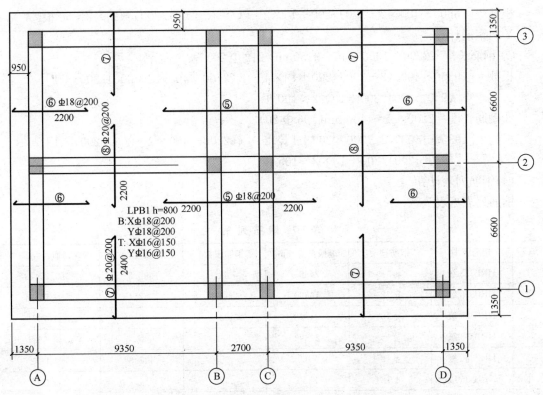

图 7-44　梁板式筏形基础平板标注示意图

$$((800-40×2-150))/2+150=435mm$$

（2）贯通钢筋计算

X 向钢筋计算：

上部③钢筋长度＝9350×2+2700+2×1350-40×2+2×435＝24890mm（82 Φ 16）

根数＝[(6600-400×2-150)/150+1]×2+[((950-150)/150)+1]×2≈82 根

下部①钢筋长度＝9350×2+2700+2×1350-40×2+2×435＝24890mm（68 Φ 18）

根数＝[(6600-400×2-200)/200+1]×2+[((950-200)/200)+1]×2≈68 根

Y 向钢筋计算：

上部④钢筋长度＝6600×2+2×1350-2×40+2×435＝16690mm（142 Φ 16）

根数＝[(9350-400×2-150)/150+1]×2+[(2700-400×2-150)/150+1]

　　　　+[((950-150)/150)+1]×2≈140 根

下部②钢筋长度＝6600×2+2×1350-2×40+2×435＝16690mm（104 Φ 18）

根数＝[(9350-400×2-200)/200+1]×2+[(2700-400×2-200)/200+1]

　　　　+[((950-200)/200)+1]×2≈105 根

（3）下部非贯通钢筋计算

X 向钢筋计算：

⑤ 钢筋长度＝2200×2+2700＝7100mm（68 Φ 18）

根数＝[(6600-400×2-200)/200+1]×2+[((950-200)/200)+1]×2≈68 根

⑥ 钢筋长度＝2200+1350-40＝3150mm（68 Φ 18）

根数＝[(6600−400×2−200)/200+1]×2+[((950−200)/200)+1]×2≈68 根

Y 向钢筋计算：

⑦ 钢筋长度＝2200+1350−40＝3150mm(212Φ20)

根数＝[(9350−400×2−200)/200+1]×4+[((2700−400×2−200)/200)+1]
     +[(950−200)/200+1]×2≈190 根

⑧钢筋长度＝2200×2＝4400mm(106Φ20)

根数＝[(9350−400×2−200)/200+1]×2+[((2700−400×2−200)/200)+1]
     +[(950−200)/200+1]×2≈105 根

(4)钢筋列表计算

钢筋列表见表 7-7。

表 7-7 钢 筋 列 表

编号	钢筋级别	钢筋直径	单根长度/mm	钢筋根数	总长度/m	总质量/m
①	HRB335 级	Φ18	24890	68	1692.52	3369.75428
②	HRB335 级	Φ18	16690	105	1752.45	3469.78424
③	HRB335 级	Φ16	24790	82	2040.98	3211.7924
④	HRB335 级	Φ16	24890	140	2336.6	3744.5684
⑤	HRB335 级	Φ18	7100	68	482.8	965.1172
⑥	HRB335 级	Φ18	3150	68	214.2	428.1858
⑦	HRB335 级	Φ20	3150	190	598.5	1581.3504
⑧	HRB335 级	Φ20	4400	105	462	1104.4352

(5)钢筋材料汇总表

钢筋材料汇总表见表 7-8。

表 7-8 钢筋材料汇总表

钢筋直径	总长度/m	总质量/kg
Φ20	1060.5	2685.7856
Φ18	4141.97	8232.84152
Φ16	4377.58	6956.3608

参 考 文 献

[1] 中国建筑标准设计研究院 . 11G101-1 混凝土结构施工图平面整体表示方法制图规则和构造详图（现浇混凝土框架、剪力墙、梁、板）. 北京：中国计划出版社，2011.

[2] 中国建筑标准设计研究院 . 11G101-2 混凝土结构施工图平面整体表示方法制图规则和构造详图（现浇混凝土板式楼梯）. 北京：中国计划出版社，2011.

[3] 中国建筑标准设计研究院 . 11G101-3 混凝土结构施工图平面整体表示方法制图规则和构造详图（独立基础、条形基础、筏形基础及桩基承台）. 北京：中国计划出版社，2011.

[4] 中国建筑标准设计研究院 . 12G901-1～3 系列图集　混凝土结构施工钢筋排布规则与构造详图系列图集 . 北京：中国计划出版社，2012.

[5] 中国建筑标准设计研究院 . 12SG904-1 型钢混凝土结构施工钢筋排布规则与构造详图 . 北京：中国计划出版社，2013.

[6] 混凝土结构设计规范　GB 50010—2010[S] . 北京：中国建筑工业出版社，2010.

[7] 建筑抗震设计规范　GB 50011—2010[S] . 北京：中国建筑工业出版社，2010.

[8] 罗丹霞，冯昆荣 . 钢筋计算与翻样[M] . 南京：南京大学出版社，2013.

[9] 张继江 . 新平法钢筋翻样[M] . 北京：中国建筑工业出版社，2014.

[10] 肖玉锋 . 钢筋的下料计算与施工[M] . 北京：机械工业出版社，2013.

[11] 唐才均 . 平法钢筋看图、下料与施工排布一本通[M] . 北京：中国建筑工业出版社，2014.